DIGITAL FASHION
디지털 패션

DIGITAL FASHION

디지털 패션

김윤·김고운 지음

교문사

PREFACE 저자의 말

패션을 사랑하는
모든 사람들이
즐겁게 활용하기를
바랍니다.

2020년
김윤, 김고운

CONTENTS 차례

PART 1 ■
포토샵

CHAPTER 1 패션 포토샵 기본 테크닉
CHAPTER 2 포토샵을 활용한 이미지맵

포토샵은 자유로운 이미지 메이킹, 이미지 리터칭 작업을 위해
미국 어도비(Adobe) 사에서 제작된 그래픽 소프트웨어입니다.
1980년대 말, 그래픽 디자이너이자 프로그래머였던 존 놀(John Knoll)과
토마스 놀(Thomas Knoll) 형제가 만들어낸 포토샵은
웹디자인, 캐릭터 디자인, 편집 디자인 및 그래픽 제작 등
다양한 분야에 활용되고 있습니다.

CHAPTER 1

패션 포토샵 기본 테크닉

1 이미지 선택
2 이미지 편집
3 컬러와 브러시
4 이미지 변형과 보정
5 포토샵으로 패턴 만들기

1 이미지 선택

이동 툴(Move Tool) 및 사각 선택 툴(Rectangular Marquee Tool)

이미지 창 안에서 특정 이미지의 위치를 옮기거나 선택 영역의 이미지를 복사 및 이동, 레이어를 복사할 때 이동 툴이 사용됩니다. Alt 를 누른 채 드래그하여 옮기면 복사 및 이동을 합니다.

1 [File]-[Open]을 선택하여 이미지 파일을 불러옵니다.

2 툴 패널 선택 툴 중 사각 선택 툴을 선택하고 이미지 외곽을 드래그하여 선택 영역을 만듭니다.

3 선택한 부분의 이동을 위해 이동 툴을 선택, 드래그 합니다.

4 Alt 를 누른 상태에서 드래그하여 복사, 이동시켜 줍니다. 옆 사진의 하단과 같이 또 하나의 이미지가 복사되어 추가됩니다.

TIP 이미지를 이동시킬 때 Shift 를 누른 채 드래그하면 수평, 수직, 45°도로 이동시킬 수 있습니다.

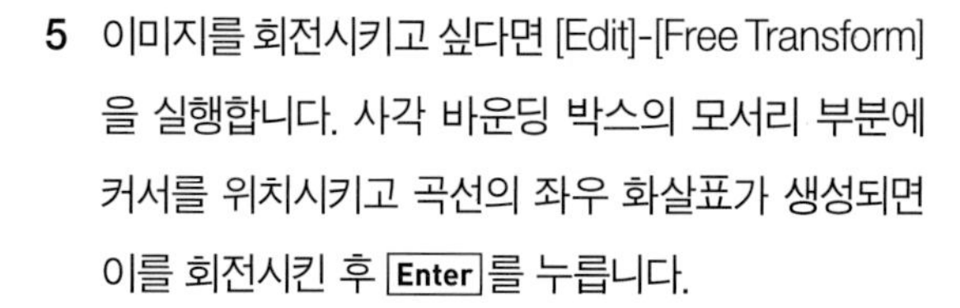

5 이미지를 회전시키고 싶다면 [Edit]-[Free Transform]을 실행합니다. 사각 바운딩 박스의 모서리 부분에 커서를 위치시키고 곡선의 좌우 화살표가 생성되면 이를 회전시킨 후 Enter를 누릅니다.

TIP 이미지 사이즈 조절은 바운딩 박스를 이용하여 하며 Shift를 누른 채 드래그하면 정비례의 이미지 사이즈 조절이 가능합니다.

6 꽃잎을 이동시키거나 복사하여 원하는 레이아웃을 구성합니다. 이미지의 선택 영역 해제는 Ctrl + D를 누르면 됩니다.

TIP 선택 툴을 지정한 상태에서 선택 영역의 바깥 부분을 클릭해도 선택 영역이 해제됩니다.

알고 넘어가기

포토샵의 주요 기능

1. 리사이즈
   사진의 사이즈 확대나 축소 또는 원하는 부분만 잘라낼 수 있다. 원근감이 들어간 사진을 똑바로 맞춰서 잘라낼 수도 있다.

2. 이미지 보정
   이미지의 명암을 풍부하게 조절할 수 있는 다양한 보정 메뉴가 존재한다. 색상, 명도, 채도의 조절에 관한 다양한 기능과 흑백을 컬러로 바꿀 수 있는 강력한 색채 조절 기능이 있다. 인물의 상처나 잡티를 제거할 수 있는 사진 보정 기능도 있다.

3. 합성
   둘 이상의 사진을 자연스럽게 합성할 수 있는 다양한 툴과 메뉴가 존재한다.

4. 리터칭
   이미지에 특수효과(Filter)를 적용할 수 있는 풍부한 플러그인, 브러시의 사용자 정의 세팅으로 자유로운 페인팅을 할 수 있다.

돋보기 툴(Zoom Tool), 손바닥 툴(Hand Tool)

돋보기 툴은 화면의 이미지를 부분 확대 또는 축소할 때 사용합니다. 섬세하고 정확한 작업을 위해서는 이미지를 확대해놓고 작업하는 것이 좋습니다. 손바닥 툴은 작업할 때 이미지 화면을 원하는 부분으로 이동시킬 때 사용합니다.

1 오픈된 이미지 파일 상단의 회색 파일 정보 표시를 보면, 이미지 크기에 대한 화면 비율 정보가 %로 나타나 있습니다. 100%는 실제 크기를 의미하는데, 포토샵에서는 이미지를 3,200%까지 확대할 수 있습니다.

2 돋보기 툴을 선택한 후 이미지를 드래그하거나 클릭할 경우 이미지가 확대됩니다. 이미지를 축소하고 싶다면, Alt를 누른 상태에서 이미지를 클릭합니다.

확대 및 축소 표시

3 손바닥 툴은 화면에서 이미지의 위치를 원하는 방향으로 이동시켜 볼 때 사용합니다. 다른 툴을 사용하고 있는 중이더라도 Space Bar를 누르면 현재 작업하고 있는 툴이 손바닥 툴로 전환되는데, 이때 Space Bar를 떼면 원래의 툴로 다시 돌아갑니다. 작업 중 작업 영역을 변경할 때 사용하면 편리합니다.

올가미 툴(Lasso Tool)

올가미 툴

올가미 툴(Lasso Tool)을 이용하면 자유곡선을 그려서 영역을 선택할 수 있습니다. 툴 패널에서 올가미 툴을 선택한 후, 마우스로 그리듯이 드래그하여 원하는 영역을 곡선으로 선택합니다.

다각형 올가미 툴

다각형 올가미 툴(Polygonal Lasso Tool)을 이용하면 직선을 그려서 영역을 선택할 수 있습니다. 원하는 영역을 마우스로 클릭 또 클릭하면서 직선을 연결하여 형태를 선택합니다.

TIP 처음에 마우스를 클릭한 부분으로 연결하여 돌아오면 올가미 툴 옆에 동그라미가 나타납니다. 이는 영역의 끝이 처음 시작점에 딱 들어맞아 선택 영역이 완성되었다는 표시입니다.

자석 올가미 툴

자석 올가미 툴(Magnetic Lasso Tool)은 이미지 경계 부분의 색상 및 채도를 인식하여 자동으로 영역을 설정할 수 있는 툴입니다. 선택하고자 하는 이미지를 따라 마우스를 천천히 드래그하여 영역을 선택하면 됩니다.

TIP 자석 올가미 툴은 이미지와 배경의 명암 및 색상 경계가 뚜렷해야 영역 설정을 정확하게 할 수 있습니다.

마술봉 툴(Magic Wand Tool)

비슷하거나 동일한 색상을 한 번에 선택할 수 있는 툴입니다. 선택한 부분의 픽셀 정보를 인식하여 같거나 비슷한 색상을 한꺼번에 지정해줍니다.

1 다양한 색상으로 구성된 패턴 파일을 불러옵니다.

2 툴 패널의 마술봉 툴을 선택하여 연두색 발자국을 클릭합니다. 이때 옵션 바의 Contiguous(인접)이 체크되어있으면 클릭하는 주변 경계까지만 비슷한 색상이 선택됩니다.

Anti-alias　Contiguous　Sample All Layers

TIP Tolerance(허용치)가 0일 경우 선택한 색상과 동일한 부분만 선택되며, 수치가 높아질수록 인접색까지 모두 선택됩니다.

3 인접 체크를 해제하고 연두색 발자국을 클릭하면 이미지 전체에서 클릭한 곳과 비슷한 색상이 모두 선택됩니다.

Anti-alias　Contiguous　Sample All Layers

TIP 툴 옵션 패널의 모드에 따라 선택 영역을 추가 및 제외할 수 있습니다. Shift 와 Alt 를 눌러서 선택 영역을 추가 및 제외할 수도 있습니다.

4 [Image]-[Adjustments]-[Hue/Saturation]로 들어가서 컬러값을 변경하면 원하는 색상으로 바꿀 수 있습니다. 선택된 연두색 발자국을 Delete(삭제)한 후 페인트통 툴을 사용하여 새로운 컬러로 채워도 됩니다.

빠른 선택 툴(Quick Selection Tool)

단일 색상 혹은 비슷한 색상과 톤을 빠르고 쉽게 선택할 수 있는 툴입니다. 툴을 선택한 후 선택된 부분을 드래그하거나 몇 번 클릭하여 빠르고 정확하게 선택을 해봅시다.

1 툴 패널에서 빠른 선택 툴을 선택하고, 툴 옵션 패널에서 브러시 사이즈를 조절합니다.

2 이미지에 맞는 브러시 사이즈를 선택한 후 마우스를 드래그하여 이미지 일부분을 선택하면 영역이 설정됩니다.

3 선택 영역을 추가할 때는 드래그하거나 Shift 를 누른 상태에서 클릭하면 영역이 추가됩니다. 또한 선택 영역의 일부를 제외시키고자 할 경우에는 Alt 를 누른 상태에서 클릭하면 됩니다.

TIP 툴 옵션 패널의 +(추가), -(제외)를 통해서 선택 영역의 추가 및 제외가 가능합니다.

4 원하는 이미지 부분을 선택 영역으로 만든 후 다양한 작업을 할 수 있습니다. 이미지의 컬러 조정 및 변환, 패턴 입력, 혹은 이미지맵과 같은 다른 작업 이미지창으로 이동시킬 수 있습니다.

자르기 툴(Crop Tool)

이미지를 자를 때 주로 사용하는 툴입니다. 이 툴을 이용하면 선택한 사각형 부분만 남고, 나머지 부분은 삭제됩니다.

1 [File]-[Open]을 선택하여 이미지 파일을 불러옵니다.

2 툴 패널에서 자르기 툴을 선택합니다. 남기고자 하는 이미지의 모서리 부분을 기준으로 마우스를 드래그하거나 조절 박스를 드래그하여 영역을 선택합니다.

TIP 영역 선택 작업 후에는 선택 영역 바깥 부분이 어둡게 표시되는데, 이 영역이 삭제되는 부분입니다.

3 사각형 부분의 선택 영역 크기를 조절하거나 회전시킨 후 Enter를 누르면, 최종적으로 어둡게 표시되는 부분이 삭제되고 선택 영역의 안쪽만 남습니다.

2 이미지 편집

스포이드 툴(Eyedropper Tool)

1 색상을 추출하거나 변경하고 싶은 이미지를 오픈합니다.

2 오픈한 패턴 이미지 중에서 색상을 바꾸고 싶은 부분을 선택합니다. 이때 사각 선택 툴이나 다각형 올가미 툴 혹은 빠른 선택도구, 자동 선택도구 등 다양한 선택 툴을 활용할 수 있습니다.

TIP 선택할 부분의 성질에 맞는 선택 툴을 활용하는 것이 매우 중요합니다.

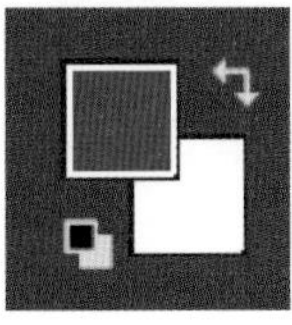

3 앞서 선택한 벽돌색 영역의 색상을 바꿔보겠습니다. 툴 패널에서 스포이드 툴을 선택한 뒤 이미지 안에서 변경하고자 하는 색상을 클릭합니다. 전경색이 선택한 파란색으로 바뀌는 것을 볼 수 있습니다.

4 선택한 영역에 페인트통 툴을 사용하여 블루 컬러를 넣어줍니다.

TIP 페인트통 툴을 사용하여 색을 넣었으나 색이 말끔하게 변하지 않는 경우 Delete 를 눌러 지우고 다시 페인트통 툴로 색을 넣어줍니다.

5 컬러를 변경할 때, 자동 선택도구를 활용하면 동일한 컬러를 한 번에 빠르게 선택할 수 있습니다. 패턴 이미지를 원하는 컬러로 변경해서 이미지를 완성합니다.

6 하나의 패턴에서 동일한 컬러를 선택하여 변경하는 작업은 패턴 컬러웨이 혹은 패션디자인의 컬러웨이에서 주로 사용됩니다.

이미지 사이즈 조정하기

메뉴 바의 [Image]-[Image Size]를 클릭하면 이미지의 사이즈를 조정할 수 있습니다.

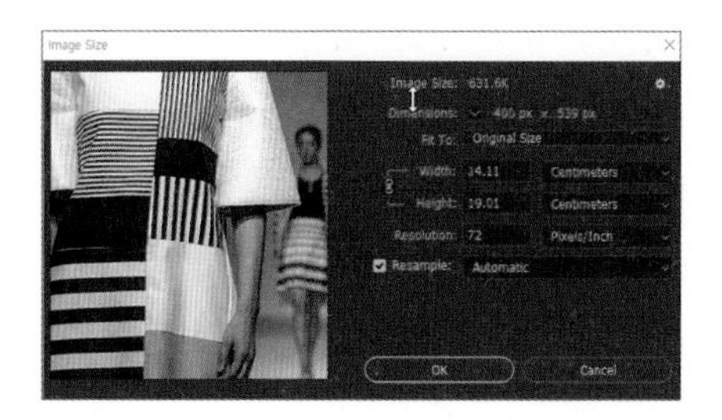

1 [Image]-[Image Size]를 선택하여 좌측과 같이 이미지 사이즈 대화상자를 엽니다.

① 이미지 크기/치수(Image size/Dimension): 이미지 파일의 용량과 가로세로 픽셀 수를 보여줍니다.

② 폭/높이(Width/Height): 원하는 크기를 직접 입력할 수 있습니다. 퍼센트, 픽셀, 센티미터 등 원하는 측정 단위로 설정 가능합니다.

③ 해상도(Resolution): 일반적으로 웹용은 72ppi, 인쇄용은 150~300ppi로 설정합니다.

④ 리샘플링(Resample): 설정 체크를 해제하면 픽셀 수가 고정되어 사이즈를 변경해도 차이가 없으니 주의하세요.

TIP 포토샵 CC 버전은 이미지 확대 시 노이즈를 억제하는 기능이 향상되어, 확대해도 비교적 선명한 이미지가 만들어집니다.

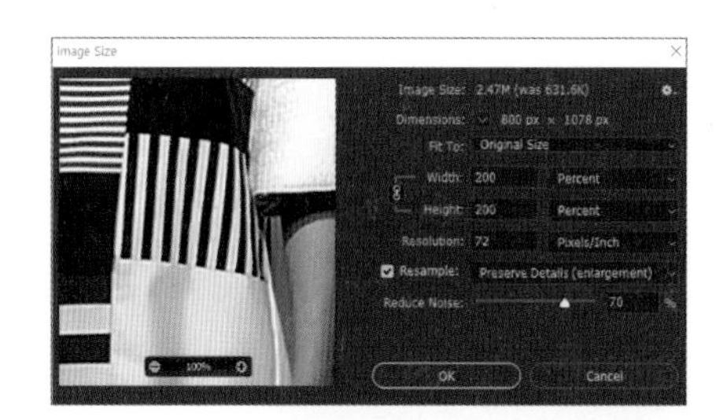

2 위에서 불러온 이미지의 크기를 보면 파일 크기는 631.6K, 가로세로 크기 400×539픽셀(px), 해상도는 웹용인 72ppi입니다. 이미지를 확대하여 인쇄하려면 해상도와 가로세로 크기를 수정해야 고퀄리티의 인쇄가 가능합니다.

원본 이미지

2배로 확대한 이미지

3 이미지를 두 배로 확대해보겠습니다. 리샘플링(Resample)을 'Preserve Details(enlargement)/세부 묘사 유지(확대)'로 선택한 후 해상도(Resolution)를 300으로 지정합니다. 크기는 Width에 200을 입력하고 오른쪽의 설정을 Pixels/Inch에서 Percent로 변경하면 됩니다.

TIP 노이즈 감소(Reduce Noise)를 조정하면 이미지를 비교적 선명하게 확대할 수 있습니다.

이미지 색상 조정하기

[Image]-[Adjustment]에서는 이미지의 색상, 채도, 명도 등을 조절하거나 다른 색상으로 변환하여 이미지의 색상을 다양하게 보정할 수 있습니다.

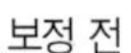

보정 전

명도와 대비 보정 후

1 명도와 대비 보정(Brightness/Contrast): 이미지의 명도와 대비를 보정하는 메뉴입니다. 가장 밝은 영역과 어두운 영역을 기준으로 이미지를 보정할 수 있어 기본적인 사진 보정에 많이 쓰입니다. 세밀한 보정을 하기는 어렵습니다.

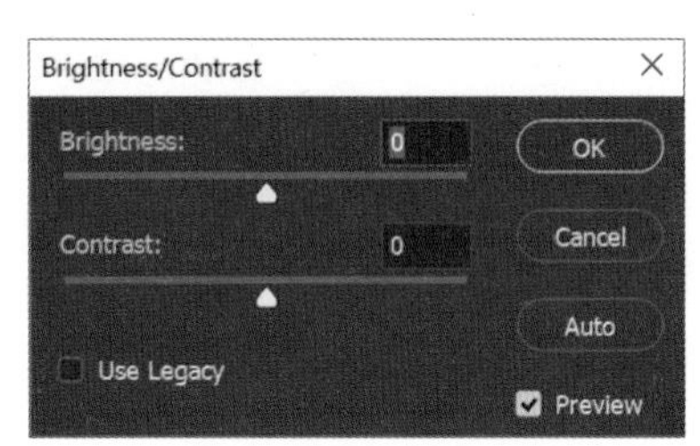

보정 전

색상 보정 후

2 색상, 채도, 명도 보정(Hue/Saturation): 이미지의 색상, 채도, 명도를 한눈에 보며 조절할 수 있습니다. 전반적으로 색조를 변화시키고자 할 때 자주 사용합니다.

TIP 여기서는 원본 이미지의 블루톤을 변경해보겠습니다. 옵션에서 블루 계열을 선택하고 슬라이더를 이동시키면 색을 쉽게 보정할 수 있습니다.

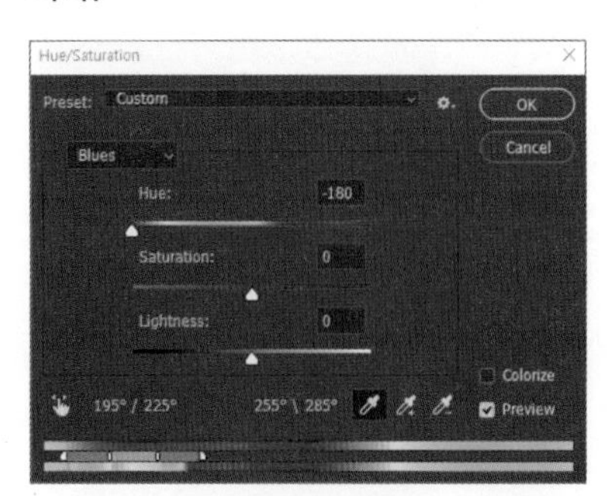

보정 전

채도 보정 후

3 이미지를 흑백으로 만들기(채도 감소, Desaturate): 이미지 전체 혹은 흑백으로 변환하고 싶은 부분을 선택하고 [Image]-[Adjustments]-[Desaturate]를 실행합니다.

TIP 그레이스케일(Grayscale)은 컬러 모드 자체를 흑백 모드를 바꾸는 것으로 컬러 모드의 성질을 변환시키는 것입니다. 따라서 전체 레이어가 흑백으로 변환되며 이후 작업도 모두 흑백으로 진행됩니다.

TIP Desaturate는 원래의 컬러 모드(RGB 혹은 CMYK)를 유지한 채로 채도를 낮춰서 흑백으로 보이게만 전환하는 것입니다. 흑백 이미지에 부분적으로 컬러가 들어가는 경우 Desaturate를 이용하여 흑백 이미지로 바꿔주어야 합니다.

지우개 툴(Eraser Tool)

지우고자 하는 부분에 마우스를 드래그하여 투명하게 하거나 배경색으로 칠해줍니다. 백그라운드 설정이 투명일 경우 투명하게 지워지며, 그렇지 않을 경우 전경색이 채워집니다.

1 왼쪽 나무벽의 하트 모양 음각 이미지 안에 오른쪽의 풍선 사진이 들어가도록 합성하겠습니다. [File]-[Open]을 실행하여 합성하고자 하는 이미지 파일을 불러옵니다.

2 툴 패널에서 지우개 툴을 선택하고 옵션 패널에서 브러시 크기를 조절합니다. 이미지의 하트 안쪽 부분을 드래그하여 삭제합니다.

TIP 옵션 패널의 [Mode]에서 Brush, Pencil, Block의 형태를 선택하여 사용할 수 있습니다.

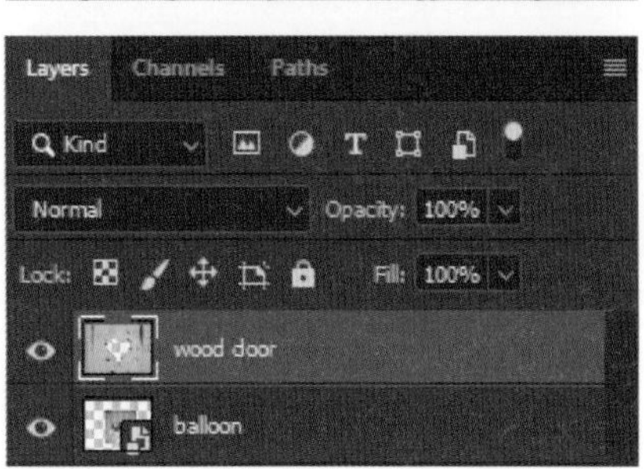

3 두 이미지를 합성하기 위하여 이동 툴을 클릭한 후 하트 풍선 이미지를 배경 이미지상에 드래그하여 이동시킵니다. 또는 풍선 이미지 전체를 선택하여 Ctrl + C, Ctrl + V로 이동합니다. 원하는 부분에 위치시키고 사이즈를 조정하여 완성합니다.

TIP 이때 하트 풍선 사진의 레이어가 나무벽 이미지 레이어의 아래에 위치하도록 레이어 순서를 정리해야 합니다.

3 컬러와 브러시

페인트통 툴(Paint Bucket Tool)

이미지의 변화시키고자 하는 영역에 원하는 색상, 패턴을 선택하여 채우는 도구입니다.

브러시 툴(Brush Tool)

다양한 형태와 사이즈의 브러시를 지정하거나 드로잉 작업을 하는 도구입니다. 모티프를 브러시로 입력하여 그림을 그리거나 채색할 수 있습니다.

1 라인 드로잉에 브러시 툴과 페인트통 툴을 이용하여 채색해보겠습니다. 라인으로 된 일러스트레이션의 스케치 이미지를 불러옵니다.

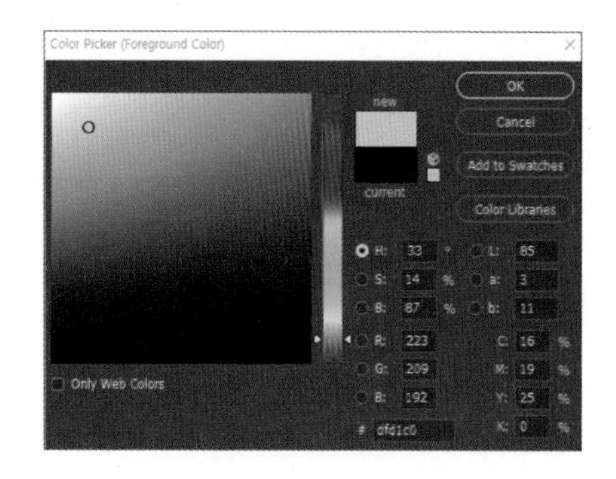

2 툴 패널에서 페인트통 툴을 선택합니다. 채색하고 싶은 피부색으로 툴 패널의 전경색을 클릭하여 지정하고 [OK] 버튼을 클릭합니다. 페인트통 툴로 이미지 안쪽 부분을 클릭하면 피부색이 채워집니다.

TIP 막힌 오브젝트가 아닌 스케치 라인 일부에 틈이 있는 열린 오브젝트의 경우, 색이 원하는 부분이 아닌 전체에 채워집니다. 따라서 오브젝트는 틈이 없는, 막힌 오브젝트의 스케치 라인으로 구성되어야 합니다.

3 색이 잘못 채워졌다면 Ctrl + Alt + Z 를 눌러 실행을 취소합니다. 스케치의 비어있는 다른 부분을 원하는 컬러로 채워줍니다.

4 다음은 브러시 툴을 사용하여 스케치에 음영과 입체감을 추가해봅니다. 빠른 선택 툴로 피부 부분을 선택합니다. 스포이드 툴로 피부 컬러를 선택한 후, 툴 패턴의 전경색을 클릭하여 현재 채색된 컬러보다 한 톤 어두운 컬러로 색을 변경하고 [OK] 버튼을 클릭합니다.

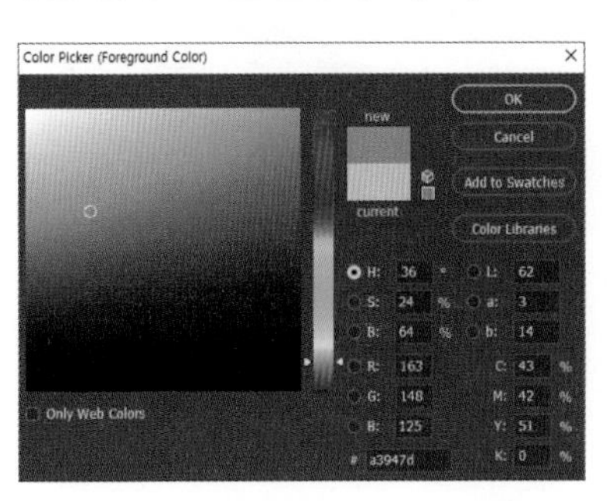

5 툴 패널에서 브러시 툴을 선택하고 옵션 패널의 브러시 드롭다운 메뉴를 클릭하여 브러시 크기를 조절합니다. 옵션 패널에서 투명도를 조절하는 Opacity 값을 낮추고 마우스로 드래그하여 음영을 자연스럽게 칠해줍니다.

Mode: Normal Opacity: 50% Flow: 55%

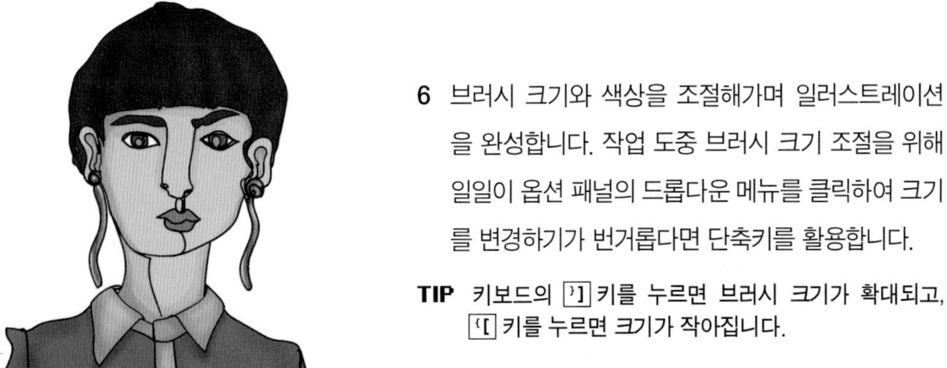

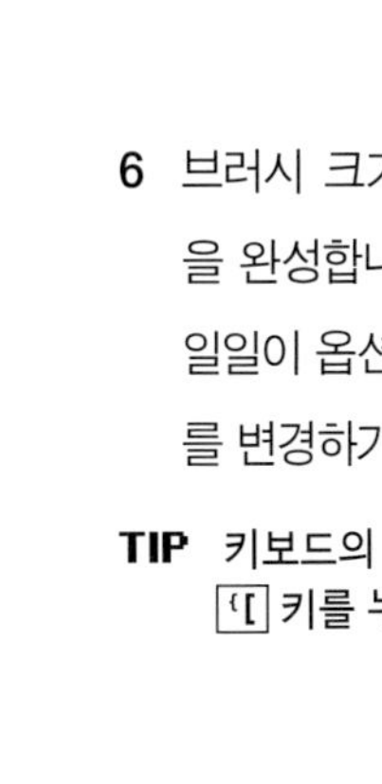

6 브러시 크기와 색상을 조절해가며 일러스트레이션을 완성합니다. 작업 도중 브러시 크기 조절을 위해 일일이 옵션 패널의 드롭다운 메뉴를 클릭하여 크기를 변경하기가 번거롭다면 단축키를 활용합니다.

TIP 키보드의 }] 키를 누르면 브러시 크기가 확대되고, {[키를 누르면 크기가 작아집니다.

브러시 등록하기(Define Brush Preset)

원하는 이미지를 브러시로 등록하면 패턴처럼 활용할 수 있습니다.

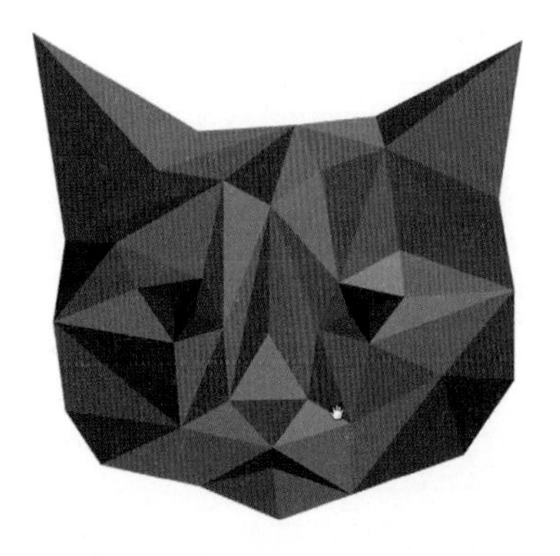

1 브러시로 등록하고 싶은 이미지 파일을 불러옵니다.

TIP **포토샵에서 직접 그린 이미지를 활용할 수도 있습니다.**

2 불러온 고양이 이미지의 흰색 배경을 자동 선택도구를 사용하여 삭제합니다. Ctrl + D를 눌러 선택 영역을 해제하고, 원하는 이미지 영역을 사각 선택 툴로 선택하여 영역을 설정합니다.

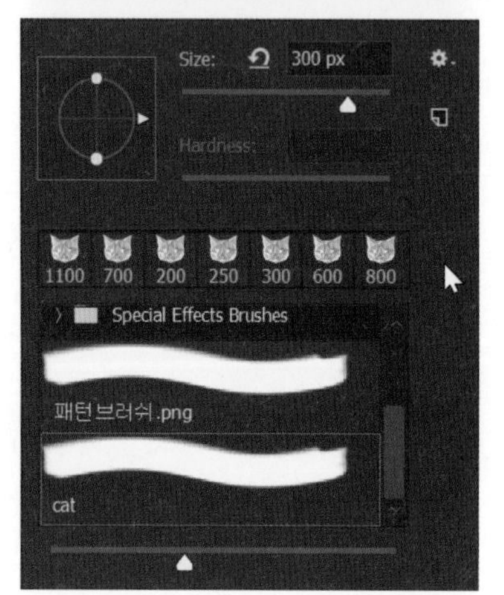

3 이미지를 브러시로 등록해봅시다. [Edit]-[Define Brush Preset]을 클릭합니다. 패턴의 이름을 설정하고 확인을 누릅니다. 브러시가 등록된 것을 확인할 수 있습니다.

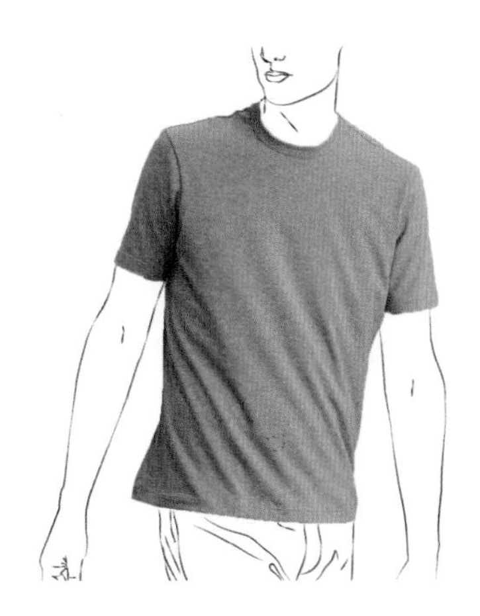

4 앞서 등록한 고양이 패턴 이미지를 왼쪽 티셔츠에 적용해보겠습니다.

5 브러시를 클릭하고 앞서 등록한 고양이 패턴을 선택합니다. 브러시 옵션 패널의 블렌드 모드에서는 Color Burn(색상 번)을 지정합니다.

TIP 이미지에 따라 Soft Light(소프트 라이트) 등 적합한 모드를 선택하여 사용하면 됩니다.

6 브러시의 크기를 설정한 다음 전경색을 원하는 컬러로 지정하고 티셔츠의 선택 영역 부분에 클릭해봅니다. 그렇게 하면 패턴이 티셔츠 표면 위에 자연스럽게 합성되어 나타납니다.

7 브러시의 컬러, 기울기, 크기 등을 조절하며 다양하게 표현해봅니다. 개성 있는 이미지로 만든 브러시를 활용하여 자연스러운 패턴이 들어간 티셔츠를 완성해봅시다.

히스토리 브러시 툴(History Brush Tool)

Desaturate(메뉴표시줄에서 [Image]-[Adjustments])를 통해 흑백으로 변화시킨 이미지나 필터를 통해 작업되었던 이미지, 다양한 색상 조절된 이미지를 원상태로 되돌리는 도구입니다. 변화된 이미지의 부분만 컬러로 되돌리거나, 필터를 적용시킨 이미지의 부분을 원래의 상태로 복원시키면서 다양한 효과를 적용할 수 있습니다. 그러나 이미지 크기와 캔버스 크기 변화, 컬러 모드와 해상도 등을 변경했다면 히스토리 브러시 툴 적용이 불가합니다.

1 [File]-[Open]을 실행하여 이미지 파일을 불러옵니다.

2 먼저 이미지를 흑백으로 전환해보겠습니다. [Image]-[Adjustments]-[Desaturate]를 클릭하거나, [Image]-[Adjustments]-[Hue/Saturate]에서 채도를 조정합니다.

TIP

① 이렇게 변화된 흑백 이미지는 실질적으로는 원래 이미지의 성질(RGB color 또는 CMYK color)을 그대로 유지하고 있으며 흑백으로 보여지는 것뿐입니다.

② [Image]-[Mode]-[Grayscale] 방식을 이용하여 흑백으로 성질을 전환시킨 이미지는 히스토리 브러시 툴을 통해 원상태로 되돌릴 수 없습니다.

3 이미지가 흑백으로 바뀌었습니다. 계속해서 툴 패널의 히스토리 브러시 툴을 선택한 후 브러시 크기를 조절합니다.

4 복구하고자 하는 부분을 문지르듯이 드래그하면 원본 컬러 이미지 상태로 복구되고 나머지는 흑백 상태 그대로 남은 것이 보입니다.

5 세밀한 작업을 위해 이미지를 확대하여 브러시의 크기를 조절해가면서 색상을 복원시킵니다.

그라디언트 툴(Gradient Tool)

두 가지 이상의 색상과 색상 사이를 뚜렷한 경계 없이 부드럽게 변화되는 색상으로 표현합니다. 패션 일러스트레이션이나 패션 드로잉, 이미지맵 등에 다양하게 사용됩니다.

1 앞서 했던 것과 연결하여 작업을 진행해봅니다. 먼저 돋보기 툴로 화면을 확대합니다. 툴 패널에서 다각형 올가미 툴을 클릭하여 선글라스 부분을 선택 영역으로 만듭니다.

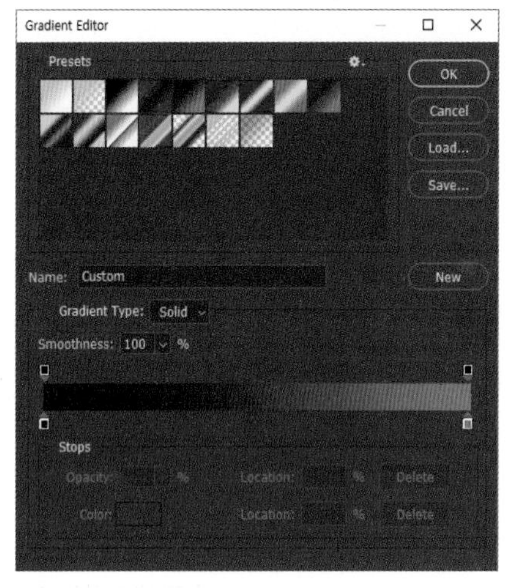

2 그라디언트 툴을 선택하여 옵션 패널에서 그라디언트 드롭다운 메뉴, 그라디언트 형태, Mode, Opacity를 설정합니다. 드롭다운 메뉴의 편집창에서 색상을 선택합니다. 선택한 컬러는 컬러 바(bar) 아래에 컬러통으로 나타납니다. 컬러통은 컬러 바 아랫부분을 클릭하면 추가 생성되고, 컬러의 종류는 컬러통을 더블 클릭하여 바꿀 수 있습니다.

TIP 색상을 삭제하고 싶다면 해당 색상의 컬러통을 아래로 당기듯이 드래그하여 버리면 됩니다.

3 컬러 바의 색상 간 비율 조절은 컬러통 사이의 작은 다이아몬드 모양을 이동시켜 조정합니다.

TIP 그라디언트 색상을 만들어 저장 · 사용하고자 한다면 그라디언트 편집창의 슬라이드를 더블 클릭하여 색상을 지정하고 슬라이드를 추가 또는 삭제하여 원하는 그라디언트를 만들어 사용합니다.

4 옵션 패널의 Opacity 값을 낮추어 입력합니다.

TIP 이미지의 불투명도 조절 기능인 Opacity는 수치가 낮아질수록 이미지가 투명해집니다. 투명도를 조절하여 바로 아래 레이어의 이미지와 합성하듯이 자연스럽게 표현할 수 있습니다.

5 선택 영역을 드래그하여 그라디언트 색상을 적용합니다. 그라디언트를 적용할 때 마우스로 클릭한 시작점이 그라디언트 색상 슬라이더의 맨 왼쪽 색상이 되고, 그라디언트 끝점이 색상 슬라이더 가장 오른쪽 색상으로 연결 적용됩니다. 드래그한 거리와 각도에 따라 다양한 형태의 그라디언트를 표현할 수 있습니다.

이미지 변형과 보정

도장 툴(Clone Stamp Tool)

이미지의 특정 부분을 복제하는 툴입니다. 복제하고자 하는 부분에 마우스를 놓고 Alt를 누른 상태로 클릭하면 이 부분이 복제 기준점으로 설정됩니다. 이후 원하는 위치에 드래그하면 복사한 기준점을 중심으로 이미지가 복제됩니다. 복제하고자 하는 이미지를 복사할 때도 쓰지만, 지우고 싶은 부분의 인접 부분을 복제하여 지우고자 하는 부분에 붙임으로써 제거 및 수정·보완을 할 때도 사용합니다.

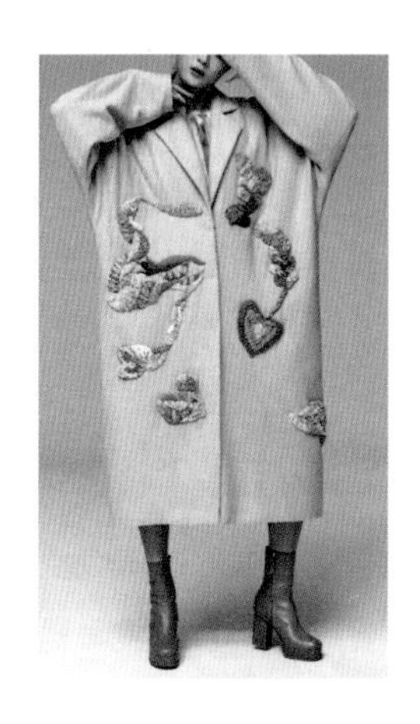

1 툴 패널에서 도장 툴을 지정한 후 상단 옵션 패널에서 복제하고자 하는 부위에 맞추어 브러시의 크기와 모양을 조절합니다.

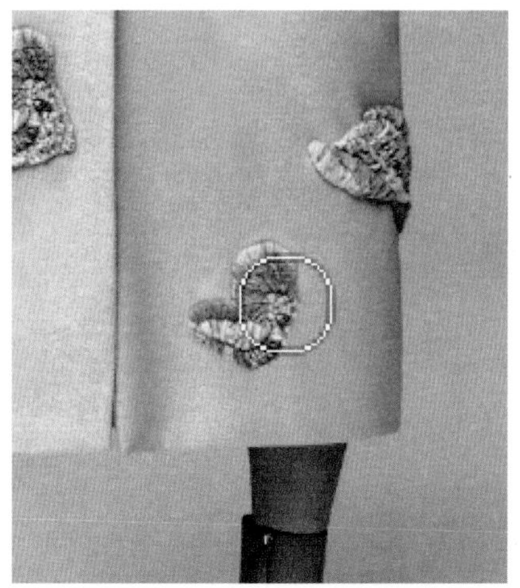

2 Alt를 누른 상태로 코트의 복제하고 싶은 자수 부분을 클릭합니다. 마우스 포인터의 형태가 십자 모양으로 변하면서 복제 영역이 설정됩니다. 이 상태에서 코트 여백 부분에 마우스를 드래그하면 자수 부분이 복제되는 것을 볼 수 있습니다.

TIP 도장 툴로 드래그하면 복제 영역 부분이 십자 형태로 표시되는데, 이는 현재 어느 부분의 복제 이미지를 이용하고 있는지 확인할 수 있게 해줍니다.

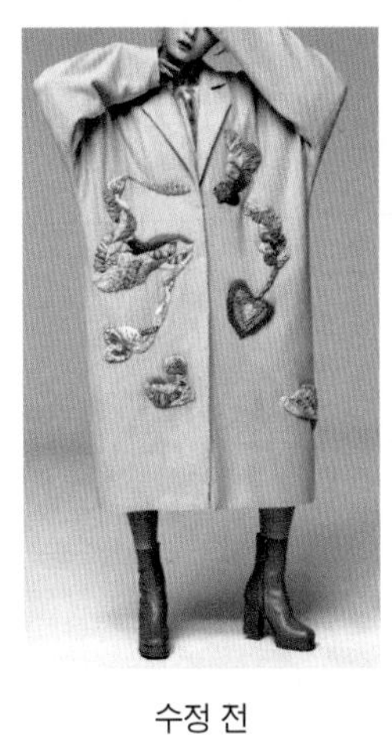

수정 전

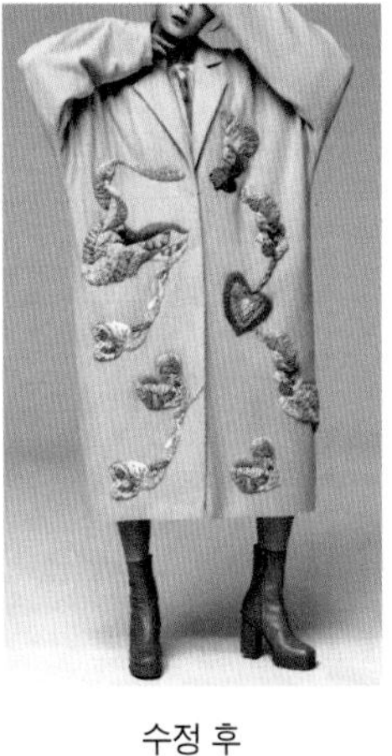

수정 후

3 앞과 동일한 방법으로 작업 영역에 따라 도장 툴 브러시의 크기를 조절하면서 작업을 진행하면 효과적인 결과물을 얻을 수 있습니다.

TIP 옵션 패널의 Opacity 수치를 낮출 경우 복제되는 부분의 이미지가 수치만큼의 투명도로 복제됩니다.

스폿 힐링 브러시 툴(Spot Healing Brush Tool)

마우스로 클릭한 곳을 복사하여 드래그 끝부분까지 이미지를 자연스럽게 연결 복사하는 기능입니다. 이미지맵 제작 시 불필요한 이미지의 일부를 지우는 데 사용하기도 합니다.

1 [File]-[Open]을 실행하여 변환하고자 하는 이미지 파일을 불러옵니다. 이미지 우측에 작게 나온 모델을 지워봅시다.

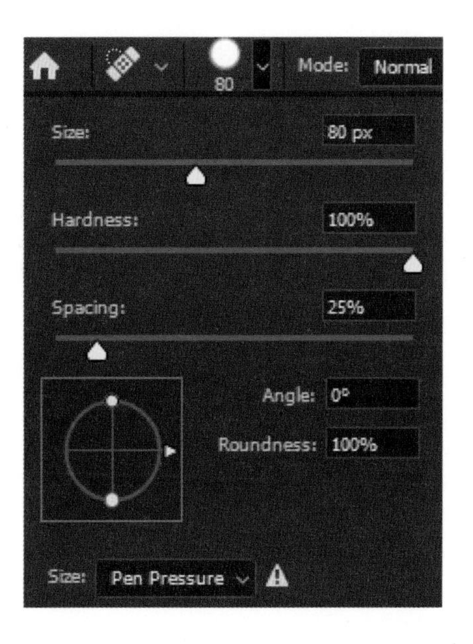

2 툴 패널에서 스폿 힐링 브러시 툴을 선택하고, 옵션 패널에서 브러시 드롭다운 메뉴를 클릭합니다. 그림처럼 Size 항목을 조절하여 브러시 크기를 지정합니다.

3 옵션 패널의 Type은 Content-Aware 항목을 체크합니다. 그다음 이미지의 배경 부분을 시작점으로 해서 우측의 모델이 있는 부분까지 드래그합니다. 이 같은 방법을 되풀이하여 이미지를 깨끗하게 복구해나갑니다.

힐링 브러시 툴(Healing Brush Tool)

이미지 본연의 그림자, 빛, 텍스처 등의 속성은 보존하면서 다른 이미지로 복제할 때 활용합니다. 미세한 자국 등을 제거할 때 사용하면 효과적입니다.

1 힐링 브러시 툴을 선택한 후 옵션 패널에서 브러시 사이즈를 조절합니다. 정밀한 작업을 위해 화면을 적당히 확대합니다.

TIP 작업 중에 화면을 확대하기 위해 돋보기 툴을 사용합니다. 화면 확대 단축키는 Ctrl + + 이며, 화면 축소 단축키는 Ctrl + - 입니다.

2 잔디밭에 놓인 골프공을 자연스럽게 제거해봅시다. 먼저 Alt 를 누른 상태에서 골프공이 없는 부분을 클릭합니다. 클릭한 부분은 골프공 자리를 대체하는 이미지로 사용되므로, 주위와 최대한 비슷한 환경의 부분을 클릭해야 합니다. 이를 없애고자 하는 골프공에 드래그하면 골프공이 있던 부분과 그렇지 않은 부분의 색상이 오버레이되면서 자연스럽게 합쳐져 표현됩니다.

3 자연스러운 보정을 위해 Alt 를 눌러 근처의 새로운 영역을 지정해 남은 부분을 정리해나갑니다. 브러시 크기를 작업에 맞게 조절하고, Space Bar 를 누르고 화면을 이동해가면서 세밀하게 작업하여 완성합니다.

패치 툴(Patch Tool)

이미지를 다른 이미지로 복제할 때 활용하는 툴입니다. 이미지가 가진 빛, 그림자, 텍스처 등의 속성은 유지하면서 더스티 및 작은 자국 등을 제거할 수 있습니다. 힐링 브러시 툴과 동일한 기능을 하는데, 드래그하여 영역을 만들고 복원시킨다는 차이점이 있습니다.

1 [File]-[Open]을 실행하여 이미지 파일을 불러옵니다.

TIP 패치 툴은 이미지맵의 바탕이나 다른 이미지의 바탕 부분으로 사용될 때 많이 활용합니다.

2 툴 패널에서 패치 툴을 선택한 후 옵션 패널의 패치 항목을 Source로 지정합니다.

TIP Source를 선택하면 원본 부분이 바뀌고, Destination을 선택하면 원본이 복제됩니다.

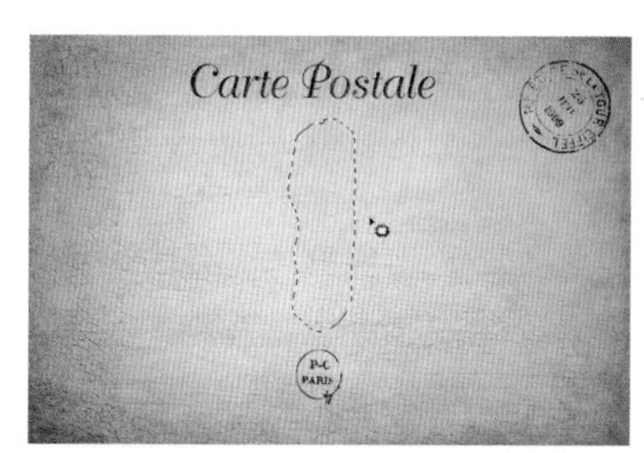

3 이미지의 텍스트와 스탬프를 지워봅시다. 패치 툴로 보정하거나 지우고 싶은 부분을 드래그하여 선택 영역을 설정해줍니다. 그다음 이미지에서 글씨나 스템프가 없는 이미지의 배경부분으로 드래그 앤 드롭합니다. 그렇게 하면 색상이 오버레이되면서 깨끗하게 정리됩니다.

TIP 지우고자 하는 부분의 근접 영역으로 드래그하면 더 자연스럽게 보정됩니다.

4 Ctrl + D 를 눌러 선택 영역을 해제한 후, 동일한 방법으로 반복 작업하여 이미지를 깨끗하고 자연스럽게 수정·복원해나갑니다.

내용인식 이동 툴(Content-Aware Move Tool)

이미지에서 전체적인 변화를 최소화하고 일부만 선택하여 자연스럽게 이동시키는 도구입니다.

1 [File]-[Open]으로 이미지 파일을 불러옵니다.

2 툴 패널에서 내용인식 이동 툴을 선택하고 위치를 이동시키고자 하는 부분을 드래그하여 선택 영역을 설정합니다.

3 이동하고자 하는 부분 위로 마우스를 드래그하여 이동시키면 이미지의 위치가 바뀌는 것을 볼 수 있습니다. 본래 이미지가 있던 부분은 주위 배경과 명암 인식을 통해 자연스럽게 비워집니다.

4 Ctrl + D를 눌러 선택 영역을 해제하고 도장 툴이나 힐링 브러시 툴 등으로 주위를 자연스럽게 정리합니다.

블러 툴(Blur Tool), 샤픈 툴(Sharpen Tool), 스머지 툴(Smudge Tool)

원본 이미지

이미지 전체 혹은 부분을 부각시키기 위해 초점의 변화를 주는 도구입니다. 보조적인 이미지를 선명하게 하거나 흐리게 연출하여 주제 이미지를 부각시키고, 전체적인 느낌 변화를 표현할 수 있습니다.

블러 툴(Blur Tool)

뿌옇게 초점이 흐려진 효과를 주는 툴입니다. 툴 패널에서 블러 툴을 선택하고 옵션 패널에서 브러시의 크기를 조절한 후 원하는 부분(좌측에서는 배경 이미지)을 문지르듯 드래그합니다. 그렇게 하면 배경 이미지가 뭉개져 보이는 현상이 나타납니다. 브러시 크기를 조절해 가면서 배경 부분을 계속 드래그하여 아웃포커싱 효과를 만들어봅니다.

샤픈 툴(Sharpen Tool)

뚜렷하고 초점이 선명해 보이는 효과를 주는 툴입니다. 툴 패널에서 샤픈 툴을 지정한 후, 원 패널에서 브러시의 크기를 조절합니다. 선명하게 변화시키고자 하는 부분을 문지르듯 드래그하면 픽셀과 픽셀 경계의 색상 차가 심해져 이미지가 선명해집니다.

TIP 샤픈 툴을 지나치게 많이 사용하면 픽셀 간의 대비 값이 높아져서 이미지가 깨져 보이므로 적당히 사용하는 것이 좋습니다.

스머지 툴(Smudge Tool)

손가락으로 문지르는 듯한 효과를 주는 툴입니다. 툴 패널에서 스머지 툴을 지정한 후, 옵션 패널에서 브러시의 크기를 조절합니다. 원하는 부분을 마우스로 밀어내듯 드래그합니다. 브러시 크기를 조절하면 좀 더 세밀하게 작업할 수 있습니다.

닷지 툴(Dodge Tool), 번 툴(Burn Tool), 스폰지 툴(Sponge Tool)

원본 이미지

이미지의 밝기, 어둡기, 채도 등을 조절하여 변화를 주는 도구입니다.

닷지 툴(Dodge Tool)

원하는 이미지 영역을 밝게 보정하는 툴입니다. 닷지 툴을 선택하고 옵션 패널에서 브러시 크기를 이미지 작업에 적합하게 선택한 후 원하는 부분을 드래그하면 이미지가 밝아집니다.

번 툴(Burn Tool)

이미지를 어둡게 바꾸는 툴입니다. 툴 패널에서 번 툴을 지정하고, 옵션 패널에서 브러시 크기를 작업하고자 하는 이미지에 맞게 선택한 후 원하는 부분에 드래그하면 어둡게 보정됩니다. 브러시 크기를 조절해가면서 드래그하면 입체감 있는 이미지를 만들 수 있습니다.

스폰지 툴(Sponge Tool)

이미지를 선명하거나 탁하게 만듭니다. 툴 패널에서 스폰지 툴을 지정하고 브러시의 크기를 조절합니다. 옵션 패널의 Mode 항목을 Desaturate로 설정한 후 문지르듯 드래그하면 작업한 부분이 탁하게 변합니다. 반대로 Mode 항목에서 Saturate로 설정한 후 드래그하면 색상이 선명해집니다.

컬러 대체 툴(Color Replacement Tool)

이미지의 질감이나 음영을 변화 없이 유지하면서 특정 부분의 색상을 쉽게 바꿀 수 있는 툴입니다. 모델이 입은 옷의 색깔을 바꾸거나, 이미지맵 제작 시 필요에 따라 색을 다양하고 자연스럽게 변화시킬 수 있습니다.

1 노란색 드레스를 파란색 드레스로 바꿔보겠습니다. 퀵 셀렉션 툴을 사용하여 작업 선택 영역을 설정하고, 컬러 대체 툴을 지정한 후 옵션 패널에서 브러시 크기를 이미지에 맞게 조절합니다.

2 전경색 아이콘을 클릭하여 컬러 피커 대화상자를 열고, 대체할 파란색을 지정합니다. 그다음 노란 드레스 부분을 드래그하면 지정된 파란색 계열로 색상이 바뀝니다. 이때 색상이 바뀌지만 이미지가 가진 본연의 음영이나 질감이 유지되는 것을 볼 수 있습니다.

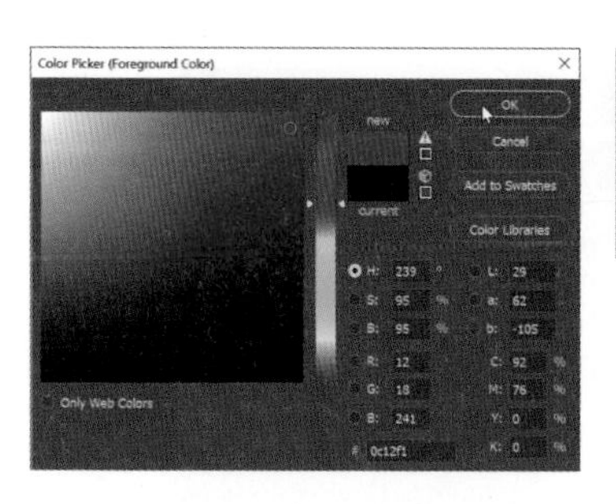

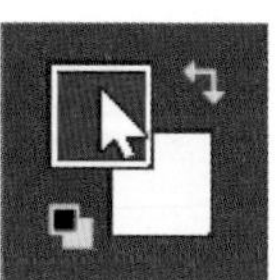

3 세밀한 작업은 이미지를 확대하여 브러시 크기를 조절해가며 합니다. 컬러 대체 툴은 처음 클릭한 곳의 색상 수치와 근접한 색상 영역을 전경색 색상으로 대체시킵니다.

포토샵으로 패턴 만들기

사각 선택도구과 페인트통 툴을 사용하여 체크 패턴 제작하기

포토샵과 일러스트로 체크 패턴을 만들 수 있습니다. 포토샵에서는 레이어를 활용하여 체크 패턴을 만드는데, 이때 각 레이어를 체크 패턴의 가로세로로 사용합니다. 이는 체크 패턴의 부분 컬러를 바꾸거나 크기를 바꾸기 좋게 하기 위함이기도 합니다. 여기서 만들 체크 패턴은 가로세로의 색과 면이 동일한 형태입니다.

1 배경을 투명하게 설정한 새 파일을 열고, 새 레이어를 만듭니다. 툴 패널에서 사각 선택 툴을 선택합니다. 세로로 긴 직사각형 형태로 선택 영역을 설정합니다.

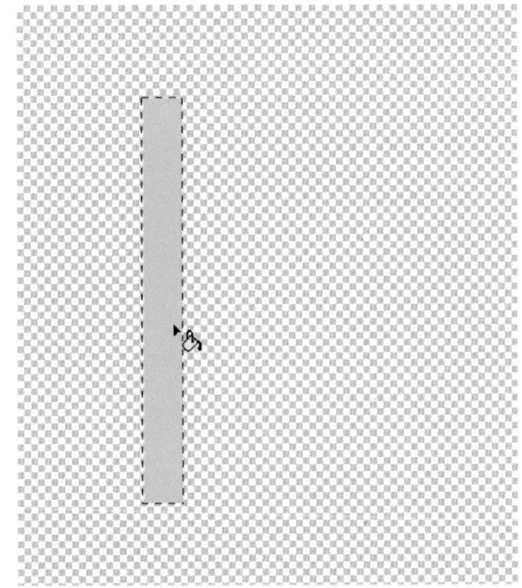

2 선택한 영역에 페인트통 툴로 체크 패턴의 세로 영역에 들어갈 컬러를 넣습니다.

3 위 작업을 반복하여 체크 패턴의 세로 부분을 만듭니다.

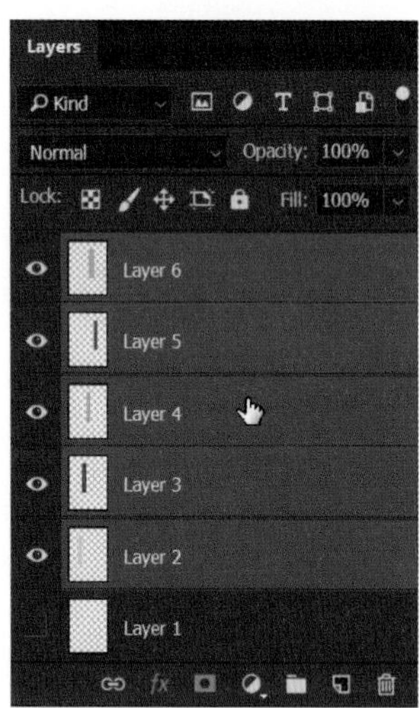

4 레이어 패널을 열고, 만들어진 5개의 레이어를 Shift 를 눌러 다중 선택합니다. 단축키 Ctrl + J 를 눌러 레이어를 복사합니다.

TIP 마우스 오른쪽 버튼을 누르고 레이어 복제를 클릭하거나, 마우스 오른쪽 버튼 클릭 후 레이어 패널 하단의 새 레이어 만들기 버튼으로 드래그해서 레이어를 복제할 수 있습니다.

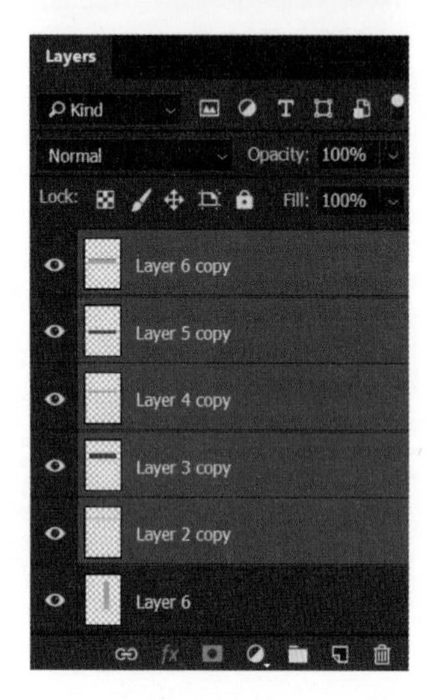

5 레이어 패널에서 레이어가 복제된 것을 확인할 수 있습니다.

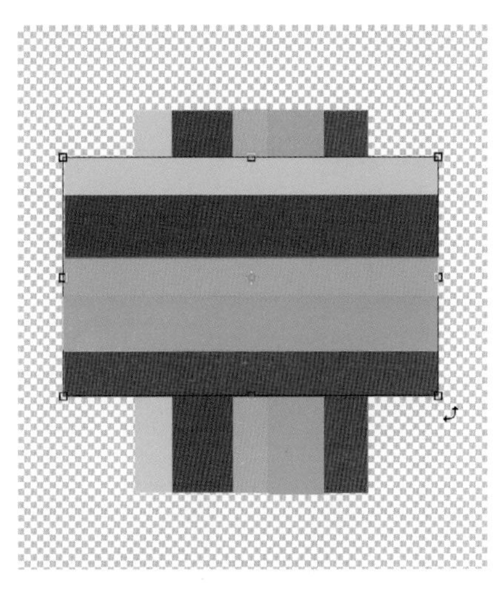

6 체크 패턴을 만들기 위해 복제된 레이어를 가로 방향으로 회전시킵니다. 복제된 레이어를 다중 선택한 후, Ctrl + T를 눌러 바운딩 박스가 나타나면 Shift를 누른 상태로 90° 회전시킵니다.

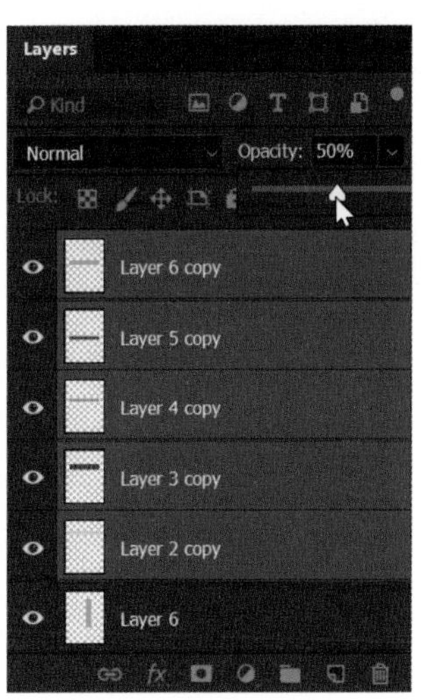

7 회전시킨 레이어들의 Opacity(투명도)를 50%로 낮춥니다. 이 수치는 패턴 디자인에 따라 다르게 지정합니다. 한 패턴 안에서도 색마다 투명도를 다르게 지정하여 패턴 이미지를 변화시킬 수 있습니다.

8 체크 패턴에 흰색 가는 선을 추가하여 디자인을 해봅니다. 사각 선택 툴로 체크 패턴의 영역을 설정하고 페인트통 툴로 흰색을 채웁니다.

9 마찬가지로 레이어를 복제하여 세로 방향으로 90° 회전시키고 원하는 위치로 이동시켜봅니다.

TIP 체크 패턴 내에서 가늘게 포인트로 들어가는 부분의 컬러는, Opacity를 90% 정도로 조금 낮추거나 아예 낮추지 않아야 더욱 또렷한 패턴 이미지를 만들 수 있습니다.

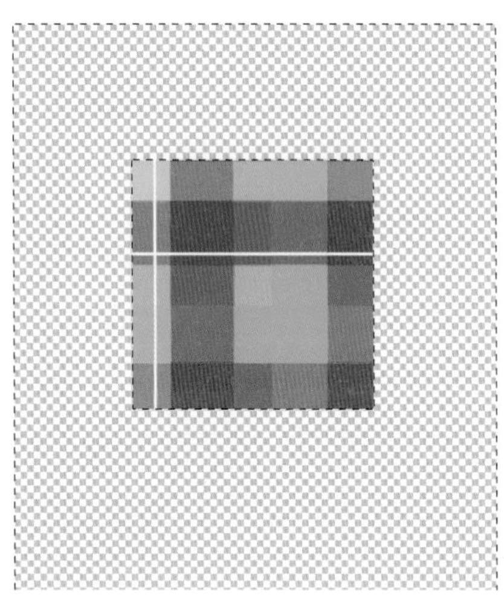

10 하나의 리핏(Repeat) 패턴으로 정리하기 위해 패턴이 될 부분 외의 나머지 영역을 삭제합니다. 패턴에 적용된 모든 레이어를 다중 선택하고 패턴이 리핏될 선택 영역을 지정한 후, 메뉴에서 [Select]-[Inverse]를 선택하거나 단축키 Ctrl + Shift + T를 누릅니다. 이렇게 하면 리핏 패턴 외의 영역이 선택됩니다. 리핏 패턴 외의 영역을 삭제합니다.

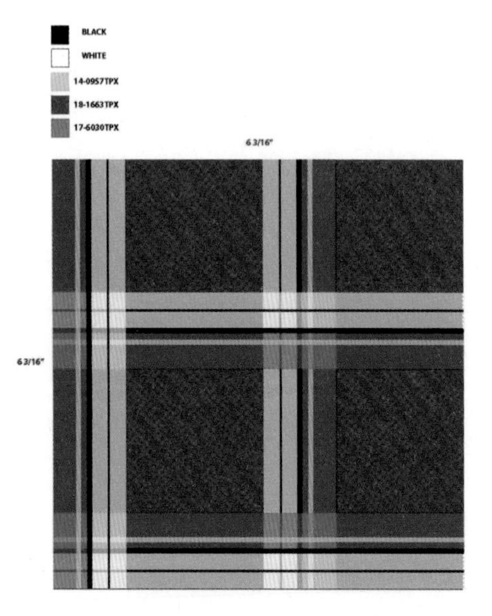

11 지금까지와 같은 방법으로 다양한 패턴을 제작할 수 있습니다. 텍스처가 있는 이미지 파일을 오버랩시켜서 보다 다양한 무늬와 조직감을 가진 패턴을 제작할 수도 있습니다.

확대한 패턴

사용자 정의 도형 도구(Custom Shape Tool)를 활용하여 패턴 제작하기

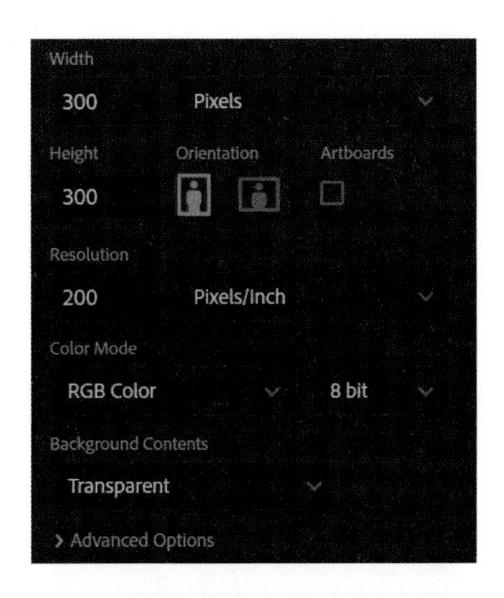

1 캔버스의 크기가 300×300픽셀인 정사각형 모양의 새 파일을 만들어주세요. 배경은 투명하게 설정합니다.

TIP 배경을 투명으로 설정할 경우, 만들어진 패턴에 이미지나 다른 레이어를 오버랩시켜 패턴을 변형하여 사용할 수도 있습니다. 만약 바탕색을 지정할 경우, 배경 레이어를 추가하고 바탕을 원하는 색으로 채워주세요.

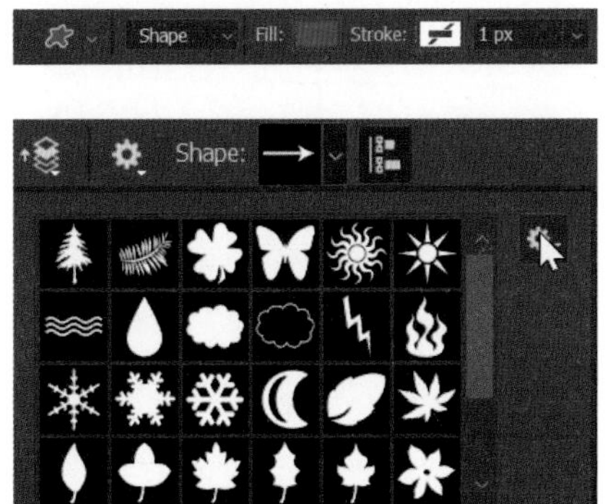

2 툴 패널에서 사용자 정의 도형 도구를 사용하여 원하는 도형을 선택하고, 옵션 바에서 패턴으로 만들 도형의 색상을 지정해줍니다. 이때 설정 버튼을 누르면 다른 도형을 선택할 수 있습니다.

TIP 이와 같은 방법으로 모티프를 그리거나 제작할 수 있습니다. 원하는 이미지를 추출하여 패턴으로 사용할 수도 있습니다.

3 패턴을 등록해봅시다. 사각 선택 툴로 패턴의 리핏 범위를 설정해줍니다. [Edit]-[Define Pattern]을 실행하고 패턴명을 입력한 후 [OK]를 누르면 패턴이 등록됩니다.

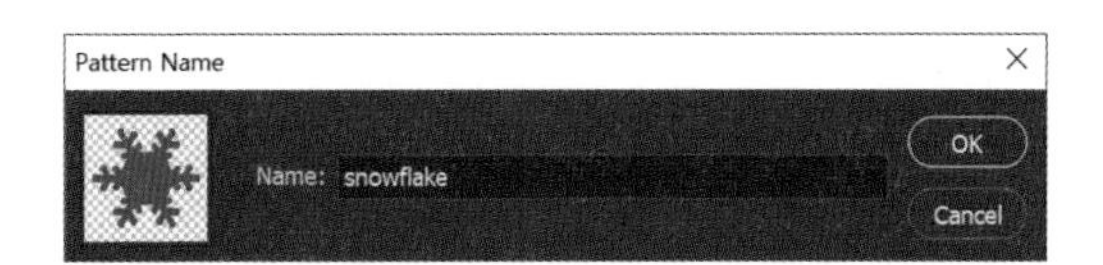

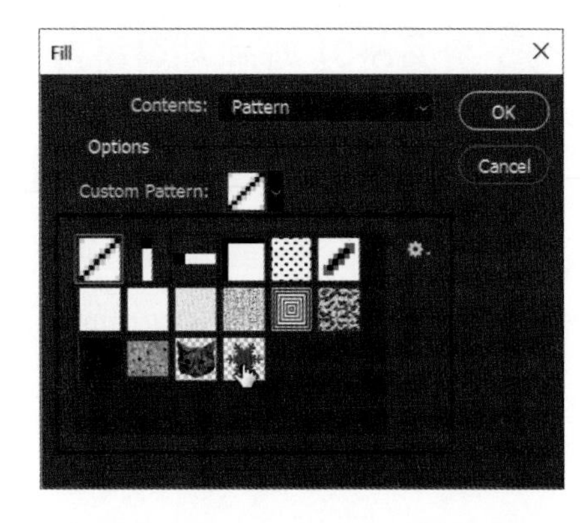

4 패턴을 적용해보겠습니다. 새 파일을 만들고 [Edit]-[Fill]을 클릭합니다. 등록한 패턴을 선택하고 [OK] 버튼을 누르면 패턴이 적용됩니다.

오프셋(Offset) 기능을 활용하여 패턴 제작하기

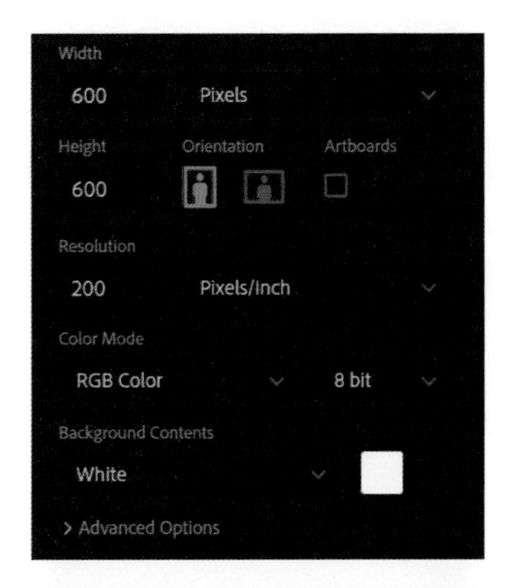

1 캔버스 크기가 600×600픽셀인 정사각형 모양의 새 파일을 만들어봅시다. 배경 레이어를 추가하고 바탕을 원하는 색으로 채워줍니다.

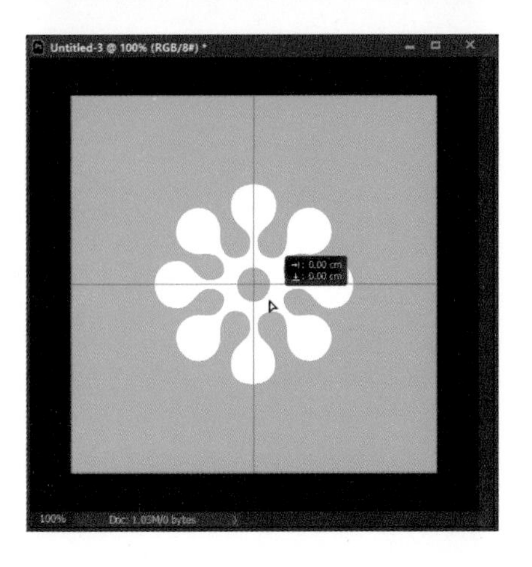

2 새 레이어를 추가하고 툴 패널에서 사용자 정의 도형 도구을 클릭하여 원하는 문양을 넣어줍니다. 문양을 추가한 후 캔버스의 중심으로 가져옵니다. 이때 배경 레이어와 문양이 있는 레이어를 함께 선택한 후 Align vertical centers(수직 중심 정렬) 및 Align horizontal centers(수평 중심 정렬)를 클릭하면 캔버스의 중심으로 이동합니다.

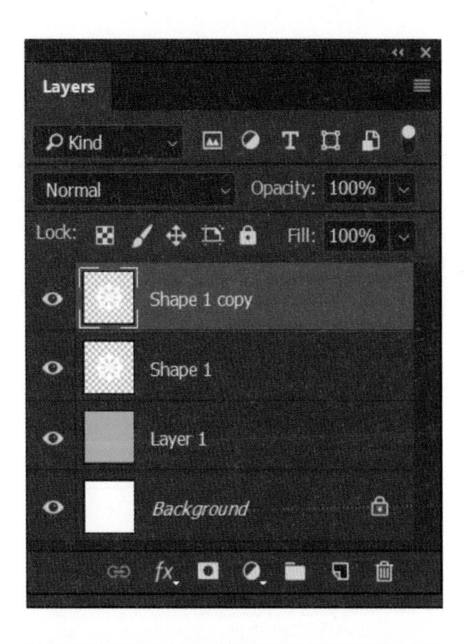

3 단축키 Ctrl + J 를 눌러 문양이 있는 레이어를 복사합니다. 마우스의 오른쪽 버튼을 눌러 레이어 복제를 클릭하거나, 마우스 오른쪽 버튼을 클릭해서 레이어 패널 하단의 새 레이어 만들기 버튼으로 드래그해서 레이어를 복제할 수도 있습니다. 레이어를 복제하고 [Filter]-[Other]-[Offset]을 눌러 줍니다.

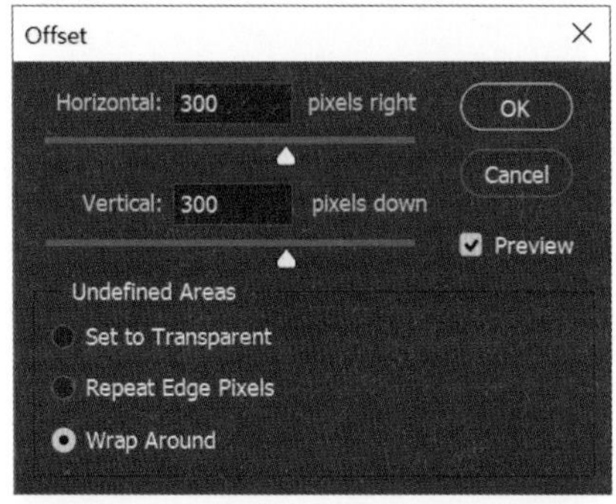

4 Offset 설정창에 캔버스의 크기를 반으로 나눈 300픽셀을 Horizontal, Vertical 값에 넣고 Wrap Around를 체크한 후, [OK] 버튼을 누르면 캔버스 모서리에 문양이 생깁니다.

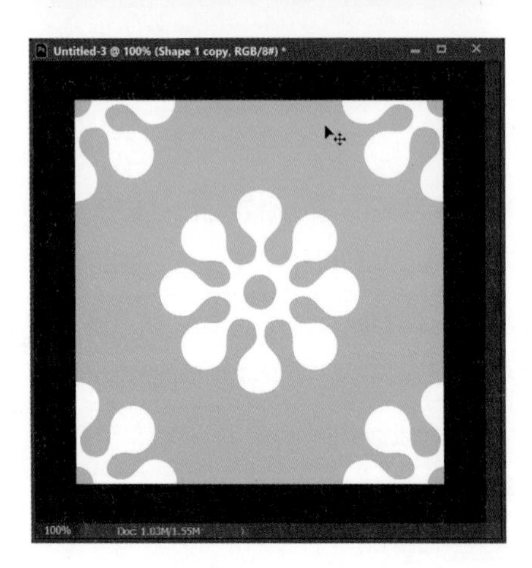

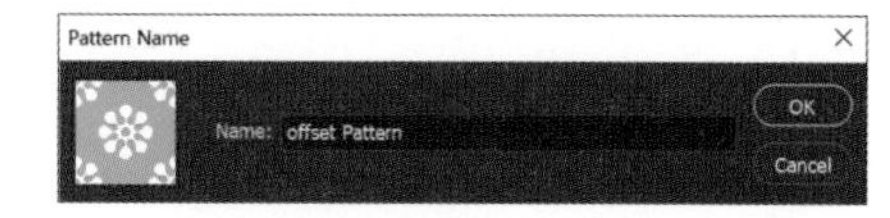

5 패턴을 등록해보겠습니다. [Edit]-[Define Pattern]을 클릭하고 패턴명을 입력한 후 [OK] 버튼을 누르면 패턴이 등록됩니다.

6 패턴을 적용해보겠습니다. 새 파일을 만들고 [Edit]-[Fill]을 클릭합니다. 등록한 패턴을 선택하고 [OK] 버튼을 누르면 패턴이 적용됩니다.

CHAPTER 2

포토샵을 활용한 이미지맵

1 이미지의 합성 및 변형

디졸브(Dissolve)를 활용해 이미지 합성하기

1 두 개의 이미지 파일을 자연스러운 색상 변화로 연결해봅시다. 번져 있는 물감 사이에서 자연스럽게 꽃이 피어나는 듯한 효과를 주고자 합니다. 먼저 두 개의 이미지를 불러옵니다.

2 퀵 셀렉션 툴로 꽃을 선택하고, 이동 툴을 클릭하여 꽃을 번진 물감 위로 보냅니다. 단축키 Ctrl + T를 사용하여 원하는 사이즈로 조정합니다.

3 꽃 이미지를 적정한 위치에 두고 줄기 아랫부분을 정리합니다.

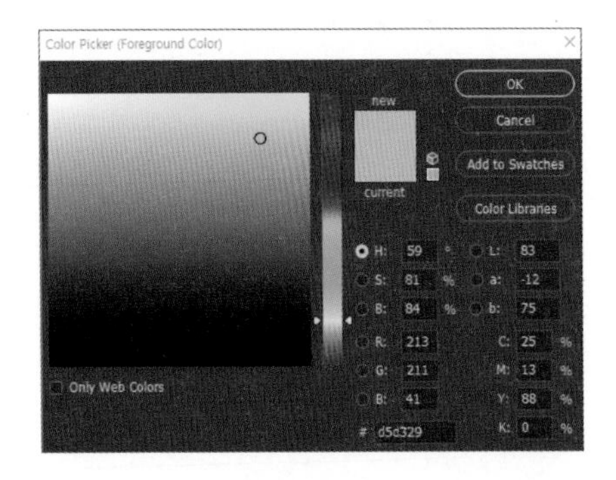

4 물감과 꽃의 줄기가 자연스럽게 연결되는 것처럼 표현하기 위해 브러시를 활용해보도록 합니다. 먼저 스포이드 툴로 줄기 근처에 위치한 물감 이미지의 노란 부분을 선택하여 전경색을 설정합니다.

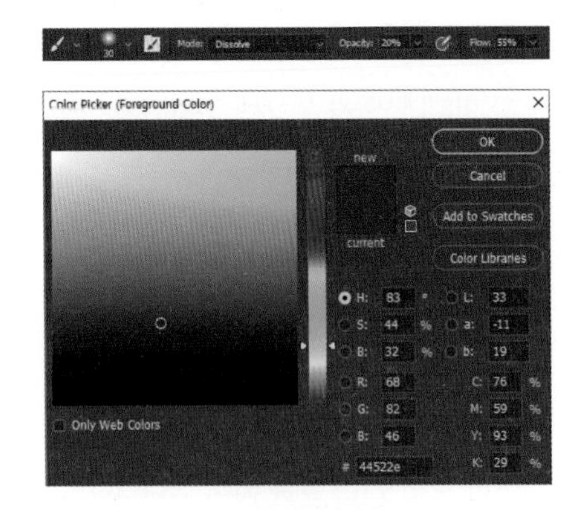

5 브러시 모드를 디졸브로 설정하고 브러시 사이즈를 이미지에 적합한 사이즈로 지정하여 꽃의 줄기 부분에 자연스럽게 드래그를 반복합니다.

6 스포이드로 노란색 물감에 인접한 줄기 부분의 초록색을 선택하고 디졸브 모드의 브러시로 드래그를 반복하여 자연스러운 컬러 그라데이션을 만들어봅니다.

7 물감 부분과 줄기 부분이 자연스럽게 합성되었습니다. 작업을 반복하여 이미지를 완성합니다. 이미지 외부에 그려진 것들은 지우개 툴 등으로 지워줍니다.

퍼펫 뒤틀기(Puppet Warp)를 사용해서 자연스럽게 이미지 변형하기

퍼펫 뒤틀기 기능을 사용해서 데님 위에 실과 바늘을 자연스럽게 합성해보도록 합니다.

1 배경이 될 데님 이미지를 불러옵니다. 바늘 이미지를 선택하여 데님 이미지 위로 이동시키고, 원하는 사이즈로 조절합니다. 바늘 사이즈를 조절한 후 회전 툴 혹은 선택 툴을 사용하여 적당한 각도로 조정해봅니다.

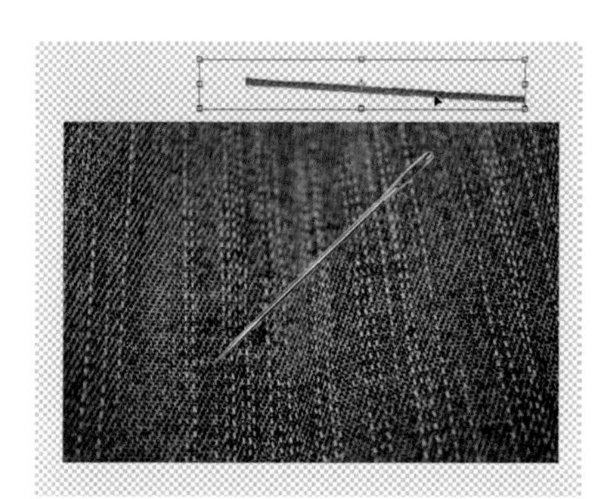

2 합성하고자 하는 실 이미지도 가져와서 적합한 굵기와 길이로 조정합니다. 실의 컬러를 바꿀 때는 컬러 대체 툴(Color Replacement Tool)이나 메뉴 표시줄의 [Image] 버튼을 이용하면 됩니다.

3 일자 형태의 실을 퍼펫 뒤틀기(Puppet Warp) 기능을 사용해서 원하는 형태로 변형시켜봅니다. [Edit]-[Puppet Warp]을 실행하면 실 위로 망이 생기는데, 부분 고정을 위해 활성화된 실 위의 변환할 영역 위를 클릭하면 핀이 추가됩니다.

TIP 핀 제거 시에는 해당 포인트를 눌러 선택하고 Delete 를 누르면 됩니다.

4 실의 위치와 모양을 자연스럽게 변형시켜봅니다. 실이 바늘구멍 사이로 자연스럽게 통과되는 것처럼 보이도록 부분 삭제로 정리합니다.

5 바늘이 데님 원단을 통과하는 것처럼 보이도록 해봅시다. 우선 레이어 패널에서 데님 이미지를 선택합니다. 툴 패널에서 사각 선택 툴을 선택한 후, 바늘이 통과할 영역을 선택합니다. 레이어 복제를 위해 단축키 Ctrl + J 를 클릭하면 선택한 영역이 새로운 레이어로 복제됩니다. 복제된 레이어를 바늘 이미지 레이어의 위로 이동시켜 바늘이 데님을 한 땀 뜬 것처럼 보이게 합니다.

6 번 툴을 활용하여 이미지를 보다 자연스럽게 만들어봅시다. 툴 패널에서 번 툴을 클릭하고 데님 이미지를 선택하여 바늘의 아래쪽과 뒤쪽으로 자연스러운 바늘 그림자를 만들어줍니다. 브러시의 사이즈를 조정하면서 세밀한 그림자를 표현합니다.

사진에 패션 이미지 입히기

컬렉션 사진이나 착장 사진에 원하는 이미지를 입히거나 새로운 디자인 착장으로 변화시켜봅시다. 평면이 아닌, 입체감 있는 사진에 패션 이미지를 입히면 좀 더 실제 같은 느낌을 구현할 수 있습니다. 여기서는 모델의 상의에 원하는 이미지를 합성해보겠습니다.

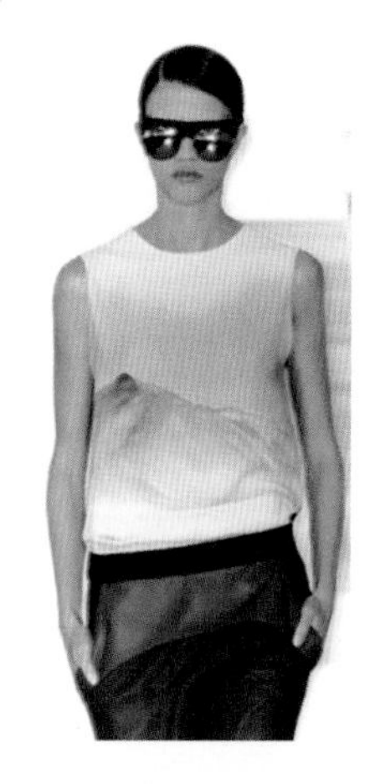

합성할 이미지

1 합성하고자 하는 상의를 다각형 올가미 툴로 선택합니다.

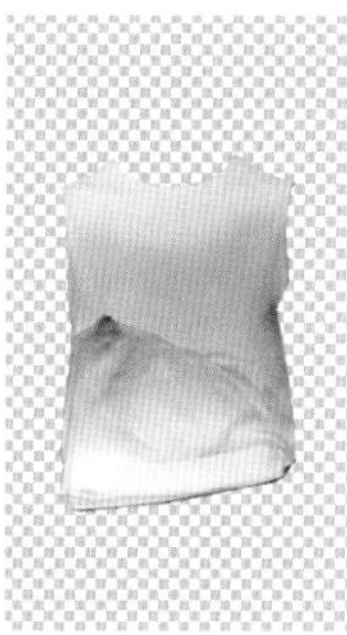

2 선택한 영역을 Ctrl + C, Ctrl + V로 복사하여 새로운 레이어(지금부터 블라우스 레이어로 지칭)로 만듭니다. 블라우스 레이어는 아래 적용할 암벽 이미지의 형태와 Threshold를 적용하여 옷의 음영을 표현하기 위한 용도입니다.

TIP 왼쪽 사진은 블라우스 레이어만 보이도록 해 놓은 것입니다. 쉬운 이해를 위해 모델 사진이 나와 있는 첫 번째 레이어가 보이지 않도록 레이어 패널을 가려놓았습니다.

3 합성하고자 하는 암벽 이미지를 열고, 모델이 입은 상의 위쪽으로 암벽 이미지 레이어를 이동시켜 원하는 위치에 오게 합니다.

TIP 암벽 이미지 레이어의 Opacity를 조절하면 보다 정확한 위치를 잡을 수 있습니다.

4 암벽 이미지를 상의에 맞게 조정합니다. 블라우스 레이어에서 블라우스를 제외한 바깥의 투명한 부분을 마술봉 툴(Magic Wand Tool)로 한 번에 영역 지정하여 삭제할 부분을 선택합니다. 이렇게 선택이 활성화된 상태에서 합성하기 위한 암벽 이미지 레이어를 선택하고, Delete를 눌러 암벽 이미지를 블라우스의 형태와 동일하게 해줍니다.

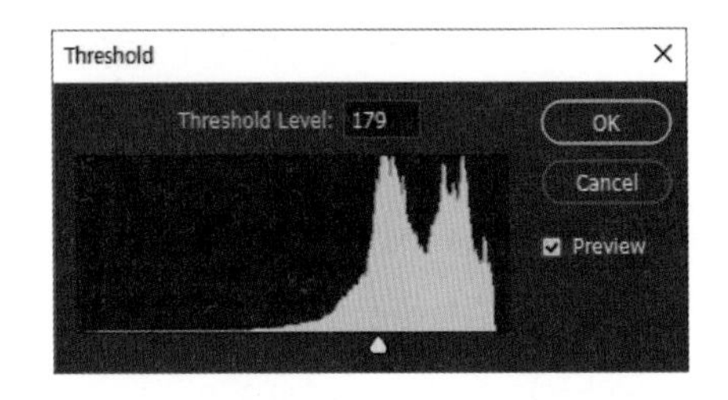

5 블라우스 이미지의 음영 및 주름 등과 같은 입체를 강조할 수 있는 그림자를 만들어봅시다. 블라우스 레이어를 다시 선택하고 [Image]-[Adjustment]-[Threshold]의 순서로 적용합니다. 옷의 자연스러운 입체가 살아나도록 Threshold의 Level을 적당한 값으로 조정하면 왼쪽과 같은 흑백 이미지로 변합니다.

6 Threshold를 적용한 후 이미지의 흰색 부분을 마술봉 툴을 사용하여 한 번에 전체 선택한 후 삭제하고, 그 외에 강조를 위한 그림자나 텍스처가 필요 없는 부분들을 선택하여 삭제·정리합니다.

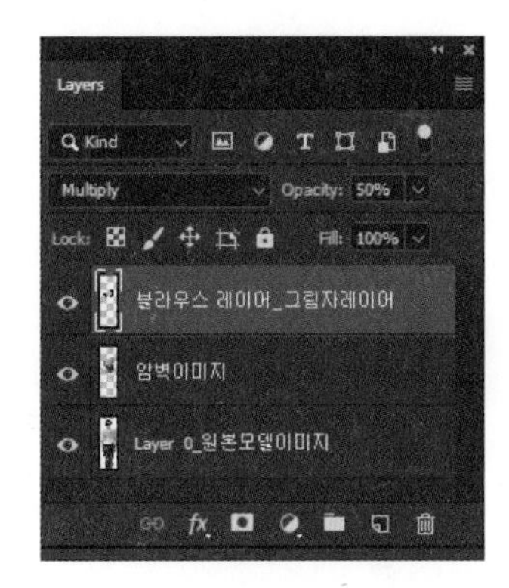

7 이렇게 만든 레이어는 아래부터 모델 이미지 원본, 블라우스 형태의 암벽 이미지, Threshold를 적용한 그림자 순으로 나타납니다. 그림자 레이어가 자연스럽게 어우러지도록 투명도와 모드를 조절합니다.

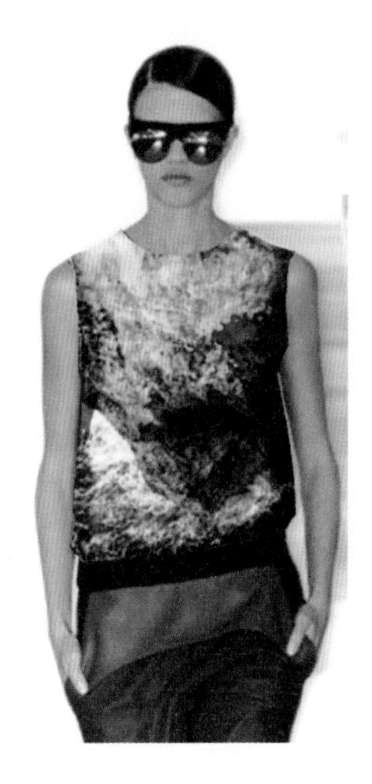

8 마지막으로 암벽 이미지 레이어에 브러시 툴이나 번 툴, 스폰지 툴을 조금씩 활용하여 자연스러운 주름과 그림자를 추가합니다.

손상된 이미지 복원하기

이미지맵 제작 시 손상된 부분을 자연스럽게 복원하는 방법을 알아봅시다.

모자의 윗부분이 없는 이미지 원본

배경을 제거한 이미지

1 이미지 파일을 열고 올가미 툴, 다각형 올가미 툴, 선택과 마스크 등의 도구를 활용하여 배경을 제외한 눈사람 부분을 선택 영역으로 설정합니다.

2 선택한 부분을 이미지맵 제작을 위한 새로운 파일로 이동시킵니다.

3 눈사람이 쓰고 있는 모자의 잘린 부분을 복원하기 위해 다각형 올가미 툴을 선택하고, 복원하고자 하는 모자의 형태로 영역을 선택합니다.

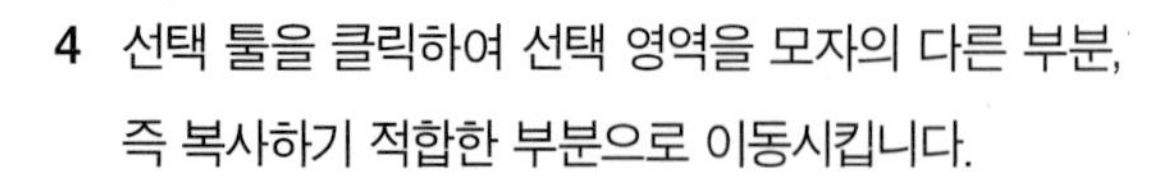

4 선택 툴을 클릭하여 선택 영역을 모자의 다른 부분, 즉 복사하기 적합한 부분으로 이동시킵니다.

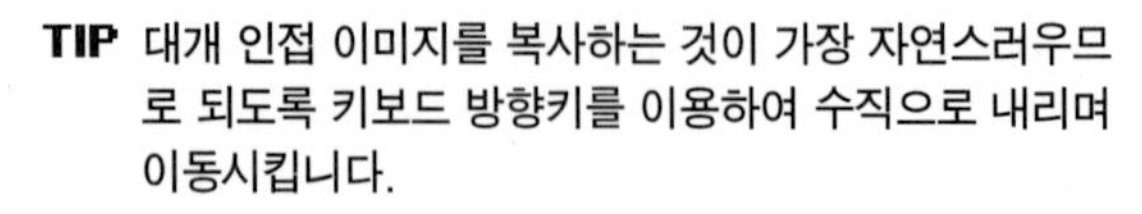

TIP 대개 인접 이미지를 복사하는 것이 가장 자연스러우므로 되도록 키보드 방향키를 이용하여 수직으로 내리며 이동시킵니다.

5 다음은 이동 툴을 클릭하고, Alt 를 누르며 드래그하여 선택 영역을 복사합니다. 복사한 선택 영역은 복원하고자 하는 모자 부분에 위치시킵니다.

TIP Ctrl + C, Ctrl + V 를 클릭해도 됩니다. 이렇게 하면 새롭게 복사된 부분의 레이어가 생성됩니다.

6 자연스러운 형태의 니트 모자를 만들기 위해 패치 툴과 도장 툴 등으로 복사한 선택 영역의 모자 형태와 니트의 조직감이 원래의 이미지와 연결되도록 수정합니다.

TIP Ctrl + C, Ctrl + V 를 이용해서 작업할 경우에는, 본래 이미지 레이어와 새롭게 생성된 레이어를 [Merge] 시킨 후 패치 툴과 도장 툴 작업을 하도록 합니다.

7 수정된 이미지를 가지고 완성도 있는 자연스러운 이미지맵을 제작해봅시다.

그림자 효과 주기

1 새 파일(20×20cm)을 만들고 전경색을 원하는 컬러로 지정한 후 페인트통 툴로 배경을 채웁니다.

2 이미지맵을 위해 제작한 이미지를 열고 원하는 위치로 이동시킨 후 Ctrl + T를 눌러 원하는 사이즈로 조정합니다.

3 이동시킨 이미지에 그림자를 넣어봅시다. 레이어 패널을 열고 불러온 이미지를 선택하여 레이어가 활성화된 상태에서 패널 하단의 레이어 스타일(fx) 버튼을 클릭합니다. 그중에서 Drop Shadow (드롭 섀도)를 클릭하면 레이어 스타일 창이 열립니다. 레이어 스타일 창의 Drop Shadow 설정에서 이미지에 적합한 그림자의 각도, 거리, 크기, 투명도, 컬러 등을 조정하여 그림자를 만듭니다.

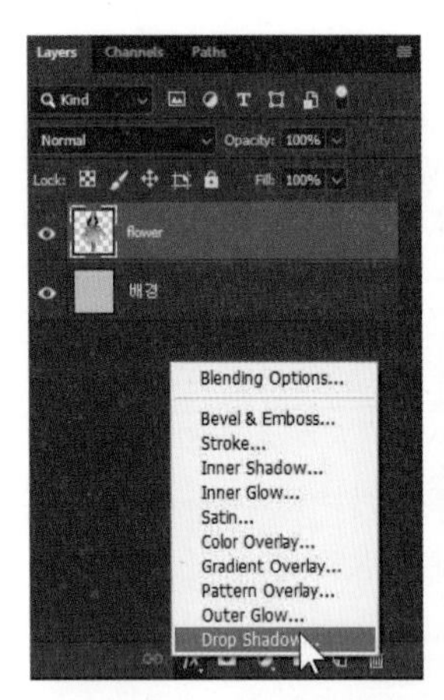

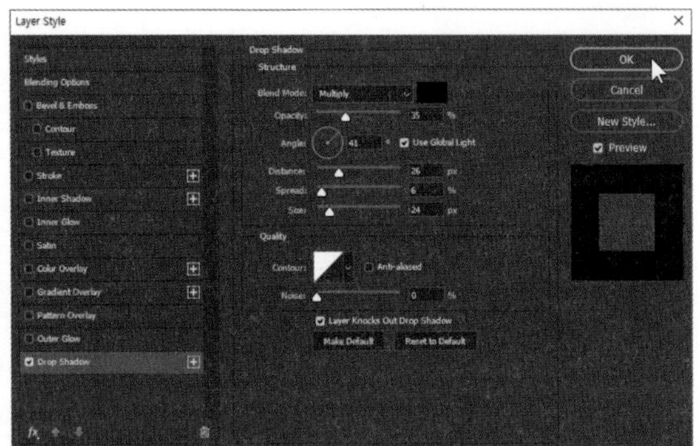

원본 이미지

완성된 이미지

패션 소재 표현

원단의 텍스처 강조

이미지맵을 만들 때 니트나 레이스 등 패브릭 조직감을 효과적으로 강조하는 방법을 알아봅시다.

1 텍스처를 강조하고 싶은 이미지 파일을 불러옵니다.

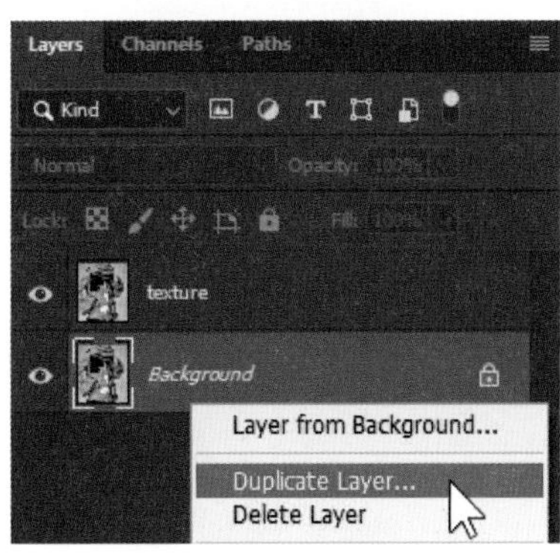

2 불러온 이미지가 있는 레이어를 복제합니다. 복제하고자 하는 레이어를 선택하고 단축키 Ctrl + T를 누르거나 마우스 오른쪽 버튼 클릭 후 Duplicate Layer를 선택하세요.

TIP 복제하고자 하는 레이어를 드레그하여 레이어 패널 하단에 있는 휴지통 좌측 아이콘에 밀어넣으면 새로운 레이어가 복제됩니다.

3 새롭게 생겨난 레이어에 [Image]-[Adjustment]-[Threshold]를 실행하여 Threshold 효과를 적용합니다. Threshold Level을 텍스처가 잘 보이는 적당한 값으로 조정하면 왼쪽과 같은 흑백 이미지로 변합니다.

4 Threshold를 적용한 이미지의 흰색 부분을 마술봉 툴(Magic Wand tool)을 활용하여 한 번에 전체 선택한 후 삭제하고, 그 외에 강조할 그림자나 텍스처가 필요 없는 부분을 선택하여 삭제 및 정리합니다.

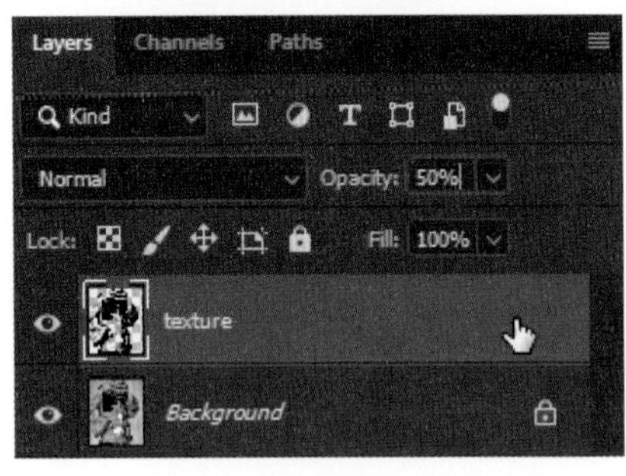

5 효과가 원본 이미지와 자연스럽게 어우러지도록 Opacity를 조절합니다.

6 작업을 통해 얻은 이미지를 원본 이미지와 비교한 후 Threshold를 적용하면, 기존 텍스처에 음영을 추가한 니트 원단의 조직감이 더 강조된 것을 확인할 수 있습니다.

원본 이미지

완성된 이미지

섬세한 부분 선택하기: 선택 및 마스크(Select and Mask)의 가장자리 다듬기(Refine Edge)

머리카락, 퍼(fur), 털이 있는 동물, 다양한 디테일 등 이미지의 섬세한 부분을 손실 없이 선택할 때는 선택 및 마스크를 사용합니다.

1 이미지를 열고 올가미 툴, 다각형 올가미 툴 등으로 작업에 필요한 부분을 선택합니다. 다각형 올가미 툴을 활용하여 주머니에 있는 털 부분의 가장자리를 대략적으로 선택합니다. 선택 후 상단 툴 패널의 선택 및 마스크(Select and Mask)를 클릭합니다.

TIP 포토샵CC부터는 가장자리 다듬기(Refine Edge)가 선택 및 마스크로 변경되었습니다.

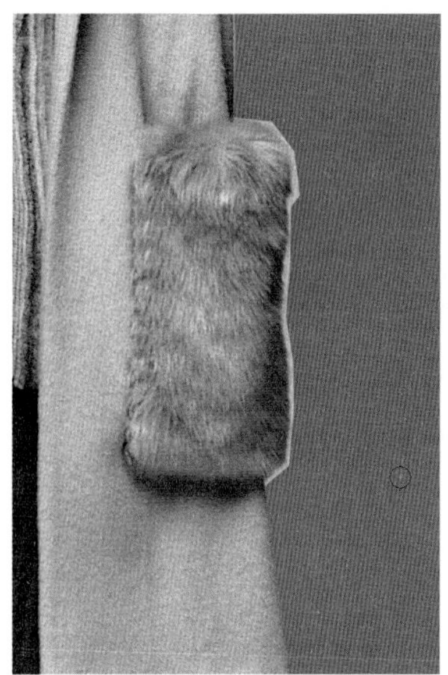

2 패널 속성의 View Mode에서 [View]-[Overlay]를 선택하면 선택하지 않은 부분이 화면과 같이 붉은 색으로 표시됩니다. 이때 색상은 원하는 대로 변경할 수 있습니다.

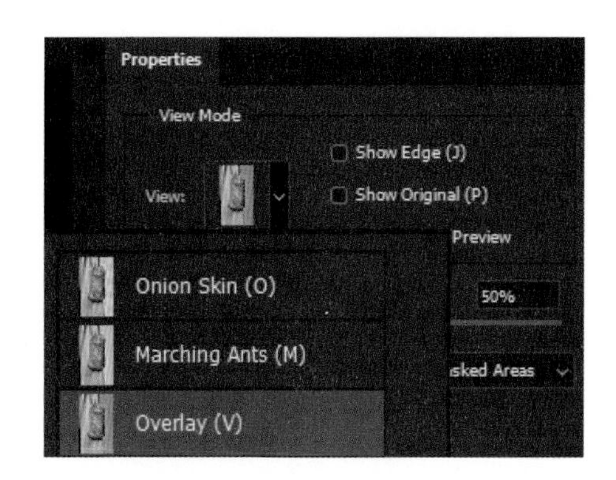

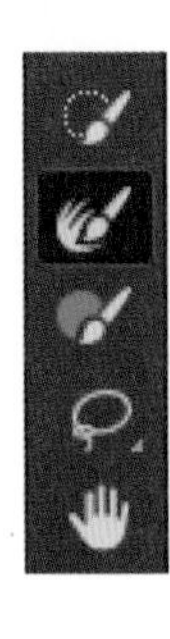

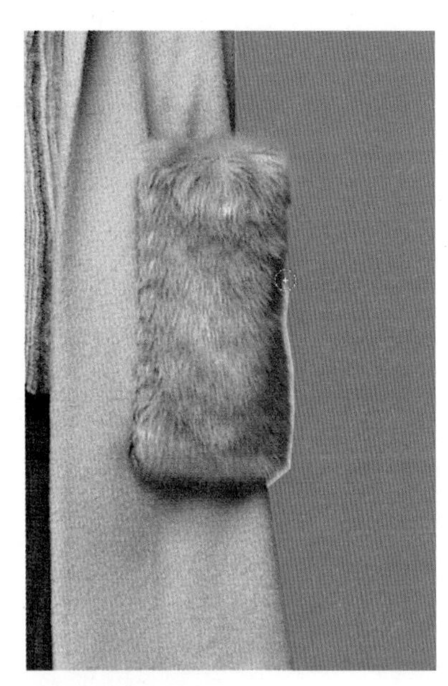

3 왼쪽의 브러시 도구에서 두 번째 가장자리 다듬기(Refine Edge) 브러시 툴을 선택하고 털의 가장자리 부분을 드래그합니다. 주머니의 털 부분이 세밀하게 선택되는 것을 확인할 수 있습니다.

4 선택이 끝나면 하단의 확인을 클릭합니다. 선택된 영역은 이동 툴을 사용하여 다른 이미지로 이동시킬 수 있습니다. 이렇게 하면 보다 디테일하고 완성도 있는 이미지맵을 만들 수 있습니다.

3 콘셉트 보드와 이미지맵의 제작

포토샵을 활용한 시즌 콘셉트 보드

콘셉트 보드(Concept board)는 리서치하여 수집한 이미지와 아이디어들을 콘셉트화하는 첫 단계입니다. 여기에다가 이미지와 컬러 및 소재 아이디어 등을 배열함으로써 통일성 있는 디자인의 전개 방향을 제시할 수 있습니다. 리서치한 이미지를 소팅(sorting)하면서, 콘셉트에 적합한 이미지를 추출하고 유사한 이미지들을 그루핑(grouping)해봅시다. 여기에는 시즌 트렌드와 컬러 및 소재에 대한 방향성도 함께 제시합니다.

콘셉트 보드 제작 순서

1. 디자인을 위한 시즌과 테마 선정
2. 타깃의 선정
3. 리서치 자료의 수집, 분석을 통한 그루핑
4. 컬러와 소재 제시

포토샵을 활용한 시즌 콘셉트 보드 예제: 남성 아웃도어 및 스포츠

포토샵을 활용한 시즌 콘셉트 보드 예제: 여성 아웃도어 및 스포츠

포토샵을 활용한 이미지맵 예제

포토샵을 활용하여 제작한 패션 이미지 및 콜라주 예제 1

포토샵을 활용하여 제작한 패션 이미지 및 콜라주 예제 2

포토샵을 활용하여 제작한 패션 이미지 및 콜라주 예제 3

포토샵을 활용하여 제작한 패션 이미지 및 콜라주 예제 4

포토샵을 활용하여 제작한 패션 이미지 및 콜라주 예제 5

포토샵을 활용하여 제작한 패션 이미지 및 콜라주 예제 6

포토샵을 활용하여 제작한 패션 이미지 및 콜라주 예제 7

포토샵을 활용하여 제작한 패션 이미지 및 콜라주 예제 8

PART 2 ■
일러스트레이터

어도비 일러스트레이터(Adobe Illustrator)는 벡터 드로잉 프로그램으로 파일 용량이 적고 벡터 방식을 사용하기 때문에 그림을 확대해도 선명하다는 장점이 있습니다. 포토샵이 디지털 사진 보정 및 사실적인 컴퓨터 일러스트레이션에 중점을 둔 프로그램이라면, 일러스트레이터는 디자인의 조판과 로고 및 그래픽 영역에 중점을 둔 프로그램입니다.

CHAPTER 3

패션을 위한 일러스트레이터 기본 테크닉

알고 넘어가기

벡터(Vector)

벡터 형식의 그래픽은 비트맵 그래픽에 비해 이미지를 손상시키지 않고 수정 및 변형을 할 수 있어 편리합니다. 일러스트레이터로 그린 그림의 경우, 이미지 손상이 없고 확대 시에도 선명하며, 용량이 작다는 장점이 있습니다. 해상도에 구애받지 않으므로 큰 사이즈로 인쇄하기에도 적합하며, 깨끗한 출력물을 얻을 수 있습니다. 포토샵보다는 자연스러운 색감과 디테일한 표현이 어렵기 때문에, 선명하고 심플한 이미지를 작업할 때 주로 사용합니다.

베지어 곡선(Bezier Curve)

벡터 방식의 그래픽을 좌표를 이용해 수학적으로 나타내는 곡선을 말합니다. 피에르 베지어(Pierre Bezier)가 고안했기 때문에 그의 이름을 따서 베지어 곡선이라고 부릅니다. 이는 둘 이상의 점 사이를 이어주는 곡선으로 이루어지며, 그 곡선을 제어해서 여러 가지 모양의 선을 만들 수 있습니다. 두 점 사이의 곡선인 세그먼트(Segment)를 중심으로 하여 기준점, 방향선, 방향점으로 형태를 만듭니다. 일러스트레이터에서는 이와 같은 방식으로 그림이 그려지므로 베지어 곡선의 구조를 이해하는 것이 좋습니다.

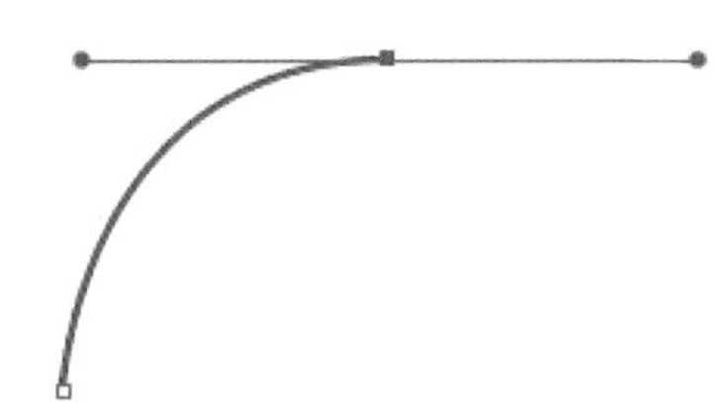

1 기준점(Anchor Point): 기준이 되는 점
2 세그먼트(Segment): 두 점 사이를 연결하는 선
3 방향선(Direction Line): 곡선의 형태를 조절할 수 있는 안내선
4 방향점(Direction Point): 방향선의 각도를 조절

패스(Path)

패스는 여러 세그먼트가 모인 선의 집합을 의미합니다. 여러 패스가 모여서 형태를 이룬 것을 오브젝트(Object)라고 합니다.

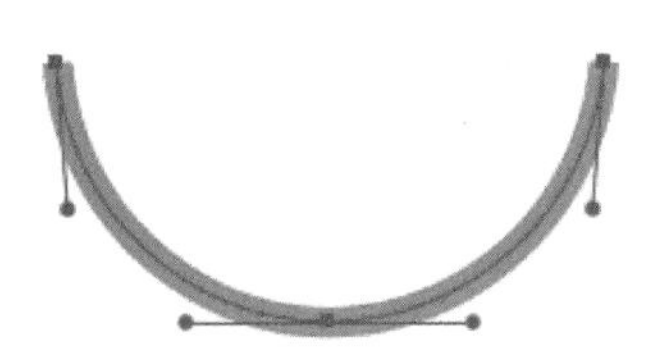

1 열린 패스: 시작 기준점과 마지막 기준점이 떨어져 있는 패스

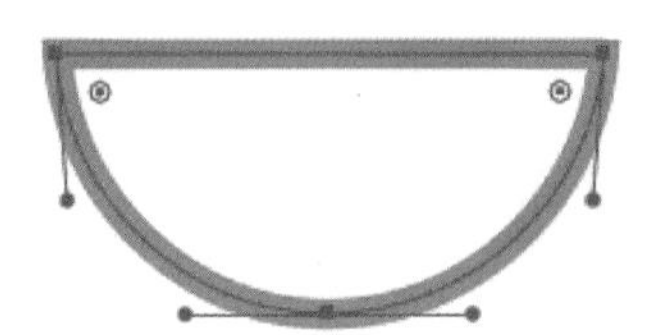

2 닫힌 패스: 시작 기준점과 마지막 기준점이 하나로 연결되어있는 패스

(계속)

아트보드(Artboards) 활용하기

일러스트레이터 CS4부터는 한 문서에 아트보드를 최대 100개까지 만들 수 있습니다. 따라서 리플릿이나 포트폴리오와 같이 여러 페이지로 된 출력물을 작업해야 하는 경우, 아트보드를 활용하면 유용합니다.

1 단축키 Ctrl+N 을 눌러 새 문서를 엽니다. 아트보드 개수를 4, 간격을 10mm, 용지 방향을 가로로 설정한 후 [OK] 혹은 [Create] 버튼을 누릅니다. 이렇게 하면 4개의 아트보드가 생깁니다.

TIP CC 버전에서는 More Setting를 클릭하면 아트보드를 비롯한 다양한 설정을 세밀하게 지정할 수 있습니다. Number of Artboards의 수를 둘 이상으로 할 경우, 아트보드의 나열 방향을 지정할 수 있습니다. 나열 방향은 출력 시 프린트 되는 순서와도 동일합니다.

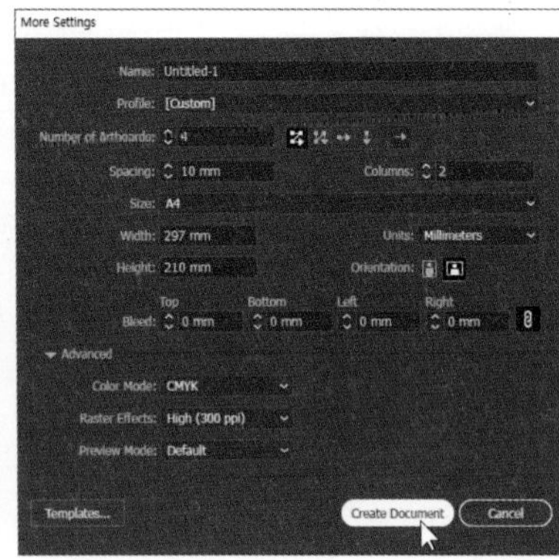

2 도구상자에서 아트보드 툴을 누르면 아트보드를 조작할 수 있습니다. 바운딩 박스를 이용하면 아트보드를 이동시키거나 크기를 조절할 수 있습니다. 컨트롤 패널에서는 용지 방향을 바꾸거나 새 아트보드를 생성 및 삭제할 수 있으며, 아트보드의 이름을 지정할 수도 있습니다.

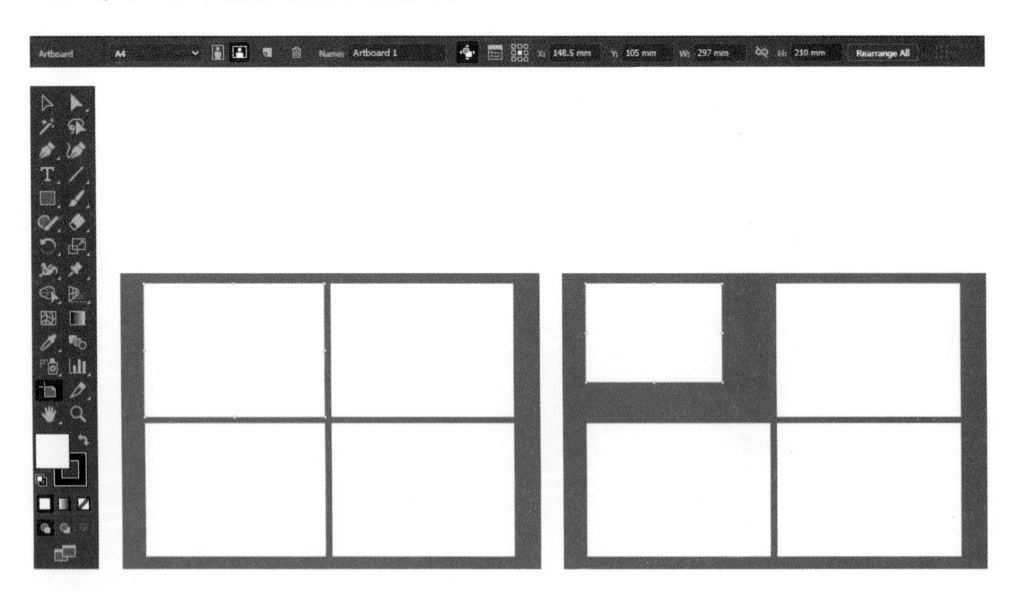

3 상단의 컨트롤 패널에서 '대지와 함께 아트웍 이동/복사(Move/Copy Artwork with Artboard)' 버튼을 누르고 아트보드를 Alt +드래그하면 오브젝트를 포함하여 아트보드를 복사할 수 있습니다. Esc 키를 누르면 아트보드 설정이 해제되고 아트보드 툴을 선택하기 전의 화면으로 돌아옵니다.

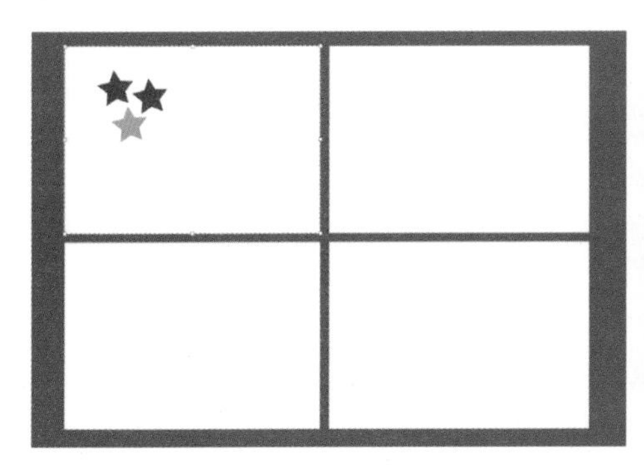

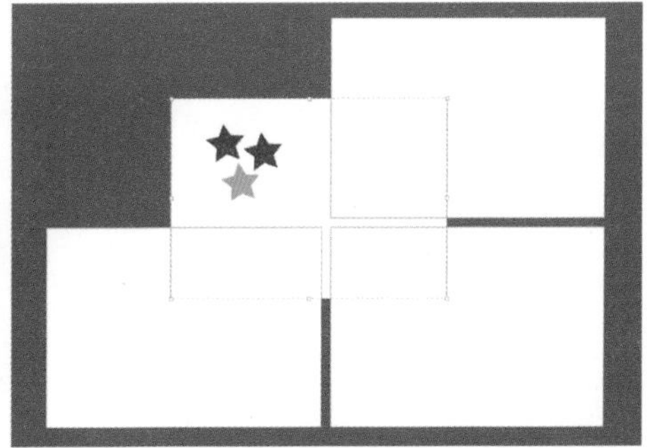

4 아트보드 패널을 열면 아트보드의 우선순위를 정할 수 있습니다. 파일 아이콘을 더블 클릭하면 옵션창이 열리는데 여기서 설정을 수정할 수 있습니다. 아트보드를 더블 클릭하면 선택한 아트보드가 화면 중심에 나타납니다.

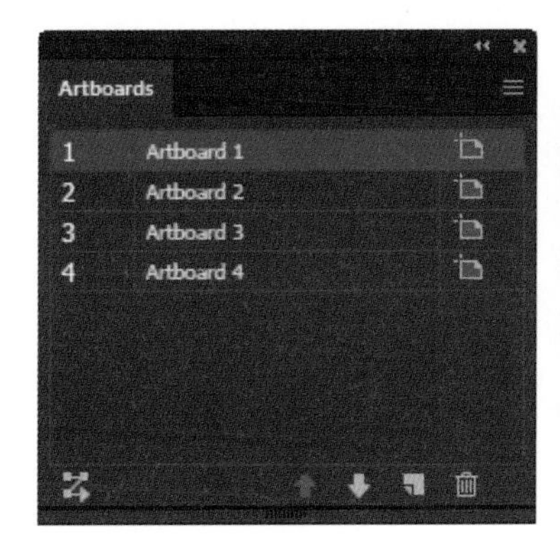

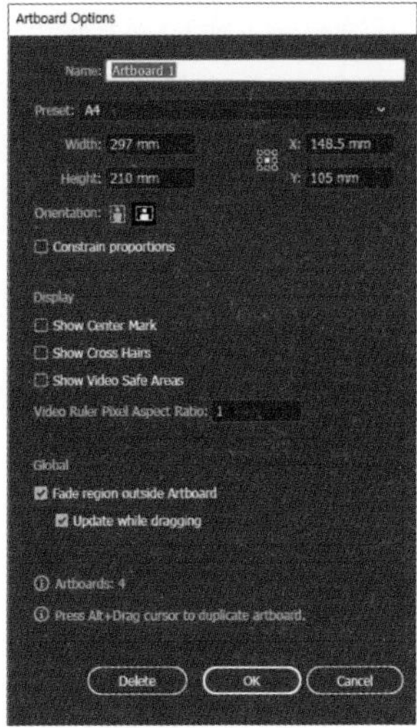

베이직 드로잉

연필 툴(Pencil Tool)

연필 툴을 이용해서 자연스러운 모양의 오브젝트를 그려봅시다. 여기서는 세잎클로버 그리는 방법을 살펴보겠습니다.

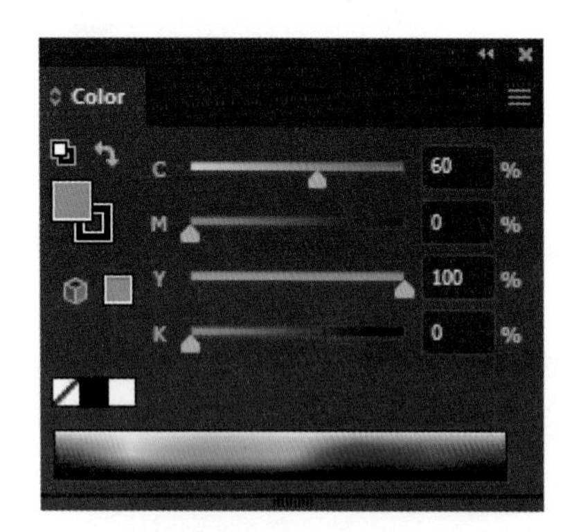

1 도구상자에서 연필 툴을 클릭합니다. 도구상자 하단에서 선 색은 없애고, 면 색은 컬러 패널을 열어 연두색(C60, Y100)으로 지정합니다. 컬러 조절은 스크롤바를 이용하거나 정확한 CMYK 값을 입력합니다.

2 연필 툴로 시작점을 누른 채 손을 떼지 않고 드래그하여 클로버 모양을 그립니다. 끝 지점에서 마우스를 누르고 있던 손가락을 떼면 드래그한 모양으로 패스가 그려집니다.

3 모양이 마음에 들지 않으면 도구상자의 선택 툴로 오브젝트를 선택한 후, 다시 연필 툴을 선택하고 수정하고 싶은 곳을 그 위로 겹치게 모양을 따라 드래그합니다. 이렇게 하면 모양이 바뀌는 것을 볼 수 있습니다. 원하는 모양이 나올 때까지 몇 번 더 정리해줍니다.

스무스 툴(Smooth Tool)

원하는 모양의 도형을 그린 후, 스무스 툴을 사용하여 다듬어주면 패스가 자연스러워집니다.

스무스 툴로 모양 다듬기

앞서 그린 세잎클로버를 스무스 툴로 다듬어서 더욱 자연스러운 패스로 만들어보겠습니다.

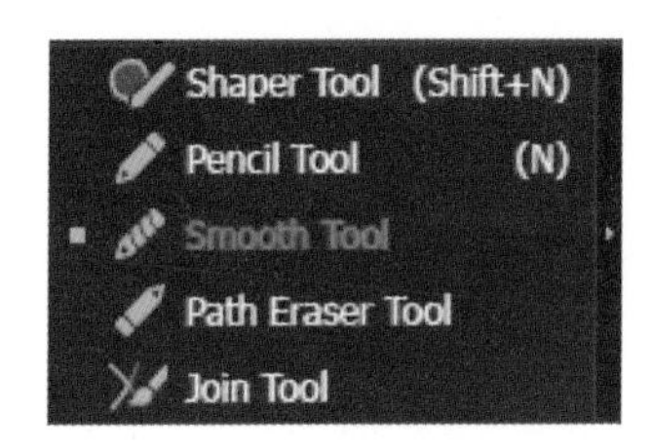

1 도구상자에서 연필 툴을 꾹 누르고 있으면 하위 영역에 숨겨진 툴들이 나타납니다. 그중에서 스무스 툴을 선택합니다.

2 오브젝트를 선택한 상태에서 그렸던 모양대로 슬슬 그 위로 겹치게 다시 드래그합니다.

TIP 기준점이 많은 부분을 터치하듯 여러 번 드래그하면 그 부분의 기준점이 줄어들면서 부드러운 곡선으로 정리됩니다.

면(Fill)과 선(Stroke)에 색 적용하기

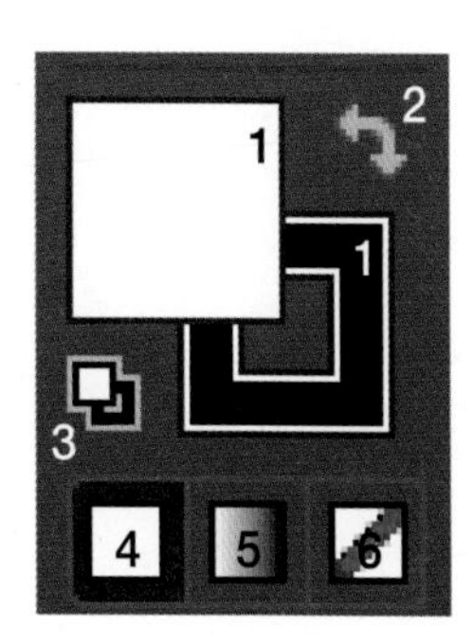

1 면(Fill)색과 선(Stroke)색: 일러스트레이터를 통해 그려진 오브젝트를 선택했을 때 면과 선의 색을 표시합니다. 우측 하단의 빨간색 사선을 클릭하면 색이 적용되지 않습니다. 선에 빨간색 사선(None)을 적용했을 경우 선이 없는 것처럼 보입니다. 하지만 여전히 선은 존재하기 때문에 투명한 선이라고 인식하면 됩니다.

2 바꾸기 버튼(Swap Fill and Stroke): 버튼을 누르면 선 색과 면 색이 서로 바뀝니다.

3 기본값(Default Fill and Stroke)

4 단일색(Color): 단일색이 적용됩니다.

5 그라디언트(Gradient): 그라디언트가 적용됩니다.

6 투명(None): 색을 적용하지 않은 투명한 상태입니다.

컬러와 스트로크

오브젝트에 컬러 적용하고 수정하기

오브젝트에 컬러를 적용하고 수정하는 기본적인 방법을 살펴보겠습니다.

컬러 패널(Color Panel)

1 선택 툴로 오브젝트를 선택합니다. 컬러 패널은 열고 화살표 버튼을 눌러서 용도에 맞는 모드로 선택합니다. 여기서는 CMYK 모드를 선택하겠습니다.

2 하단의 컬러 스펙트럼을 클릭해서 컬러를 적용합니다. 컬러 조절 바를 드래그하거나 직접 수치를 입력하여 컬러를 적용 또는 수정할 수도 있습니다. CS6부터는 컬러 패널에 None(색 없음)과 검은색 및 흰색을 선택할 수 있는 컬러박스가 생겨서 보다 편하게 적용할 수 있습니다.

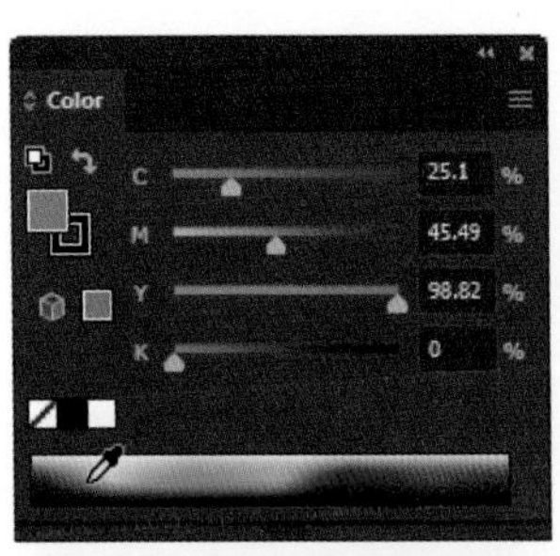

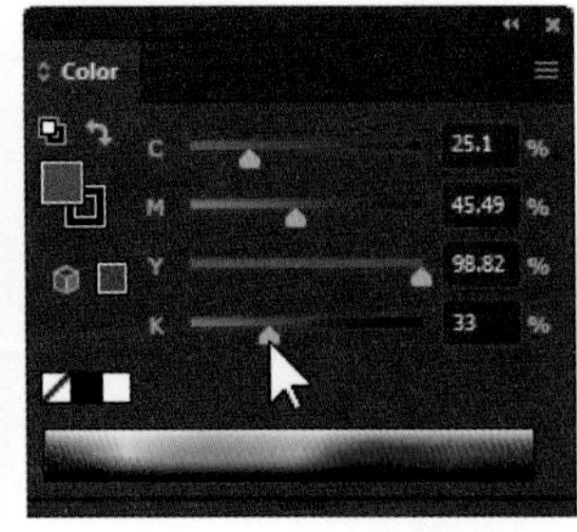

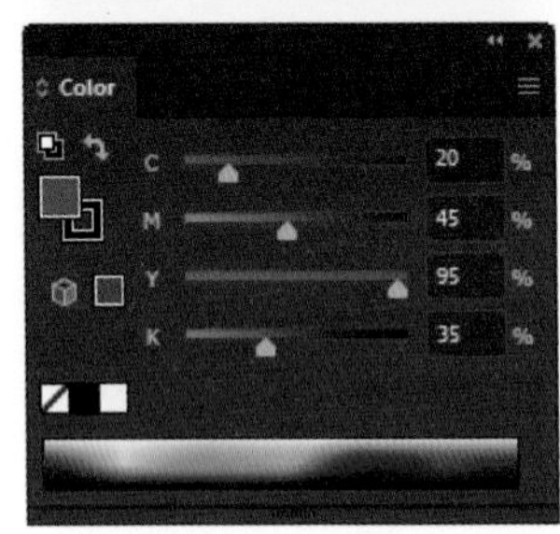

컬러 피커(Color Picker)

1 오브젝트를 선택한 상태에서 도구상자의 면 색 또는 선 색을 더블 클릭하면 컬러 피커 창이 뜹니다. 원하는 컬러를 클릭하거나 직접 수치를 입력해서 오브젝트에 컬러를 적용하거나 수정할 수 있습니다.

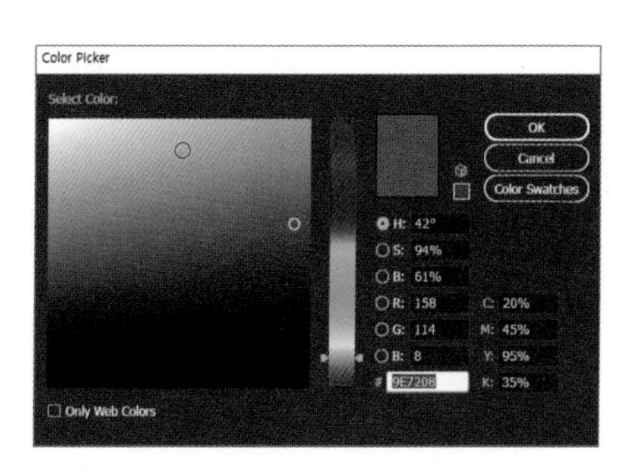

2 오브젝트를 선택한 상태로 컬러 패널에서 면 색 또는 선 색을 더블 클릭하면 컬러 피커 창이 열립니다. 앞과 같은 방법으로 컬러를 선택하면 오브젝트에 새로운 컬러를 적용할 수 있습니다. 반복 작업이 많은 경우 컬러 피커로 컬러를 하나하나 지정하기가 힘들기 때문에 일반적으로 컬러 패널을 많이 사용합니다.

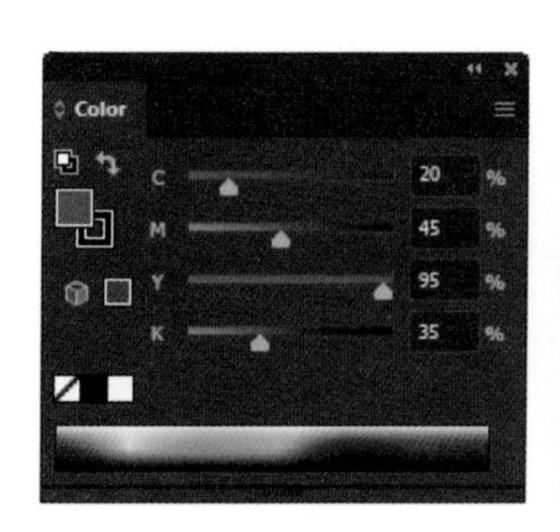

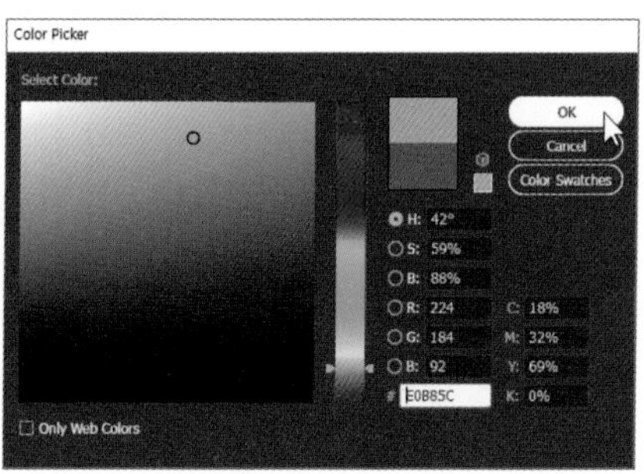

스트로크 패널(Stroke Panel): 다양한 종류의 선 그리기

일러스트레이터에서 선을 다루는 것은 가장 기본적이고 중요한 기술입니다. 그리기와 오브젝트에서 선을 얼마나 잘 다루는지에 따라 오브젝트의 완성도와 느낌이 달라지므로 지속적인 연습을 통해 기술을 숙련시켜봅시다. 여기서는 [Window]의 스트로크(Stroke) 패널을 살펴보겠습니다.

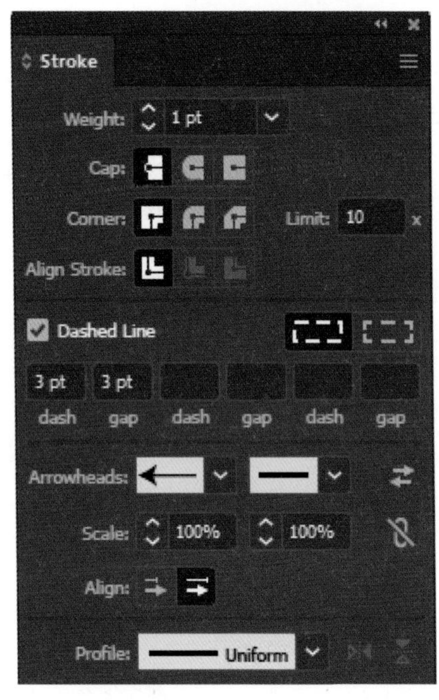

스트로크 패널

1 Weight: 선의 굵기를 조절할 수 있습니다. 일반적으로 1pt를 많이 사용합니다. 두꺼운 선을 사용하면 섬세한 표현이 어려울 수 있습니다.

2 Cap: 선의 끝 모양을 바꿀 수 있습니다. 선 끝의 포인트를 중심으로 하여 반듯한 단면과 둥근 단면을 구성할 수 있습니다.

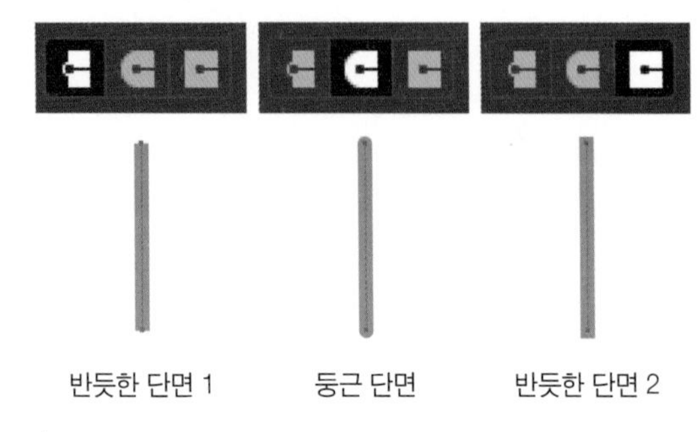

반듯한 단면 1 둥근 단면 반듯한 단면 2

3 Corner: 모서리 모양을 바꿀 수 있습니다. 각진 모양, 둥근 모양, 꺾인 모양으로 조정 가능합니다.

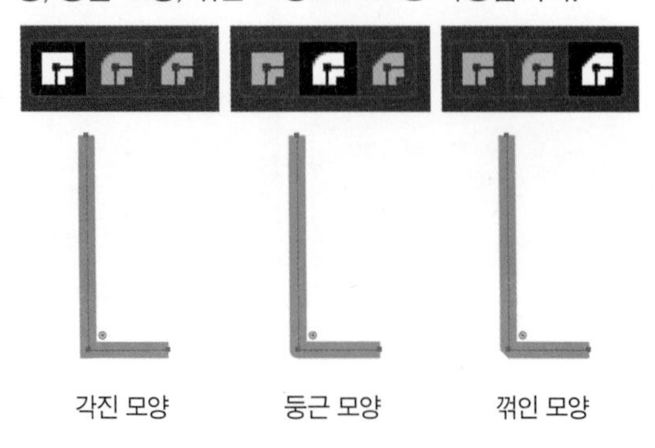

각진 모양 둥근 모양 꺾인 모양

4 Limit: 모서리의 뾰족한 정도를 제한할 수 있습니다. 이 기능은 각진 모서리에만 적용됩니다.

5 Align Stroke: 패스에서 선의 위치를 조절할 수 있습니다.

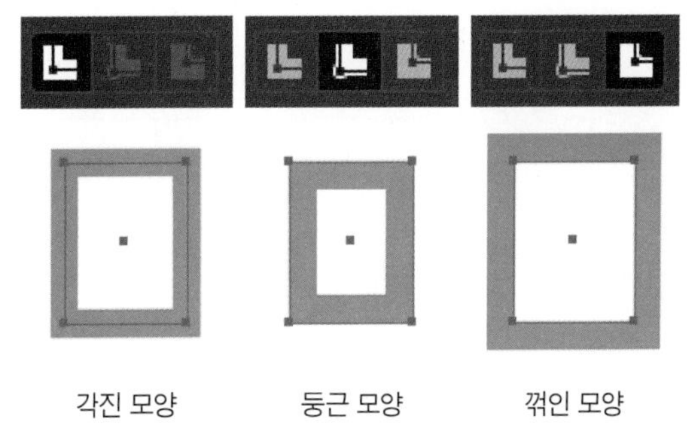

6 Dashed Line: 점선을 만들 수 있습니다. dash는 점선의 길이, gap은 점선 사이의 간격을 의미합니다(선 굵기는 15pt로 설정). 이 점선 기능은 도식화에서 다양한 형식으로 응용(스티치 종류, 지퍼 등)할 수 있습니다.

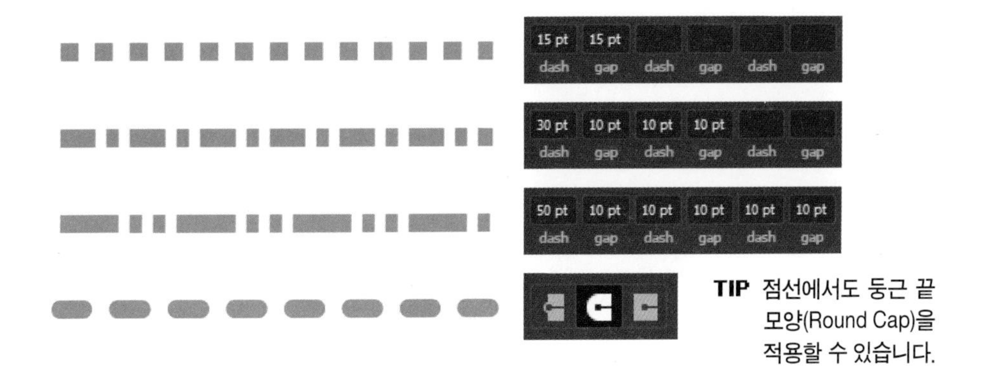

TIP 점선에서도 둥근 끝 모양(Round Cap)을 적용할 수 있습니다.

7 점선의 모서리를 정리합니다.

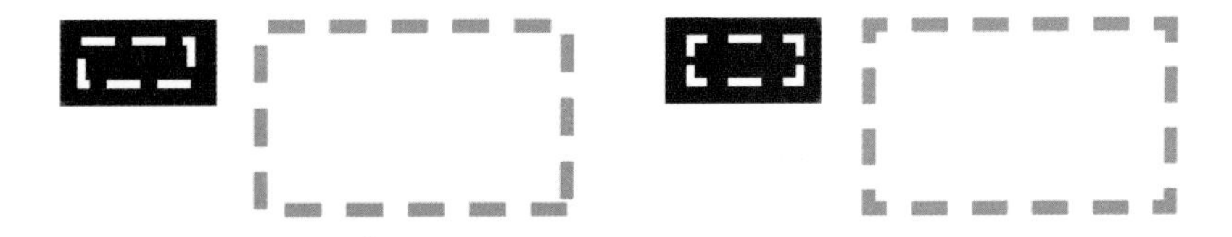

8 Arrowheads: 선의 끝부분을 화살표 모양으로 장식합니다.

9 Scale: 화살표 모양의 크기를 설정합니다.

10 Align: 선에 화살표를 적용시킬 때 화살표의 시작 기준점을 정합니다.

11 Profile: 선의 모양을 선택합니다.

3 펜 툴을 활용한 드로잉

펜 툴(Pen Tool)

펜 툴은 일러스트레이터에서 가장 많이 사용하는 도구 중 하나로, 패스를 만들기에 가장 편리합니다. 여기서는 펜 툴의 기초적인 사용법을 살펴보겠습니다.

직선 그리기

1 도구상자에서 펜 툴을 선택합니다. 면 색은 투명, 선 색은 검은색으로 설정합니다. 펜 툴로 작업 화면의 빈 곳을 클릭해서 시작점을 만듭니다.

TIP 이미지를 놓고 그 위에 펜 툴로 그리는 경우에는, 면을 투명으로 지정하지 않으면 아래에 있는 이미지가 보이지 않아 정확하게 긋기가 어렵습니다.

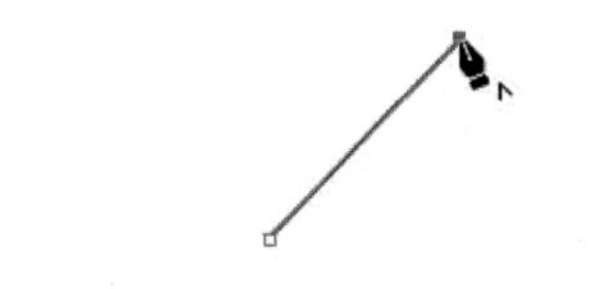

2 다른 곳을 클릭하면 시작점과 이어진 직선이 만들어집니다.

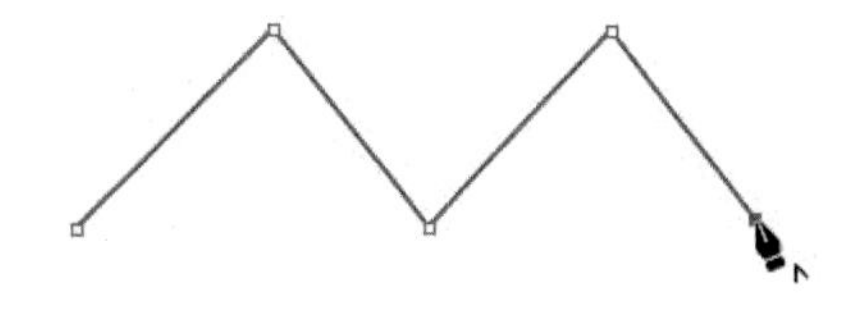

3 지그재그 방향으로 클릭하면 클릭한 곳에 연결점이 있는 직선이 그어집니다.

수직/수평/45° 직선 그리기

Shift를 누른 채로 직선을 그으면 45°, 90°, 수평의 직선을 그을 수 있습니다.

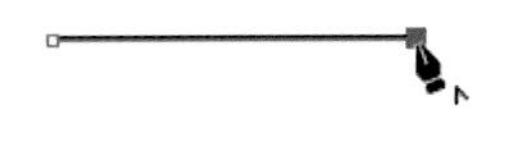

1 빈 공간에 펜 툴을 클릭해서 시작점을 만듭니다. Shift를 누른 채로 다른 곳을 클릭하면 수평선이 그어집니다.

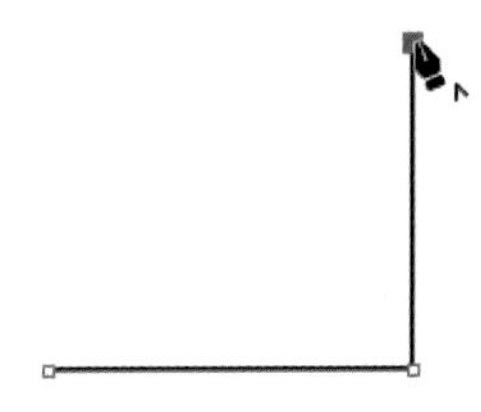

2 마찬가지로 Shift를 누른 채 위쪽을 클릭하면 90°의 직선을 그을 수 있습니다. 이렇게 하면 클릭한 높이와 같은 곳에 수직선이 그어지는데, 이때 클릭하는 지점이 정확하지 않아도 괜찮습니다. 눈짐작으로 대강 클릭해도 Shift를 누르고 있으면 수직/수평/45° 각도로 직선이 그어집니다.

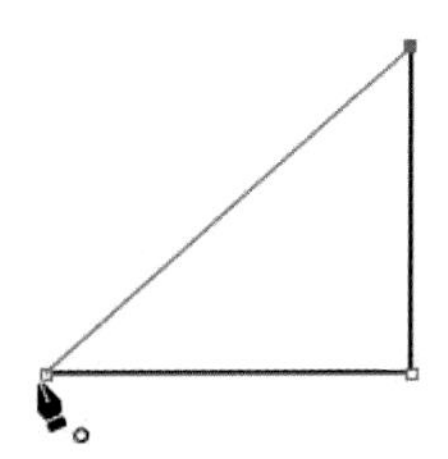

3 시작점에 마우스를 가져가면 마우스 포인터 옆에 작은 원이 있는 커서가 나타납니다. 시작점을 클릭하면 닫힌 패스가 만들어지고 직선 그리기가 종료됩니다.

곡선 그리기

1 펜 툴을 선택하고 클릭해서 시작점을 만듭니다.

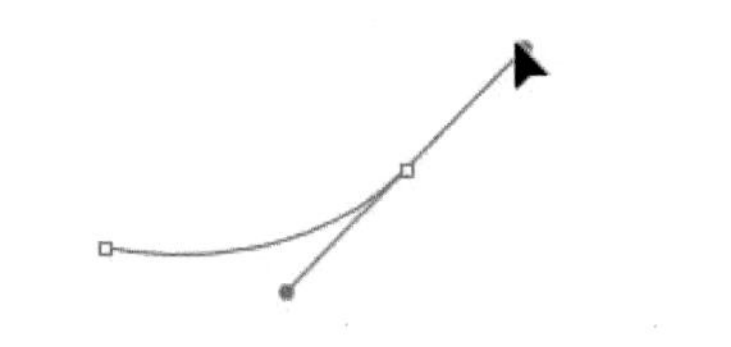

2 다음 기준점을 클릭한 상태에서 마우스를 위로 드래그하면 방향선이 생기면서 아래로 볼록한 곡선이 만들어집니다.

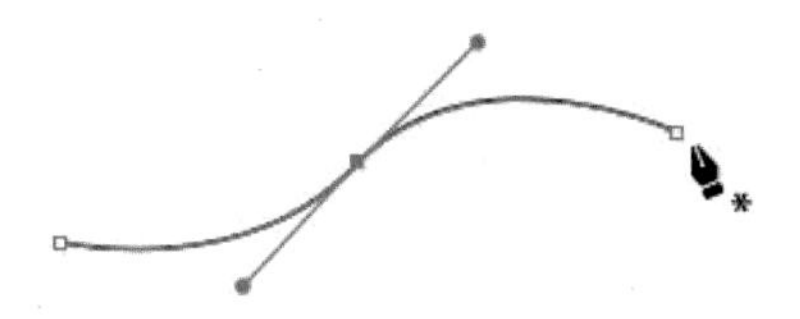

3 다시 다른 곳을 클릭하면 다른 곡선이 자연스럽게 연결됩니다.

곡선에 직선을 이어 그리기

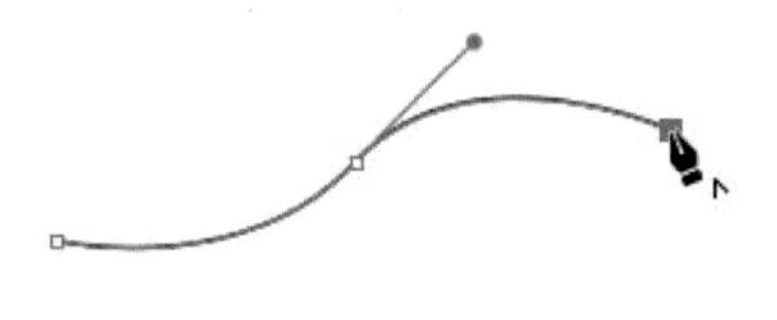

1 곡선을 그리다가 직선을 이어 그리려면 마지막 기준점에 마우스 포인터를 가져가서 마우스 포인터의 옆에 ∧ 모양이 생길 때 클릭합니다. 이 상태에서 기준점을 클릭하면 방향선 한쪽이 사라집니다.

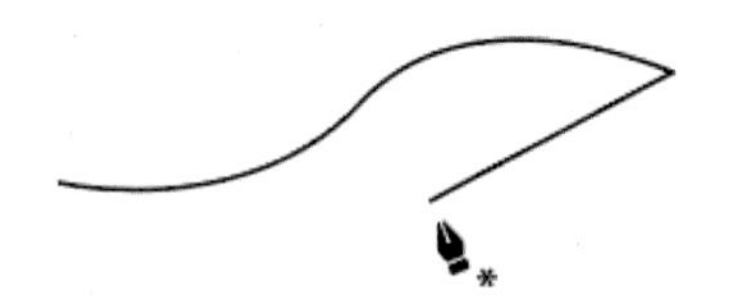

2 위치를 옮겨 다른 곳을 클릭하면 직선이 연결됩니다.

펜 툴 연습하기

펜 툴을 능숙하게 다루기 위해 다음 예제를 그려봅시다.

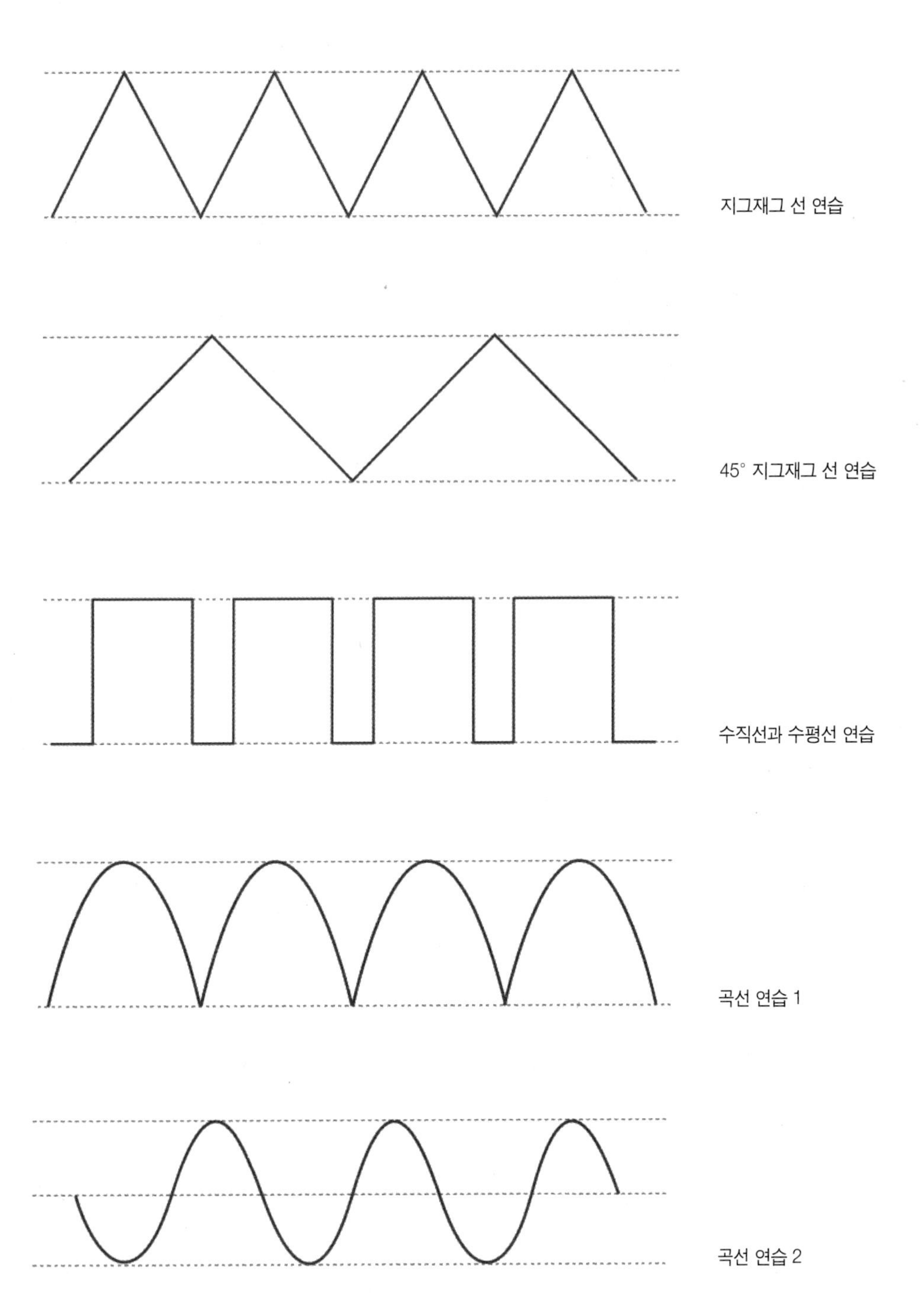

지그재그 선 연습

45° 지그재그 선 연습

수직선과 수평선 연습

곡선 연습 1

곡선 연습 2

펜 툴을 활용한 드로잉

펜 툴은 일러스트레이터의 여러 툴 중에서 가장 기본이 되는 도구로 활용도가 높습니다.
여기서는 펜 툴로 세잎클로버를 그려보겠습니다.

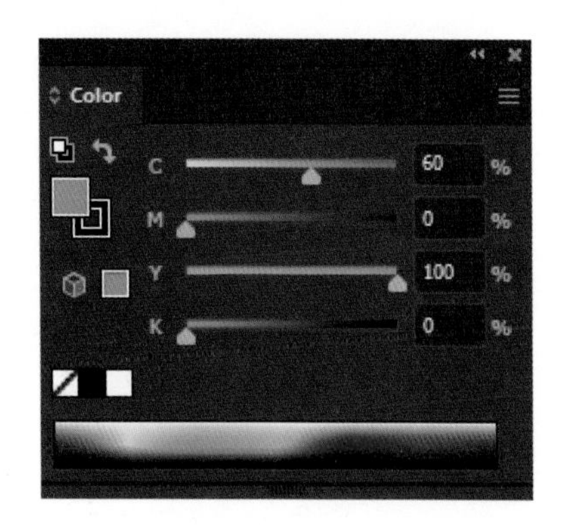

펜 툴로 세잎클로버 그리기

1 도구상자에서 펜 툴을 선택하고 컬러를 적용합니다. 선은 없애고, 면 색은 컬러 패널을 열어 연두색(C60, Y100)으로 지정합니다.

2 작업 화면에서 시작 기준점을 클릭하고 위쪽으로 클릭한 상태에서 드래그하면 곡선이 생깁니다. 곡선은 클릭한 방향에 따라 움직일 수 있습니다.

3 기준점 부분에 마우스 포인터를 가져가서 마우스 포인터 옆에 ∧ 모양이 생길 때 클릭하면 방향선 하나가 사라집니다.

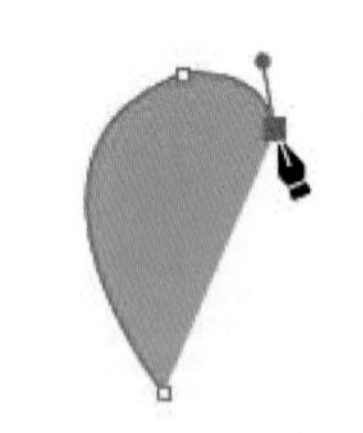

4 다시 위쪽으로 클릭한 상태에서 드래그합니다. 그 후 마우스 포인터의 모양이 변할 때 기준점을 클릭합니다.

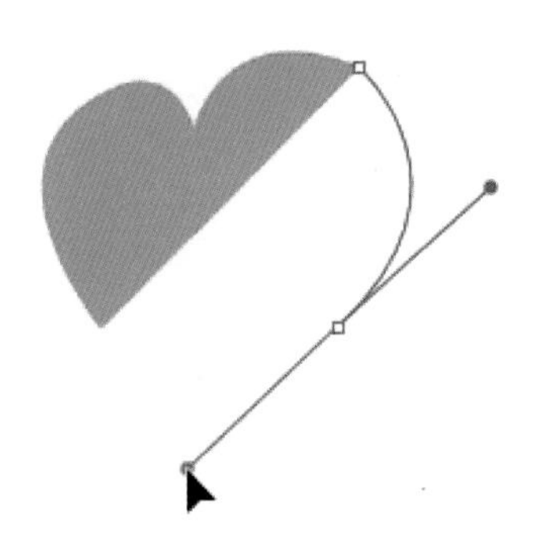

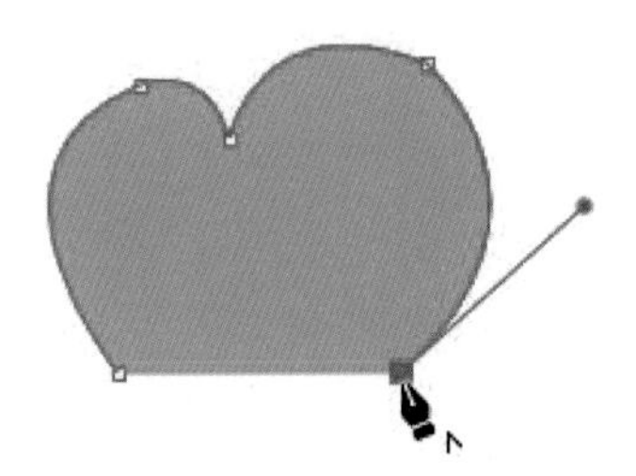

5 앞에서 했던 것과 같이 기준점을 추가하면서 곡선을 만드는 방법으로 계속 세잎클로버의 잎을 그려나갑니다.

6 마지막 기준점에 마우스 포인터를 가져가면 마우스 커서 옆에 작은 원이 생깁니다. 원을 클릭한 채로 드래그하면 세잎클로버 모양의 닫힌 패스가 만들어집니다.

TIP 일러스트레이터의 오브제는 특별한 경우가 아니라면 닫힌 패스로 그립니다. 닫힌 패스가 아닌 경우, 패스파인더와 같은 다양한 기능을 실행하기가 어려울 수 있습니다.

7 다시 펜 툴을 이용해서 줄기 부분을 그려주면 그림이 완성됩니다.

TIP 펜 툴과 연필 툴의 차이

① 연필 툴의 경우 드래그하여 시작점에 가깝게 그리면 자동으로 막힌 오브젝트가 되지만, 펜 툴의 경우 시작점과 끝나는 점이 일치하게 그려야만 닫힌 오브젝트가 만들어집니다.

② 연필 툴은 자유로운 드로잉에 적합하며, 펜 툴은 정교한 드로잉에 최적화되어있습니다.

직접 선택 툴(Direct Selection Tool): 펜 툴로 그린 패스를 정밀하게 수정하기

앞서 그린 세잎클로버의 패스를 조절하여 정리해봅시다. 패스를 정밀하게 수정할 때는 직접 선택 툴을 사용합니다.

1 도구상자에서 직접 선택 툴을 클릭하여 세잎클로버의 수정할 기준점을 클릭 또는 드래그하여 선택합니다. 그렇게 하면 방향선, 방향점이 나타납니다.

2 기준점을 선택하고 마우스를 클릭한 채 오른쪽으로 드래그하면 기준점이 옮겨지며 패스가 수정됩니다.

3 방향점을 선택한 채 위아래, 좌우로 방향선을 드래그하면 세그먼트 모양을 수정할 수 있습니다. 방향점을 클릭한 채 아래쪽으로 드래그합니다. 패스가 수정된 것을 확인할 수 있습니다.

완성된 세잎클로버

4 직접 선택 툴로 기준점을 옮기거나, 방향선을 조절하면서 전체적으로 패스를 정교하게 수정·완성해봅니다.

기준점 전환 툴(Convert Anchor Point Tool)

기준점 전환 툴을 이용하면 직선 패스를 곡선 패스로, 곡선 패스를 직선 패스로 쉽게 바꿀 수 있습니다.

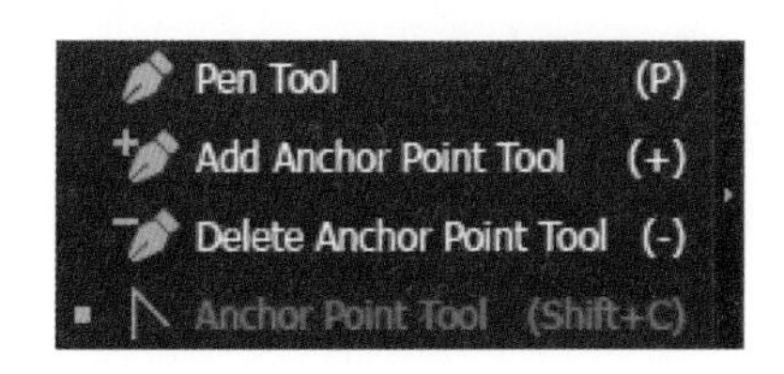

직선 패스를 곡선 패스로 전환하기

1 도구상자에서 펜 툴을 꾹 누르고 기준점 전환 툴을 선택합니다.

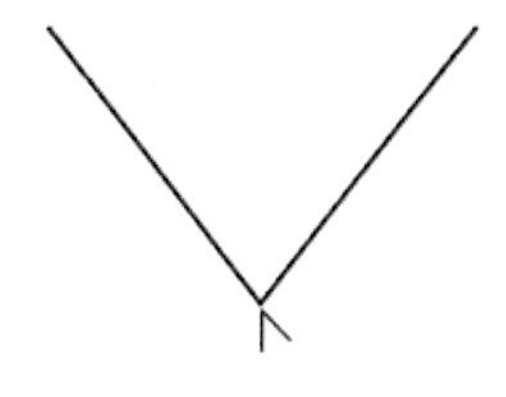

2 선택된 기준점에 마우스 포인터를 가져가서 클릭한 채 드래그하면 직선을 곡선으로 바꿀 수 있습니다.

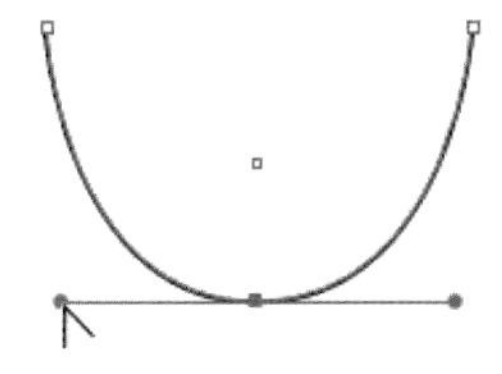

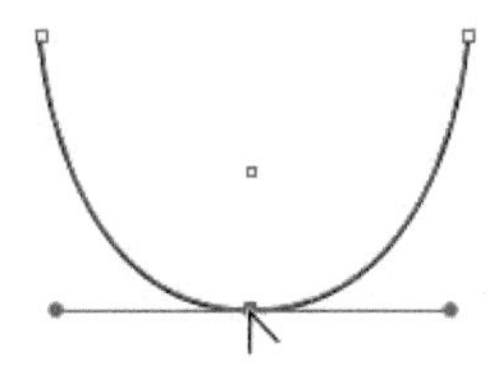

3 곡선 사이 기준점에 마우스 포인터를 가져가서 기준점 전환 툴로 클릭하면 다시 직선으로 바꿀 수 있습니다.

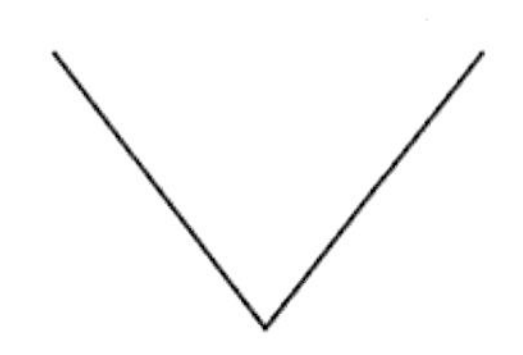

편리한 작업을 위한 기능

화면의 확대와 축소

세밀한 작업을 할 때 화면을 부분적으로 확대해두면 작업하기가 훨씬 수월합니다. 이때 돋보기 툴을 이용하거나 단축키를 사용하면 화면을 간편하게 확대 및 축소할 수 있습니다.

돋보기 툴(Zoom Tool)

1 도구상자에서 돋보기 툴(단축키 Z)을 선택합니다. 오브젝트 위를 클릭하면 클릭한 부분을 중심으로 화면이 확대됩니다. 클릭할 때마다 일정한 비율로 확대되며, 확대 시 돋보기 중앙에 + 표시가 뜹니다.

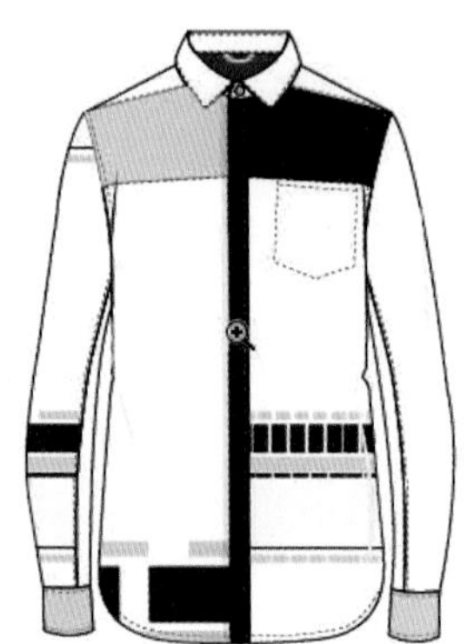

2 Alt를 누르면 돋보기 안의 모양이 – 표시로 바뀌며 이때 마우스를 클릭하면 화면이 축소됩니다. 도구상자의 돋보기 툴을 더블 클릭하면 화면이 100% 크기로 맞춰집니다.

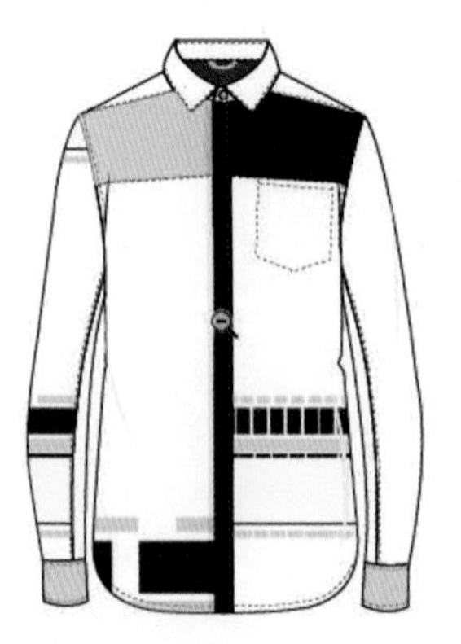
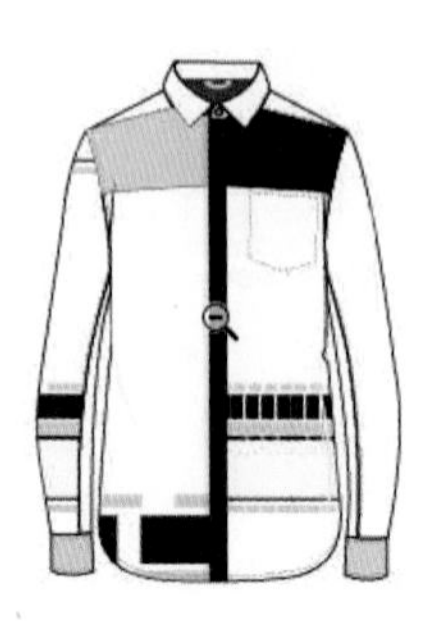

화면의 이동

화면을 확대·축소하다 보면 이미지가 화면을 벗어나는 경우가 많습니다. 여기서는 단축키와 내비게이터 패널을 이용해서 화면을 원하는 위치로 이동시키는 방법을 알아보겠습니다.

손바닥 툴(Hand Tool), 내비게이터(Navigator) 패널

1 손바닥 툴(단축키 H)을 누르면 화면을 이동시킬 수 있습니다. 효율적이고 빠른 작업을 위해 Space Bar를 누르고 있으면 사용 중인 툴이 손바닥 툴로 바뀝니다. 화면을 이동시킨 후 Space Bar에서 손을 떼면 다시 사용하던 툴로 돌아갑니다.

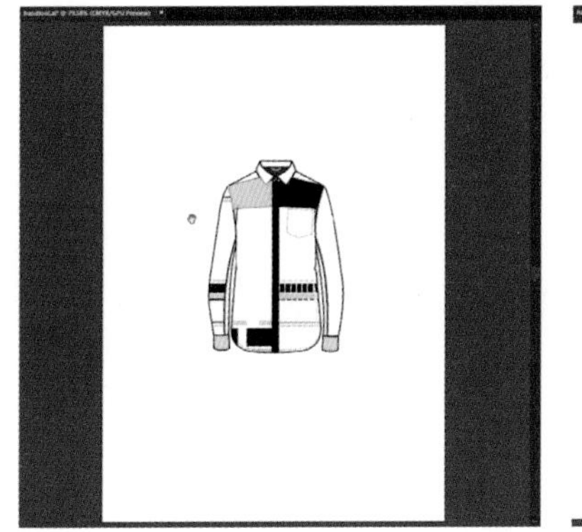
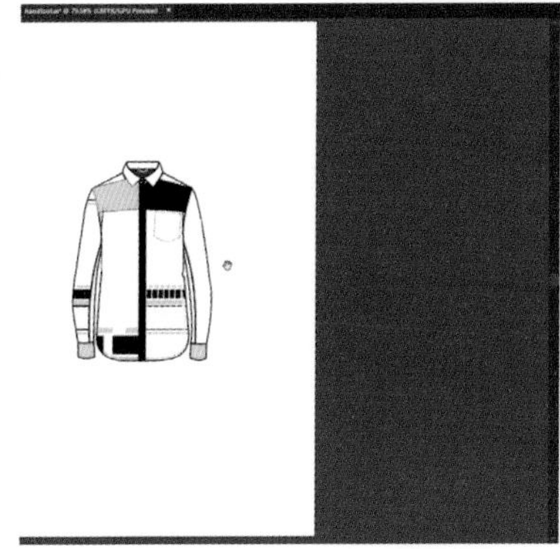

2 내비게이터 패널은 작업 화면의 축소판이라고 생각하면 됩니다. 내비게이터 패널을 열면 빨간색 박스가 나오는데 이것은 현재 보이는 화면을 의미합니다. 박스를 드래그하면 화면을 이동시킬 수 있고, 화면을 벗어난 이미지도 쉽게 찾을 수 있습니다. 패널의 스크롤 바를 조절해서 화면을 확대·축소할 수 있습니다.

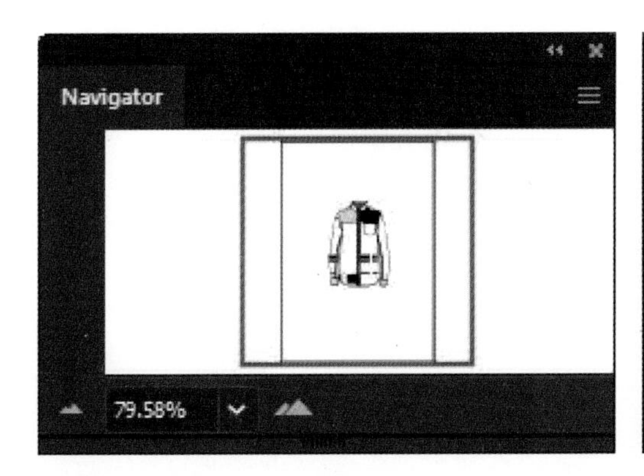

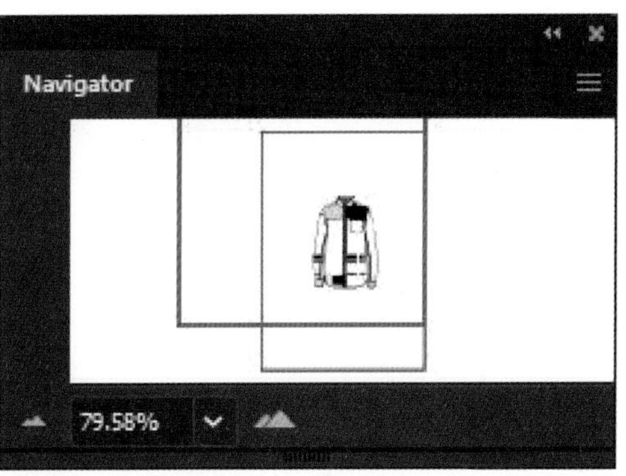

사용하지 않는 오브젝트 임시로 고정하기: Lock

여러 개의 오브젝트가 겹쳐 있는 경우, 원하는 오브젝트를 선택해서 수정 및 변형하기가 번거로울 수 있습니다. 이때 사용하지 않는 오브젝트를 임시로 고정(Lock)해두면, 작업이 훨씬 수월해집니다.

1 티셔츠 위에 올라갈 프린트를 쉽게 수정하기 위해 티셔츠를 임시로 고정해봅시다. 선택 툴로 고정할 오브젝트를 선택합니다. 메뉴 바에서 [Object]-[Lock]-[Selection]을 선택하거나 단축키 Ctrl + 2를 누릅니다. 선택한 오브젝트가 고정됩니다.

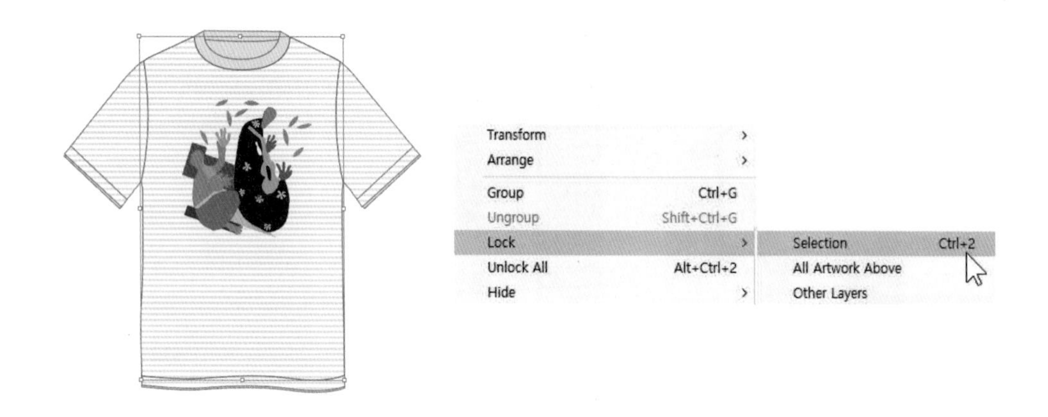

2 선택 툴로 티셔츠의 프린트 그래픽 부분을 선택하면 고정된 몸판을 제외한 그래픽 부분의 오브젝트가 선택됩니다.

3 작업이 끝나고 메뉴 바에서 [Object]-[Unlock All]을 선택하거나 단축키 Ctrl + Alt + 2 를 누르면 고정되어있던 오브젝트의 고정이 풀립니다.

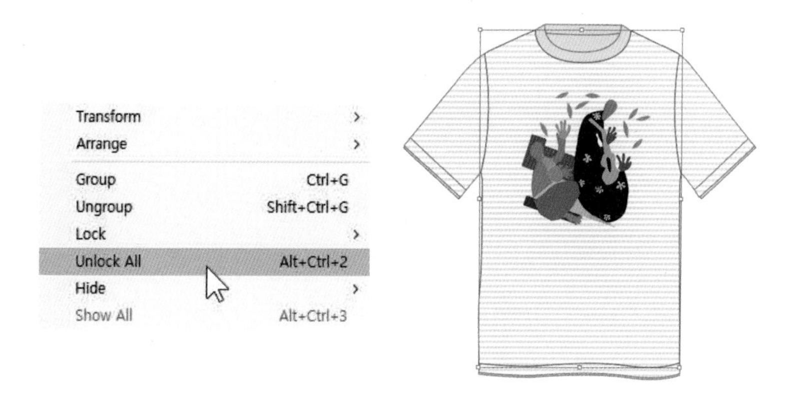

사용하지 않는 오브젝트 임시로 숨기기: Hide

작업에 방해받지 않고 원하는 오브젝트만 조작하기 위해, 감추기(Hide) 기능을 사용하면 편리합니다.

1 이번에는 티셔츠 몸판의 수정을 위해 그래픽 부분을 임시로 숨겨보겠습니다. 티셔츠의 그래픽 부분을 선택 툴로 선택하고 메뉴 바에서 [Object]-[Hide]-[Selection]을 선택하거나, 단축키 Ctrl + #3 을 누릅니다. 선택한 오브젝트가 숨겨집니다.

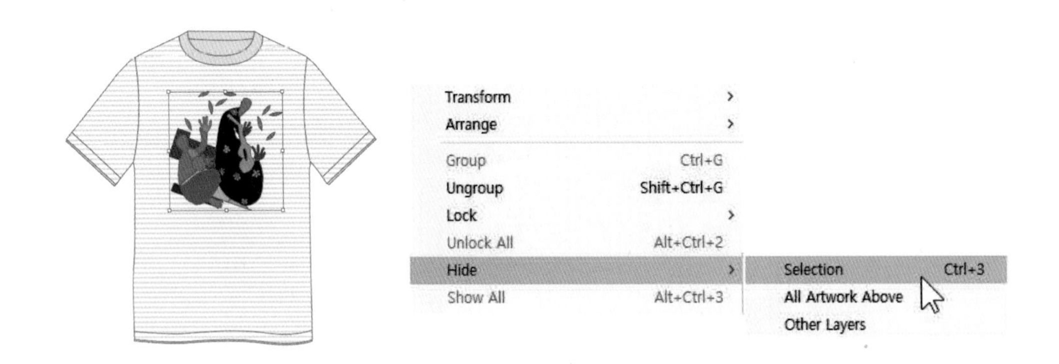

2 다시 오브젝트가 보이게 하려면 메뉴 바에서 [Object]-[Show All]을 선택하거나, 단축키 Ctrl + Alt + #3 을 누릅니다. 선택한 오브젝트가 다시 나타납니다.

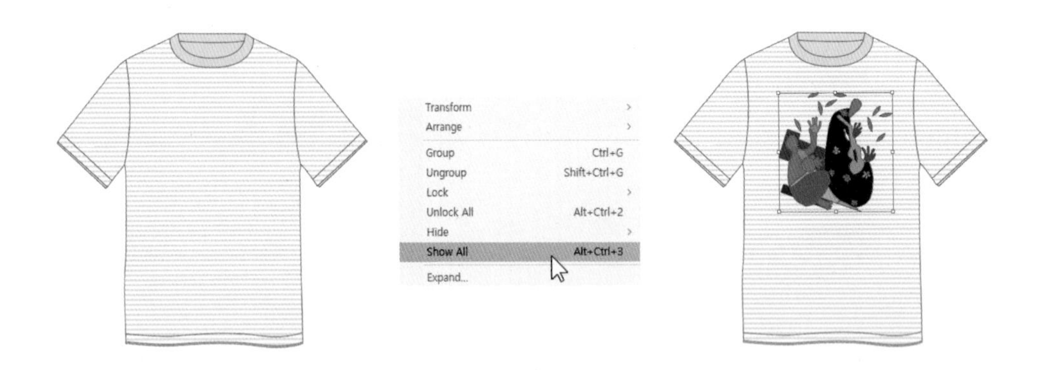

5 도형 그리기와 응용

도형 그리기 도구

도형 그리기 도구를 이용해서 다양한 모양의 도형을 표현할 수 있습니다. 오브젝트를 정확히 그려야 할 때 많이 사용하므로 사용법을 꼭 익혀둡시다.

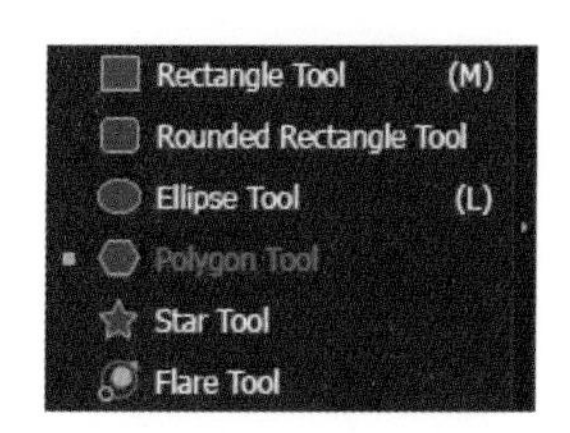

각이 여러 개인 도형 그리기

1 도구상자에서 사각형 툴(Rectangle Tool)을 꾹 눌러 다각형 툴(Polygon Tool)을 선택합니다.

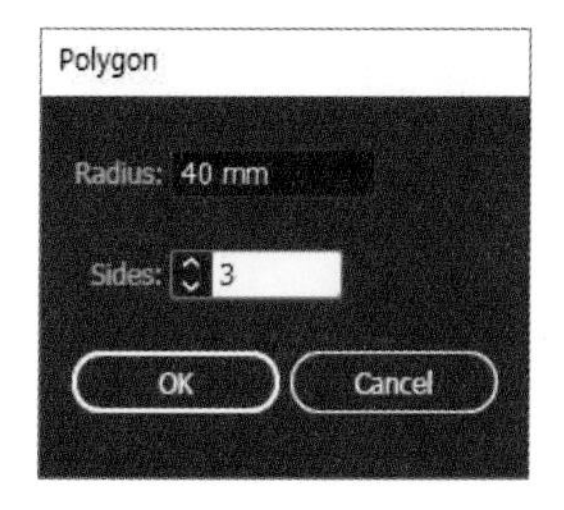

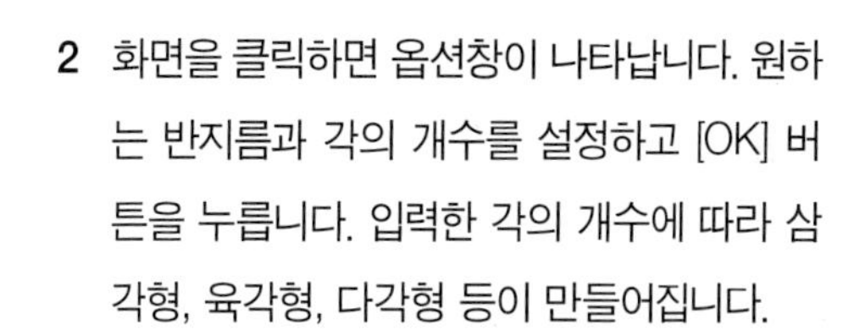

2 화면을 클릭하면 옵션창이 나타납니다. 원하는 반지름과 각의 개수를 설정하고 [OK] 버튼을 누릅니다. 입력한 각의 개수에 따라 삼각형, 육각형, 다각형 등이 만들어집니다.

TIP

① 도형 툴 선택 후 Shift + 드래그: 모든 도형을 정사이즈로 그릴 수 있습니다.
② 도형 툴 선택 후 Alt + 드래그: 시작점을 중심점으로 하는 도형을 그릴 수 있습니다.
③ 도형 툴 선택 후 Shift + Alt + 드래그: 모든 도형을 정사이즈로 그릴 수 있습니다.

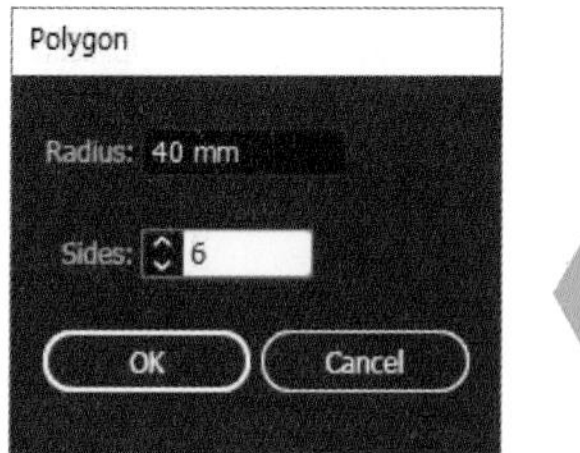

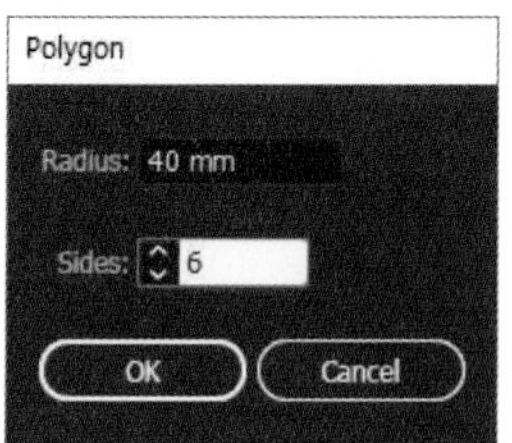

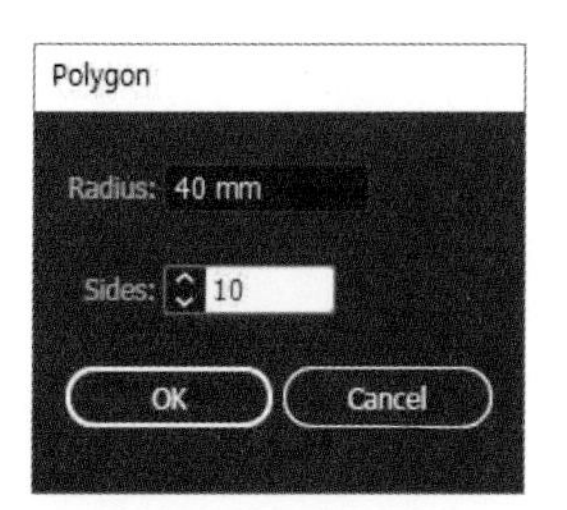

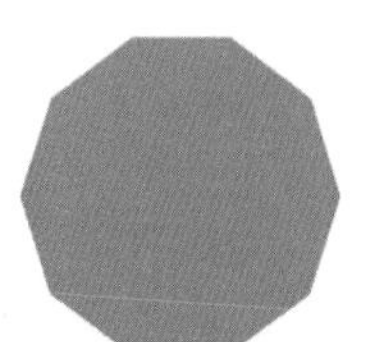

별 그리기

1 도구상자에서 사각형 툴(Rectangle Tool)을 꾹 눌러 별 툴(Star Tool)을 선택합니다.

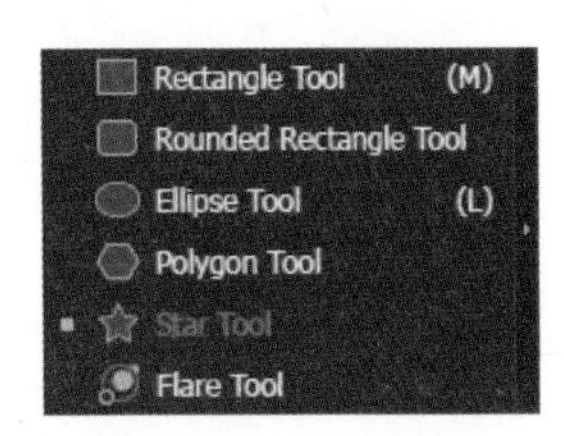

2 화면을 클릭하면 옵션창이 나타납니다. 중심에서 내각과 외곽까지의 거리와 각의 개수를 설정하고 [OK] 버튼을 누릅니다. 설정을 바꿔가며 다양한 모양을 만들어봅시다.

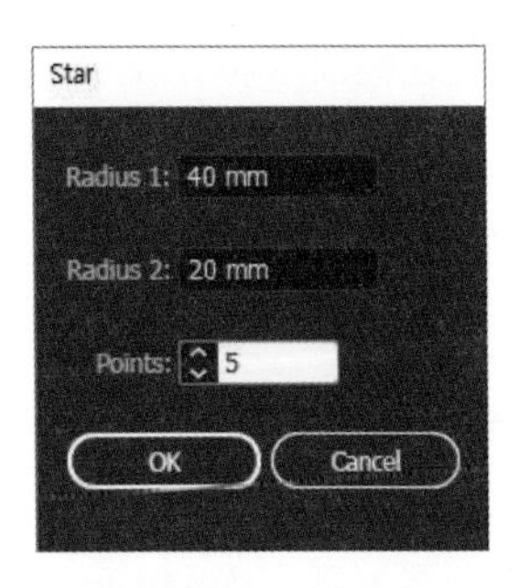

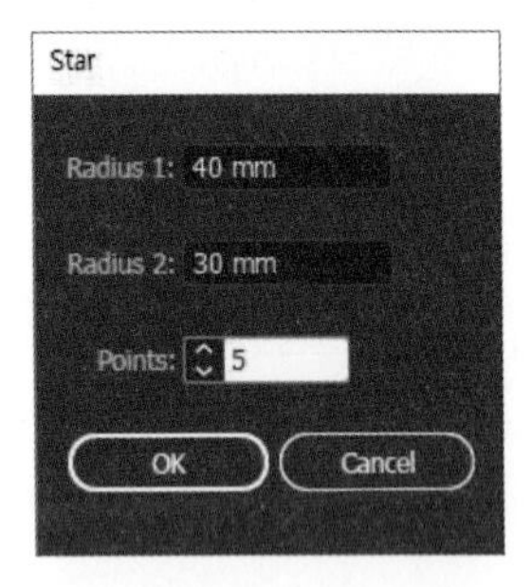

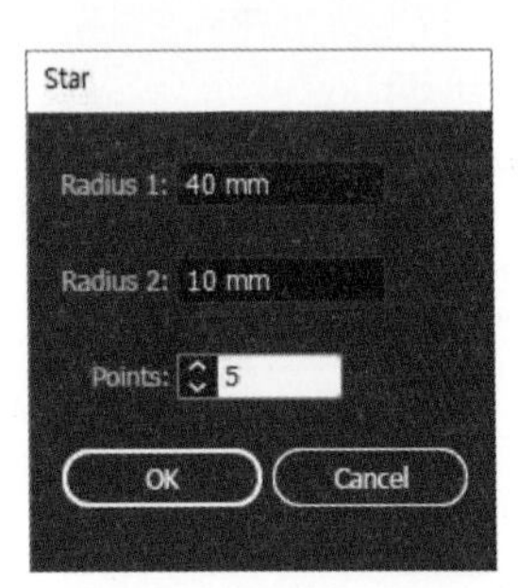

↖ 도형 툴로 캐릭터 그리기

도형 툴을 가지고 간단하고 귀여운 부엉이 캐릭터를 그려보겠습니다. 도형 툴은 펜 툴이나 연필 툴보다 다루기가 쉬워 도형화된 기하학적 오브젝트를 그릴 때 많이 사용합니다.

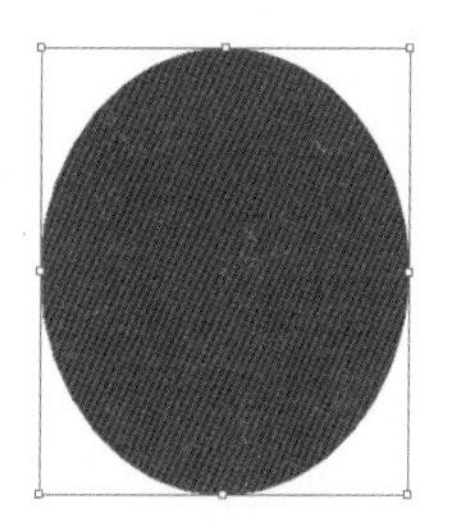

1 도구상자에서 사각형 툴을 꾹 눌러 원형 툴(Ellipse Tool)을 선택하고 화면에 드래그하여 부엉이의 몸통이 되는 타원을 만듭니다. 그려진 타원 안쪽 좌측에 다시 한 번 작은 원형 툴을 드래그하고 면 색을 흰색으로 지정합니다.

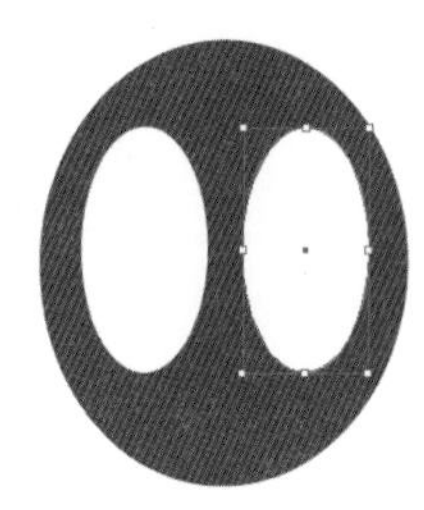

2 흰색 타원을 복사해봅시다. 단축키 Alt + Shift 를 누르면서 오른쪽으로 드래그하면 타원이 나란한 위치에 수평으로 복사됩니다.

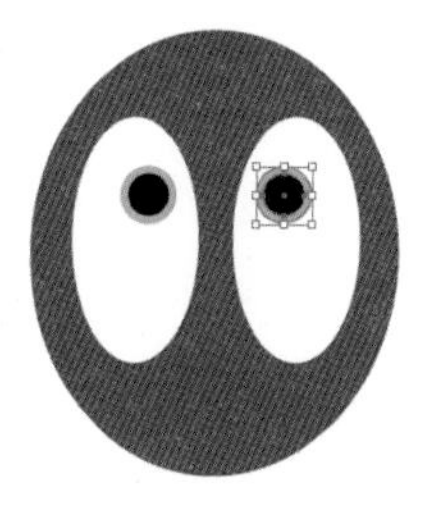

3 부엉이 캐릭터의 눈을 그려봅시다. 지름이 일정한 정원을 만들기 위해 Shift 를 누르면서 원형 툴(연두색)을 드래그합니다. 그다음에 좀 더 작은 원으로 눈동자를 만들어봅니다. 먼저 만든 원의 안쪽으로 Shift 를 누르면서 원형 툴을 드래그하면 왼쪽 눈이 완성됩니다.

이렇게 완성된 두 원을 선택 툴로 같이 선택하고 단축키 Ctrl + G 를 눌러서 그룹 지정합니다. 그루핑 후 단축키 Alt + Shift 를 누르면서 오른쪽으로 드래그하면 부엉이의 눈이 나란한 위치에 복사됩니다.

4 다각형 툴을 사용하여 부리를 그려봅시다. 사각형 툴을 꾹 눌러 나오는 다각형 툴을 클릭합니다. 빈 화면에 커서를 더블 클릭하여 다각형의 꼭짓점 수를 지정합니다. 꼭짓점에 3을 입력하면 삼각형이 만들어집니다. 이렇게 만든 삼각형 부리를 알맞은 위치로 회전하여 이동시킵니다.

5 귀도 다각형 툴의 꼭짓점에 3을 입력하여 삼각형을 만들고, 같은 방법을 반복하여 그려봅니다.
완성된 두 삼각형을 선택 툴로 함께 선택하고 단축키 Ctrl + G 를 눌러서 그룹으로 지정하여 그루핑합니다. 단축키 Alt + Shift 를 누르면서 오른쪽으로 드래그하면 부엉이의 귀가 나란한 위치에 복사됩니다. 양쪽 귀를 각각 선택하여 회전시키고 알맞은 위치로 보냅니다.

6 둥근 사각형 툴(Rounded Rectangle Tool)로 발을 그립니다. 둥근 사각형 툴에서는 모퉁이 반경을 설정하여 형태를 지정할 수 있습니다. 반경이 커질수록 모서리가 뾰족해지고, 반경이 작아질수록 둥글어집니다.
둥근 사각형을 그린 후 단축키 Alt + Shift 를 누르면서 오른쪽으로 드래그하여 복사합니다. 그다음 바로 전에 실행한 명령을 반복 실행하는 단축키 Ctrl + D 를 누르면 같은 간격으로 똑같은 도형이 복사됩니다. 세 개의 둥근 사각형을 그룹으로 지정한 후, 나란한 위치에 복사하면 부엉이가 완성됩니다.

완성된 캐릭터

TIP **Ctrl + D 는 바로 전에 실행했던 작업을 반복하는 단축키입니다. 그런데 이 단축키를 적용하기 전에 작업 선택을 해제하면 반복이 실행되지 않습니다.**

오브젝트의 선택

오브젝트 선택하고 변형하기

선택 툴(Selection Tool)을 이용하면 오브젝트를 선택·이동·변형할 수 있습니다. 기본적으로 오브젝트를 선택할 때는 선택 툴과 직접 선택 툴로 클릭 또는 드래그합니다. 선택 툴은 오브젝트 전체를 선택할 때, 직접 선택 툴(Direct Selection Tool)은 패스나 기준점 일부를 선택할 때 사용합니다.

선택 툴(Selection Tool)

오브젝트를 선택하거나 옮깁니다.

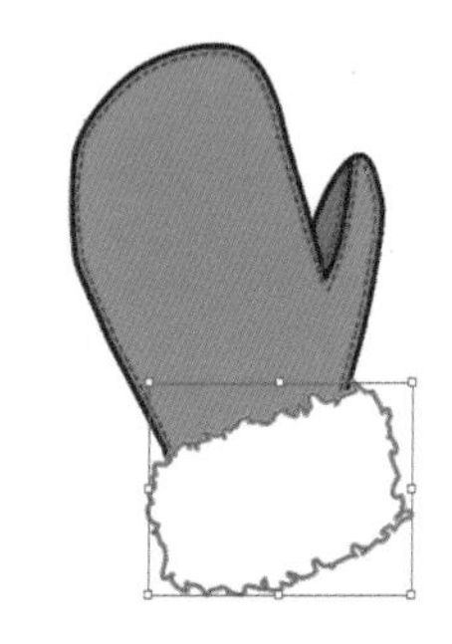

1 오브젝트를 클릭하면 오브젝트가 선택됩니다.

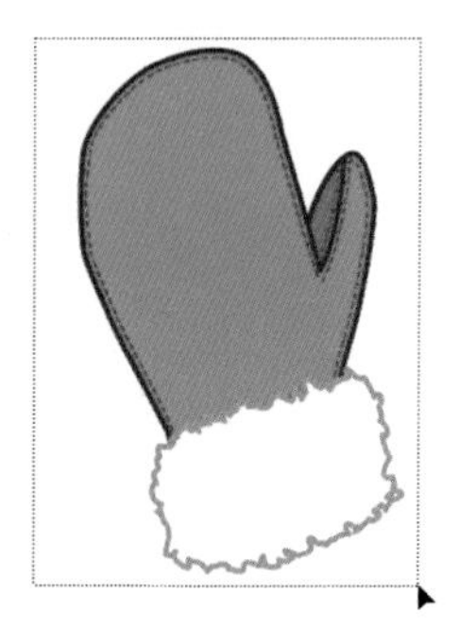

2 오브젝트를 드래그하면 드래그한 영역 안의 오브젝트가 모두 선택됩니다.

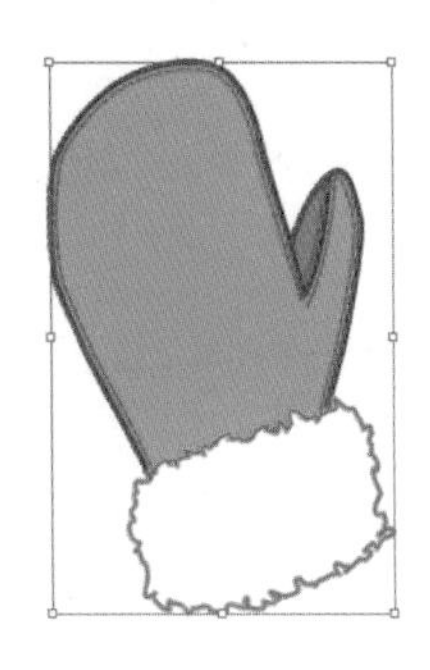

3 선택 툴로 오브젝트를 선택하면 바운딩 박스가 나타나면서 확대하거나 축소, 이동시킬 수 있습니다. 그룹으로 묶어놓은 오브젝트도 한 번에 선택됩니다. 화면 바닥을 클릭하면 선택이 해제됩니다.

직접 선택 툴(Direct Selection Tool)

오브젝트의 기준점이나 패스를 선택합니다.

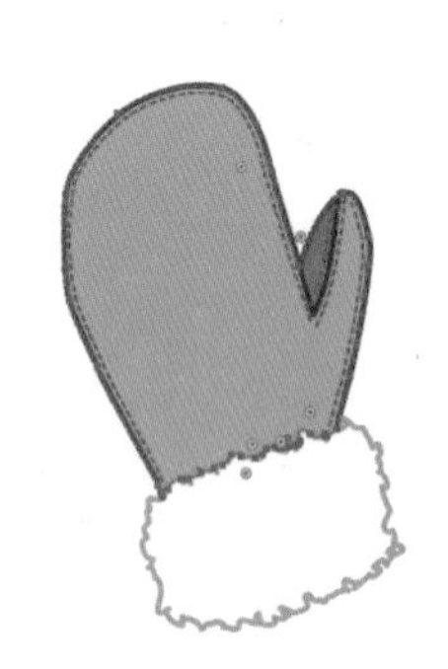

1 직접 선택 툴로 오브젝트 면의 안쪽을 클릭하면 원하는 패스만 선택할 수 있습니다.

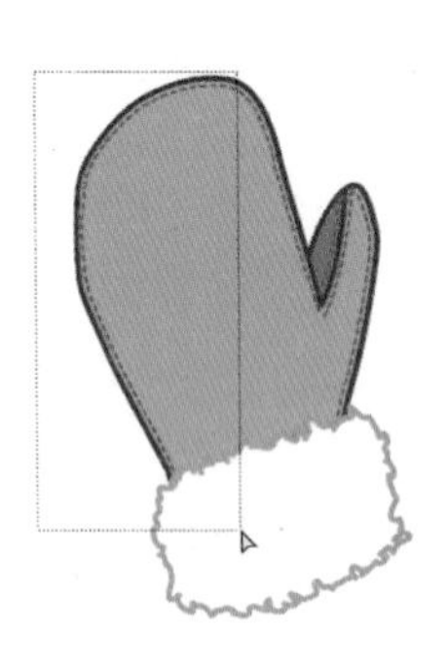

2 오브젝트를 드래그하면, 드래그한 영역 안의 기준점이 선택됩니다. 이 기준점을 옮기면 패스 모양을 수정할 수 있습니다. 화면 바닥을 클릭하면 선택이 해제됩니다.

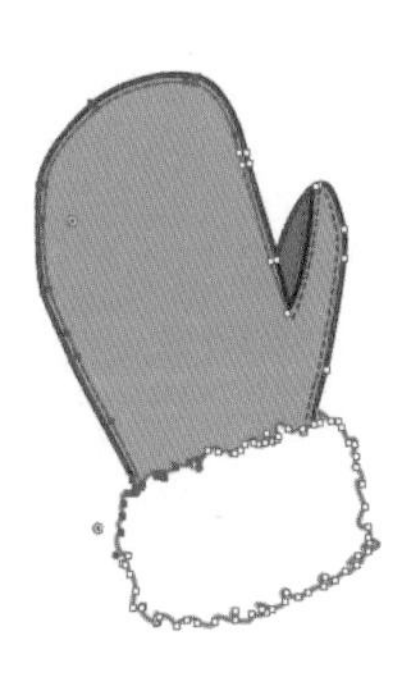

선택 툴로 오브젝트 다중 선택하기

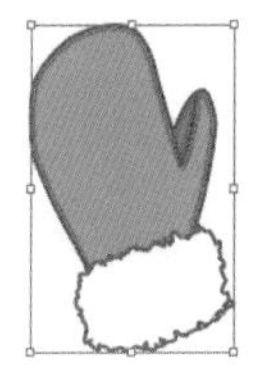

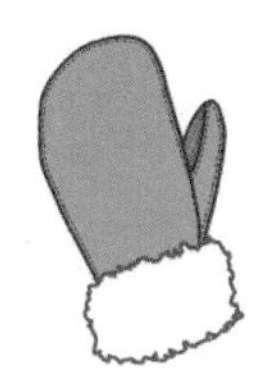

1 선택 툴로 그룹화한 벙어리장갑을 선택합니다.

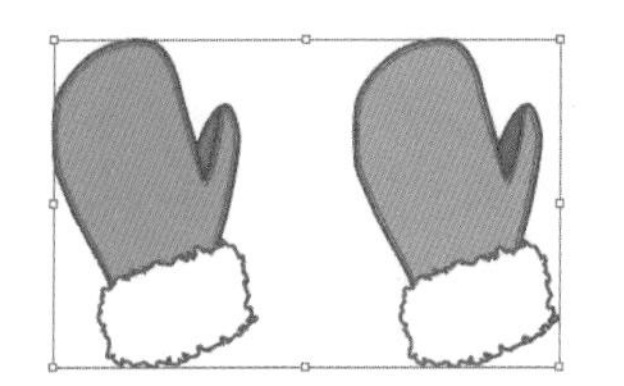
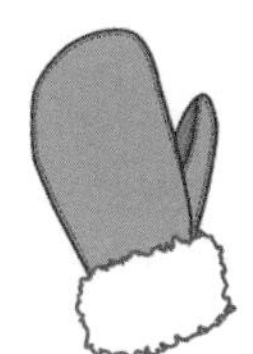

2 선택된 상태에서 Shift 를 누르고 다른 오브젝트를 클릭하면 다중 선택이 이루어집니다.

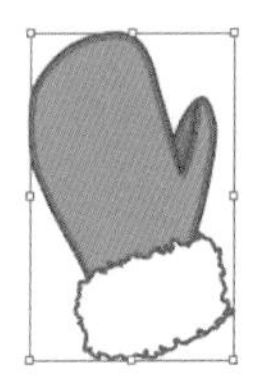
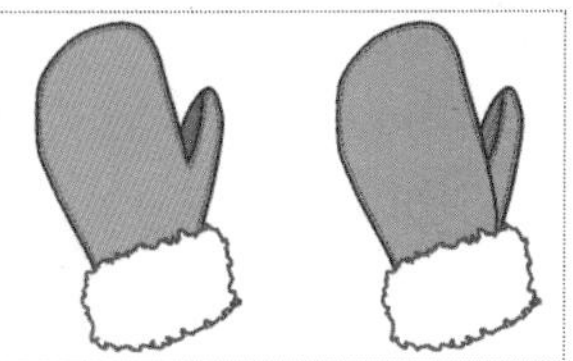
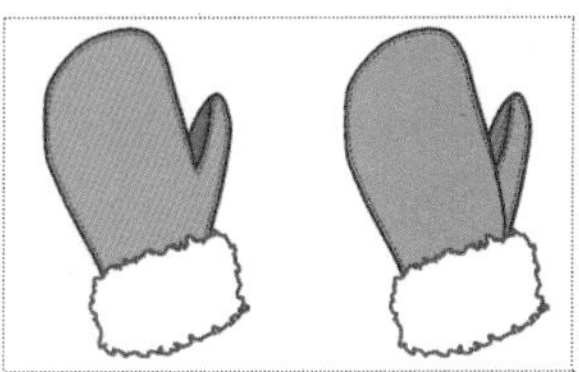

3 Shift 를 누르고 드래그하면 영역 안의 오브젝트가 추가로 선택됩니다. 오브젝트의 추가 선택을 취소하려면, Shift 를 누르고 클릭하거나 드래그하면 됩니다.

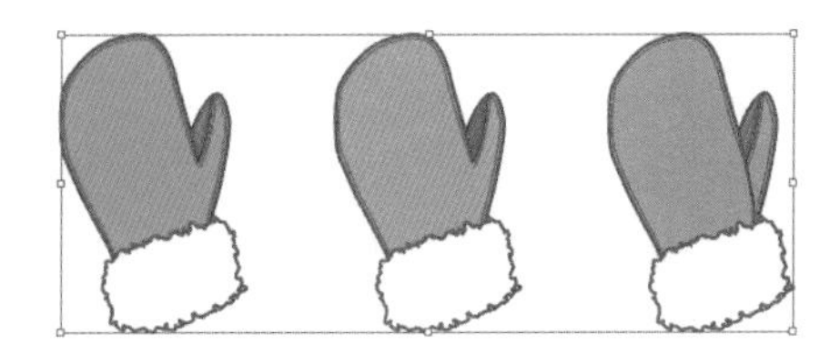

직접 선택 툴로 패스 추가 선택하기

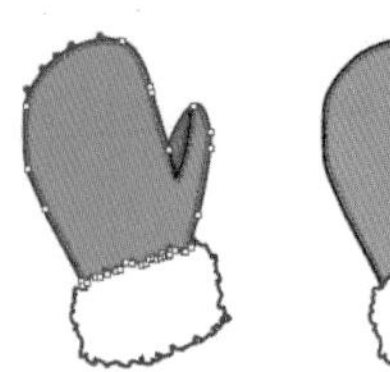
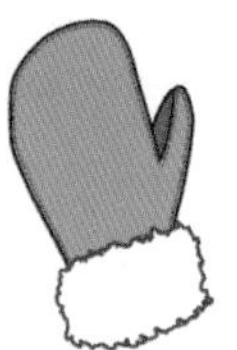

1 직접 선택 툴로 오브젝트 기준점을 클릭합니다. 선택된 기준점은 검은색으로 채워진 사각형으로 나타나고, 선택되지 않은 기준점은 테두리의 점으로만 나타납니다. 선택된 기준점은 작업에 영향을 받는 기준점이 됩니다.

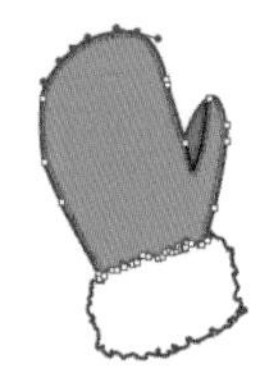
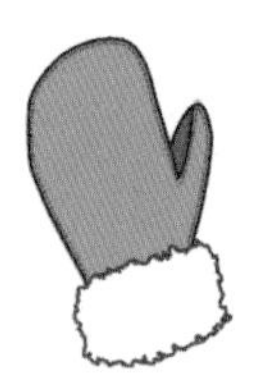

2 Shift 를 누르고 다른 기준점을 클릭하면 기준점이 추가로 선택됩니다.

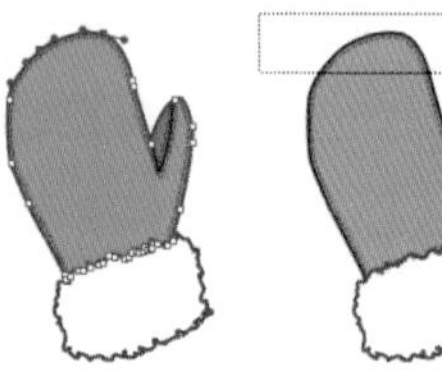
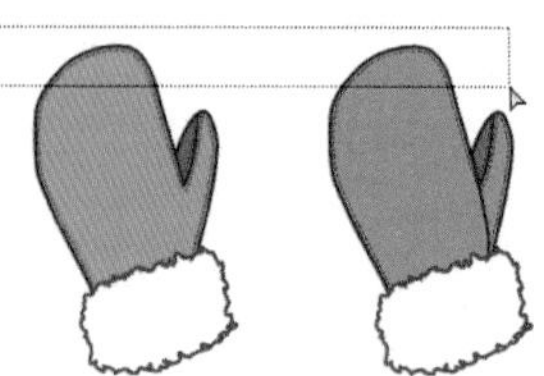

3 Shift 를 누르고 드래그해도 다른 기준점이 추가로 선택됩니다. 이 방법은 패스를 수정할 때 많이 사용합니다.

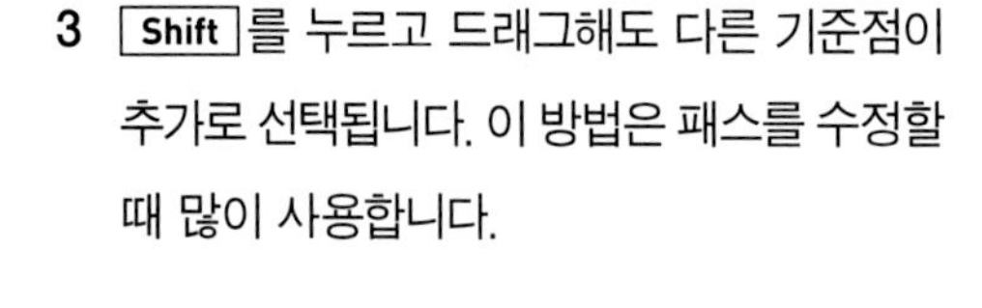

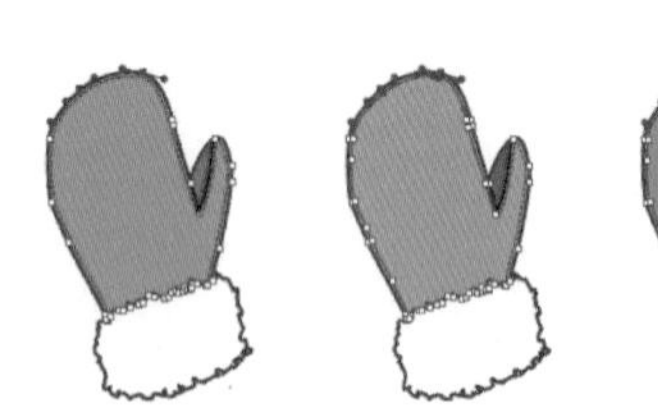

같은 속성의 오브젝트 한 번에 선택하기

복잡한 오브젝트에서 선택 툴로 하나의 요소만 선택하기란 번거롭습니다. 따라서 여기서는 동일 선 색상(Stroke Color), 동일 면 색상(Fill Color), 동일 선 두께(Stroke Weight)와 같이 같은 속성의 오브젝트를 한 번에 선택해서 수정하는 편리한 기능을 알아보도록 하겠습니다. 패션디자인 작업 시 디자인한 옷의 컬러웨이를 수정할 때 유용하게 사용할 수 있습니다.

1 선택 툴로 장갑의 흰색 털 장식을 선택하고 메뉴 바에서 [Select]-[Same]-[Fill Color]를 선택합니다.

2 털 장식과 같은 색상의 오브젝트가 모두 선택되었습니다.

TIP **이러한 작업 시 메뉴 바에서 [Select]-[Same]-[Stoke Color]를 선택하면 동일 선 색상이 선택됩니다.**

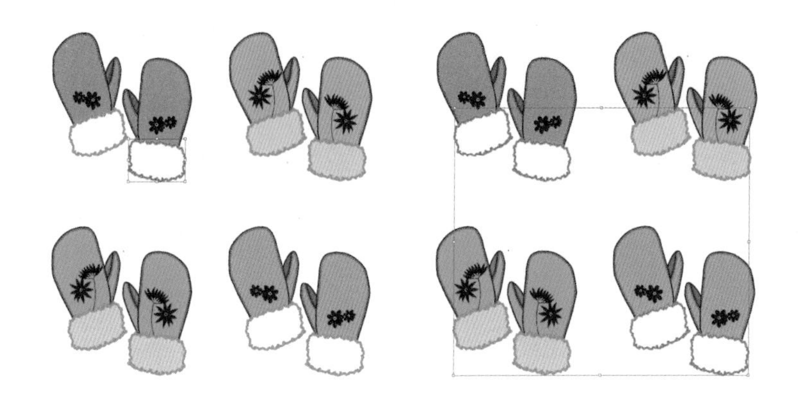

3 장갑을 선택하고 메뉴 바에서 [Select]-[Same]-[Stroke Weight]를 선택합니다.

4 장갑의 선 라인과 같은 두께의 모든 선 오브젝트가 선택됩니다.

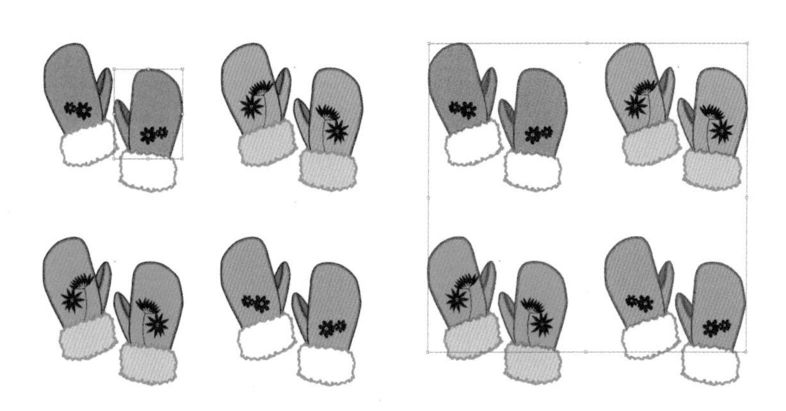

마술봉 툴(Magig Wand Tool)로 선택하기

마술봉 툴을 사용하면 클릭한 곳과 비슷한 속성을 가진 오브젝트를 한꺼번에 선택할 수 있습니다. 포토샵의 마술봉 툴과 비슷한 도구로 생각하면 됩니다.

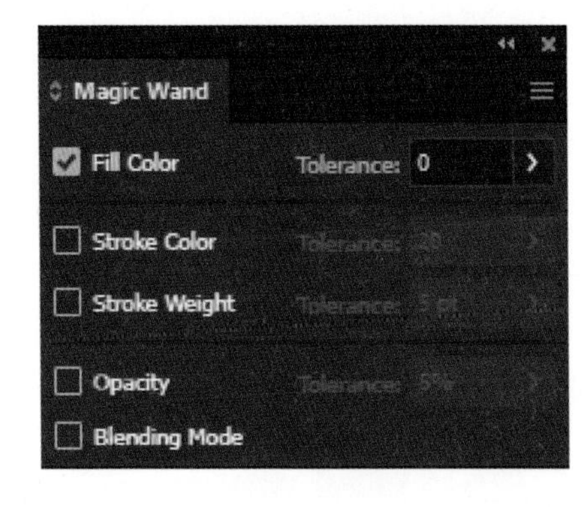

1 도구상자에서 마술봉 툴을 더블 클릭합니다. 대화창에서 Fill Color를 체크하고 선택 범위를 0으로 설정합니다.

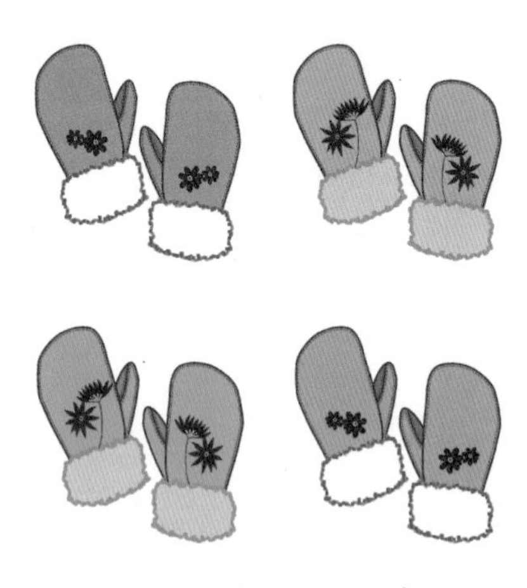

2 장갑의 털 장식 부분을 클릭하면 같은 색상이 모두 선택됩니다. 그 외에 다른 속성을 체크해서 테스트해 보고 다양하게 응용해봅시다.

올가미 툴(Lasso Tool)로 복잡한 오브젝트 쉽게 선택하기

올가미 툴을 이용하면 마우스를 자유롭게 드래그하여 오브젝트를 선택할 수 있습니다. 오브젝트의 형태가 복잡하여 패스를 직접 선택 툴로 선택하기 번거로운 경우에 사용합니다.

1 올가미 툴로 오브젝트의 원하는 부분을 드래그하여 선택합니다.

2 선택한 패스가 나타납니다.

3 Shift 를 누른 채 드래그해서 선택하면 영역을 추가로 선택할 수 있습니다.

오브젝트의 변형과 응용

확대, 축소, 회전하기

선택 툴로 오브젝트를 선택하면 바운딩 박스가 나타납니다. 이것을 이용하면 좀 더 간편하게 오브젝트를 옮기거나 회전 또는 변형할 수 있습니다.

오브젝트를 확대·축소하기

1 도구상자에서 선택 툴을 클릭하고 오브젝트 전체를 선택합니다.

2 바운딩 박스 모서리 부분의 마우스 포인터가 화살표 모양으로 바뀔 때 드래그하면 오브젝트의 크기를 쉽게 늘리거나 줄일 수 있습니다.

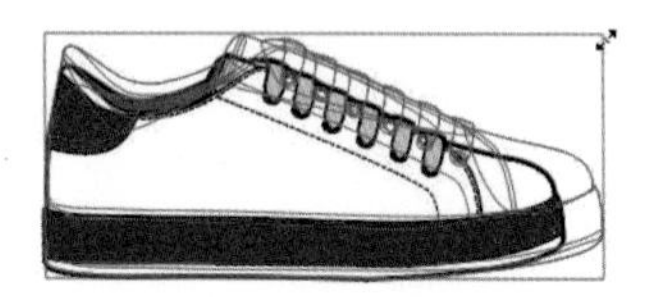

3 Shift 를 누르고 드래그하면 크기를 정비례로 늘리거나 줄일 수 있습니다.

4 Alt 를 누르고 드래그하면 오브젝트의 정중앙을 기준으로 늘리거나 줄일 수 있습니다(Alt 를 누르지 않을 경우 좌측 하단부가 기준임).

스케일 툴을 활용해서 확대·축소하기

오브젝트를 원하는 비율로 확대 또는 축소해봅시다. 여기서는 150%로 확대해보겠습니다.

1 오브젝트를 선택한 상태에서 도구상자의 스케일 툴을 더블 클릭합니다.

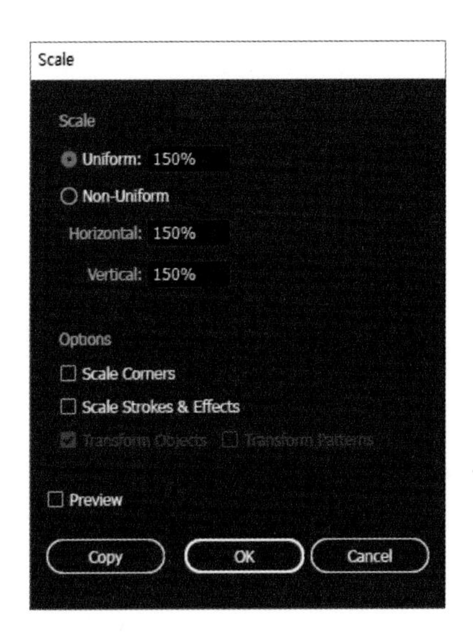

2 크기 옵션창이 뜨면 Scale의 Uniform에 150%를 입력하고 [OK] 버튼을 누릅니다. 오브젝트가 150% 확대된 것을 확인할 수 있습니다.

TIP 오브젝트를 정비례로 확대·축소하고자 할 경우 Uniform에 숫자값을 입력합니다. 가로세로 비율을 다르게 확대·축소하고자 한다면 Non-Uniform에 값을 입력합니다.

오브젝트 회전시키기

1 도구상자에서 선택 툴을 클릭하고 오브젝트 전체를 선택합니다.

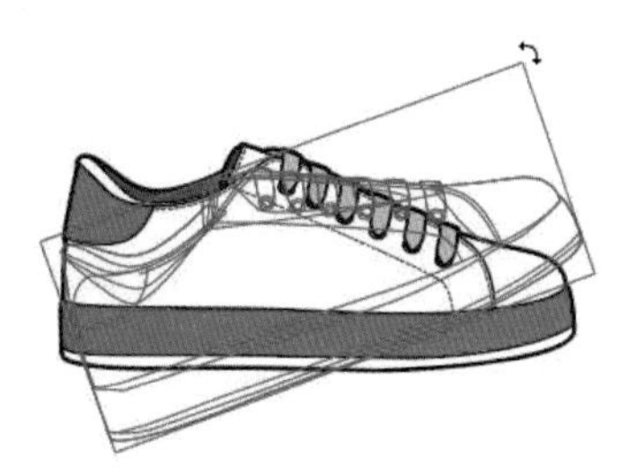

2 바운딩 박스의 모서리 부분에 선택 툴을 가져갑니다. 선택 툴의 마우스 포인터가 둥근 양방향 화살표로 바뀔 때 좌우로 드래그하여 회전시킵니다.

3 Shift 를 누르고 드래그하면 45° 를 단위로 해서 정확하게 회전시킬 수 있습니다.

회전 툴(Rotate Tool)을 활용하여 회전시키기

1 오브젝트를 선택한 상태에서 도구상자의 회전 툴을 선택합니다.

2 원하는 곳에 마우스를 클릭하여 회전점을 위치시키고, 오브젝트를 드래그하면 회전점을 중심으로 회전합니다.

TIP 회전점을 따로 지정하여 이동 클릭하지 않는다면, 선택된 오브제의 정중앙이 회전점으로 자동 지정됩니다.

3 이번에는 원하는 각도를 설정하여 회전시켜봅시다. 회전 툴을 선택한 상태에서 오브젝트의 회전점이 될 곳을 Alt 를 누르며 클릭합니다.

4 회전 각도를 설정하는 옵션창이 나옵니다. Angle에 원하는 각도를 입력하고 [OK] 버튼을 누릅니다.

5 회전점을 기준으로 설정한 각도만큼 회전된 것을 확인할 수 있습니다.

TIP Preview를 선택하면 각도의 변화를 보면서 수치를 조절할 수 있습니다.

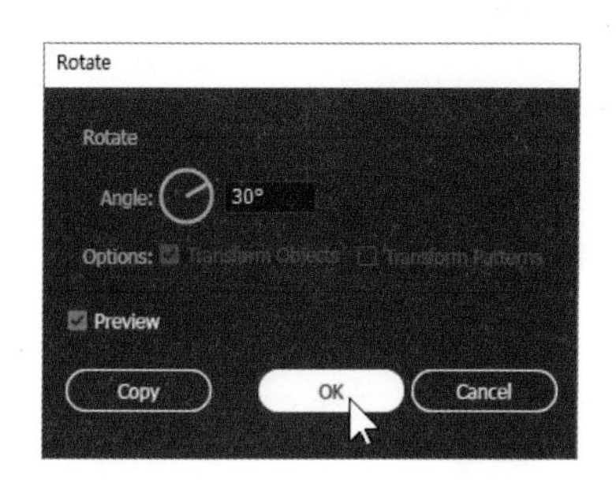

실행 전 단계로 돌아가기: 방금 했던 작업 취소하고 되돌리기

작업을 진행하는 도중 실수하거나 작업 내용이 바뀌어서 이전 단계로 되돌리고 싶은 경우가 종종 있습니다. 이때 단축키를 이용하면 문제가 간단히 해결됩니다.

1 선택 툴로 오브젝트를 선택하고 회전시킵니다.

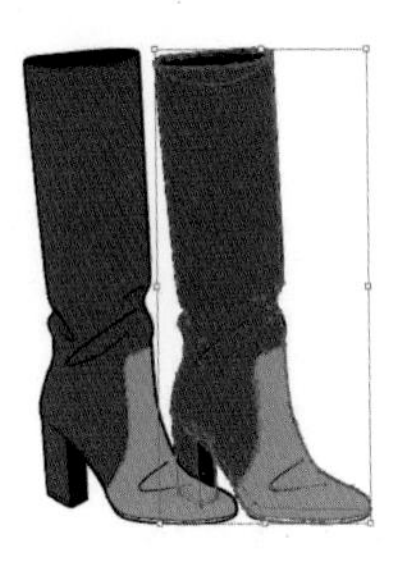

2 단축키 Ctrl + Z 를 눌러 방금 했던 작업을 취소하고 실행 전 단계로 돌아갑니다. 작업의 수행 단계가 길 때는 단축키를 여러 번 눌러 전 단계로 되돌립니다.

TIP 초기 세팅에 따라 현재 작업을 취소하고 전 단계로 이동하는 횟수가 달라질 수 있으나, CS6에서는 일반적으로 200회까지 전 단계로 이동하는 것이 가능합니다.

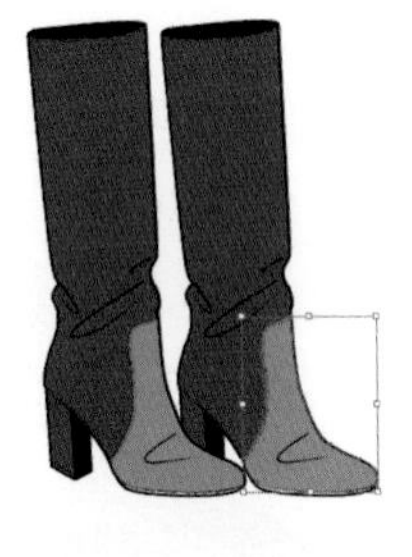

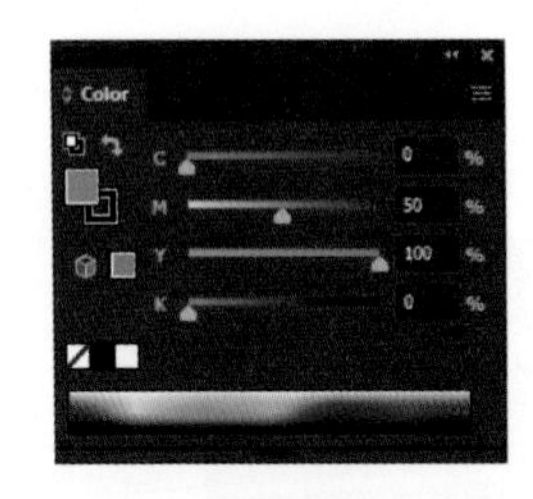

3 이번에는 오브젝트를 선택하고 컬러 패널을 열어 부츠 앞코 부분을 주황색(M50, Y100)으로 설정합니다.

4 Ctrl + Z 를 누르면 변경 전의 색상인 베이지로 돌아갑니다.

TIP 다시 최근 단계로 되돌리고 싶다면 단축키 Ctrl + Shift + Z 를 누릅니다.

가위 툴(Scissor Tool): 위치를 지정해서 패스 자르기

가위 툴은 패스의 두 지점을 클릭해서 분리하는 기능을 가지고 있습니다. 이 툴을 사용하면 오브젝트가 두 개의 열린 패스로 나누어집니다. 단, 하나의 패스로 이루어진 오브젝트만 자를 수 있습니다.

위치를 지정해서 패스 자르기

1 티셔츠의 몸판 부분을 가위 툴로 잘라보겠습니다. 오브젝트가 선택된 상태에서 도구상자의 지우개 툴(Eraser Tool)을 꾹 눌러 가위 툴을 선택합니다(단축키 C).

2 오브젝트의 자르고 싶은 두 지점을 클릭합니다.

3 자른 오브젝트를 선택하고 옮기면, 두 개의 열린 패스로 나뉜 것을 확인할 수 있습니다.

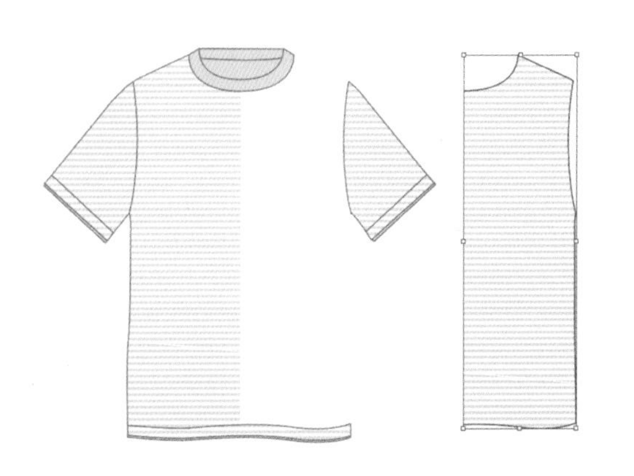

TIP

① 가위 툴은 클릭한 점을 중심으로 면이 잘립니다. 따라서 잘린 면은 직선의 형태를 띱니다.
② 도식화 작업 시 많이 사용되므로 단축키를 외워놓으면 편리합니다.

열린 패스로 분리된 모습

나이프 툴(Knife Tool): 면과 면으로 분리하기

나이프 툴은 면을 자르는 기능을 가지고 있습니다. 면 위에서 마우스를 드래그하면 면과 면으로 분리됩니다. 여러 개의 오브젝트도 한 번에 자를 수 있습니다. 가위 툴과 달리 자유곡선의 형태로 잘립니다.

면과 면으로 분리하기

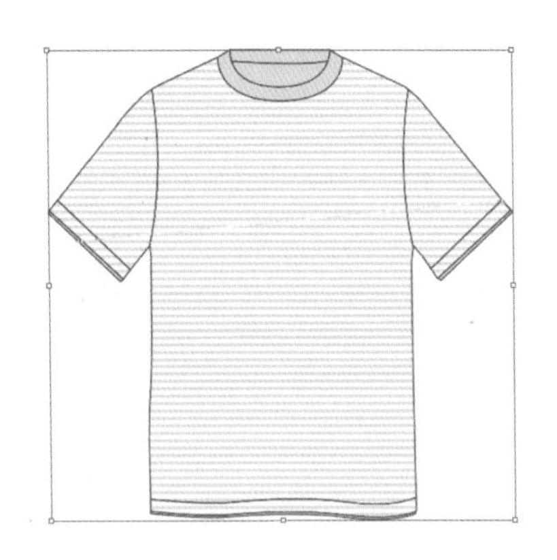

1 오브젝트가 선택된 상태에서 도구상자의 지우개 툴을 꾹 눌러 나이프 툴을 선택합니다.

2 오브젝트의 자를 곳을 드래그합니다. 이때 Shift + Alt 를 누르고 드래그하면 45° 단위로 정확하게 자를 수 있습니다.

3 선택 툴로 자른 오브젝트를 선택하고 옮기면, 두 면으로 잘린 것이 보입니다. 이때 오브젝트가 각각 닫힌 패스로 나뉜 것을 확인할 수 있습니다.

TIP 이 툴은 가위 툴과 달리 자른 후에 닫힌 오브젝트로 변환됩니다. 또한 자유곡선의 형태로 자를 수 있어 잘린 면이 드래그한 형태 그대로 나타납니다.

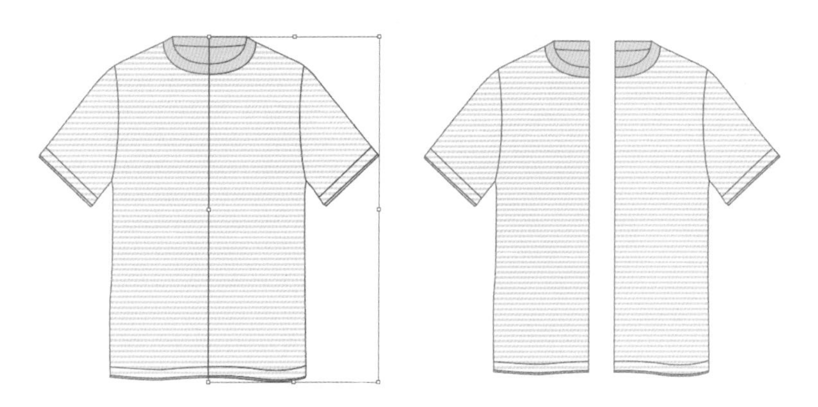

닫힌 패스로 분리된 모습

패스파인더(Pathfinder)

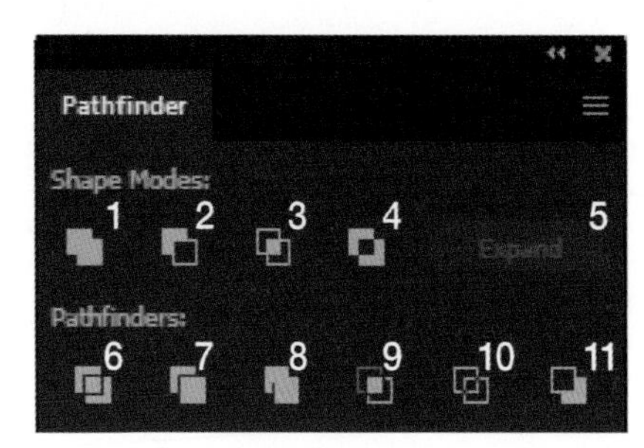

패스파인더 패널

패스파인더 패널을 사용하여 두 개 이상의 오브젝트를 하나로 합치거나 여러 개로 분할할 수 있습니다. 일러스트레이터로 패션 관련 작업을 할 때 가장 많이 쓰는 주요 기능 중 하나입니다.

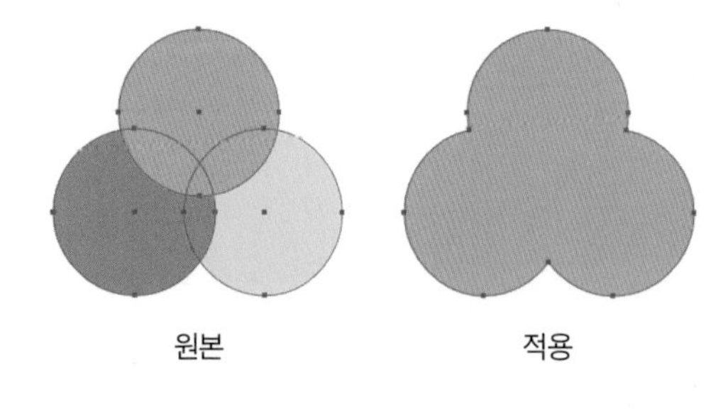

원본 적용

1 합치기(Shape Modes-Unite): 두 개 이상의 오브젝트를 합칩니다.

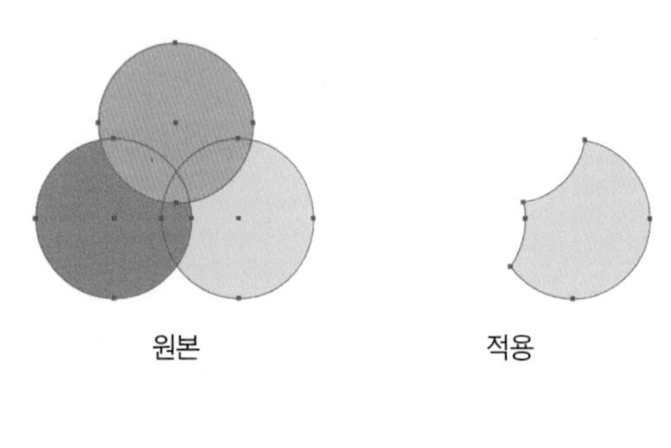

원본 적용

2 위쪽 지우기(Shape Modes-Minus Front): 위에 있는 오브젝트를 지우고, 맨 아래에 있는 오브젝트만 남깁니다.

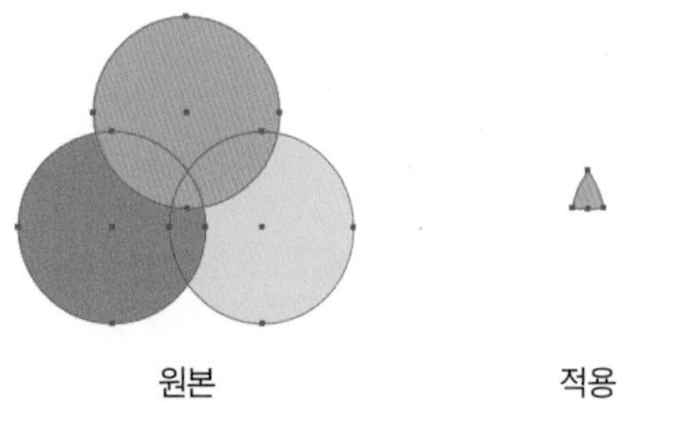

원본 적용

3 공통 부분 남기기(Shape Modes-Intersect): 겹치는 부분만 남깁니다.

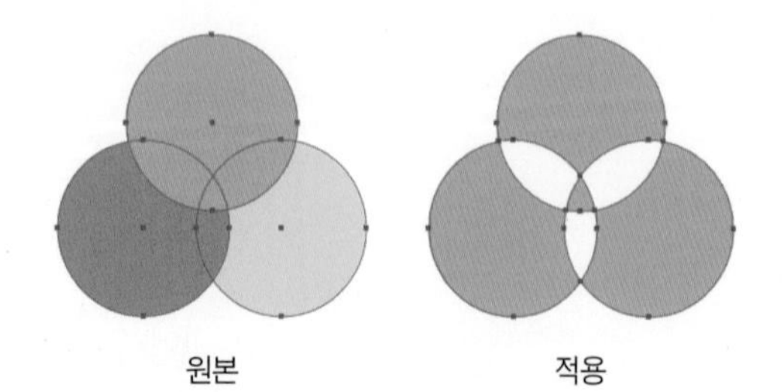

원본 적용

4 공통 부분 지우기(Shape Modes-Exclude): 겹치는 부분을 뺀 나머지만 남깁니다.

5 합쳐진 오브젝트를 수정하고 싶다면 Alt 를 누른 상태로 Shape Modes의 버튼을 누릅니다. Expand 버튼을 누르기 전까지는 패스가 살아있으므로 수정할 수 있습니다.

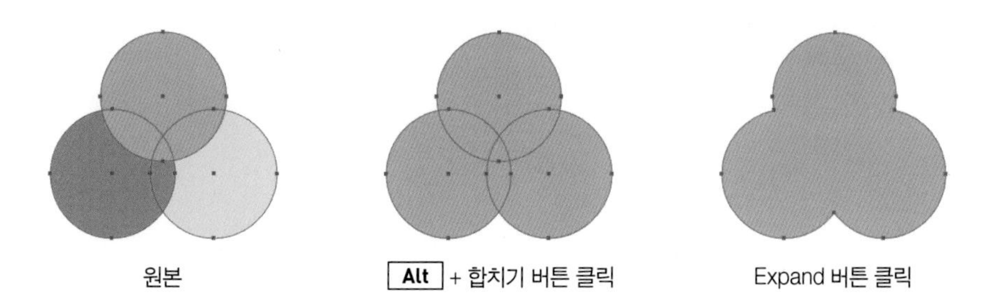

6 면 나누기(Pathfinders-Divide): 겹쳐진 면을 모두 분할하여 각각의 오브젝트로 만듭니다.

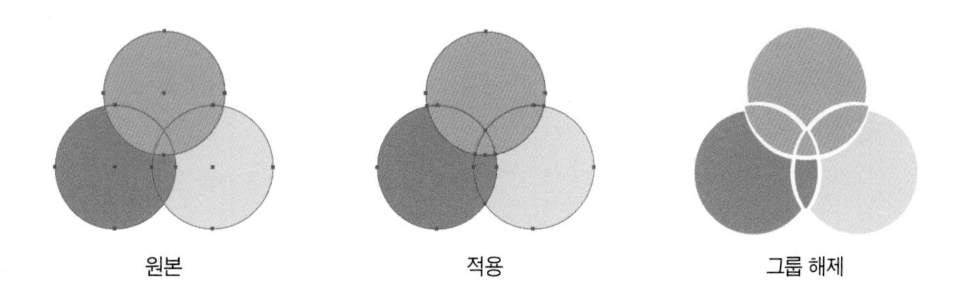

7 분리하기(Pathfinders-Trim): 눈에 보이는 대로 면을 분리합니다.

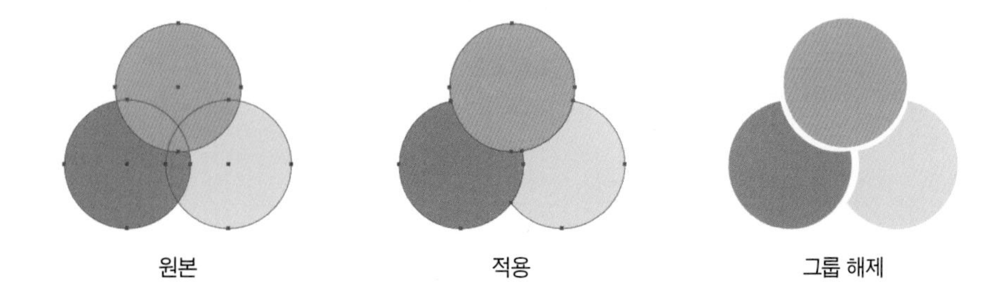

8 병합하기(Pathfinders-Merge): 겹쳐진 오브젝트 중에서 같은 색상의 오브젝트는 합치고 나머지는 분리합니다.

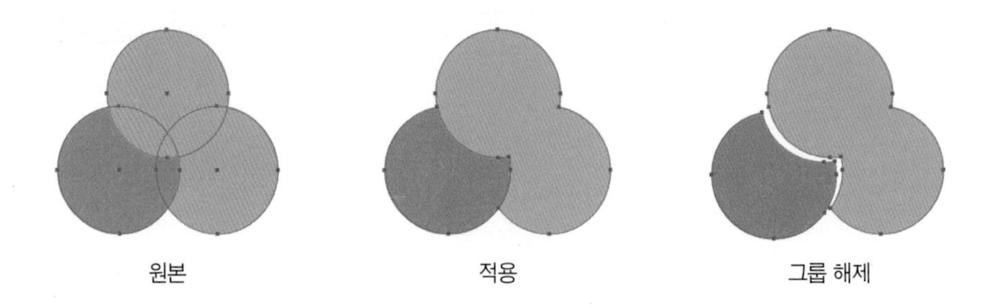

9 윗면으로 자르기(Pathfinders-Crop): 가장 앞에 위치한 오브젝트와 겹치는 부분만 남깁니다.

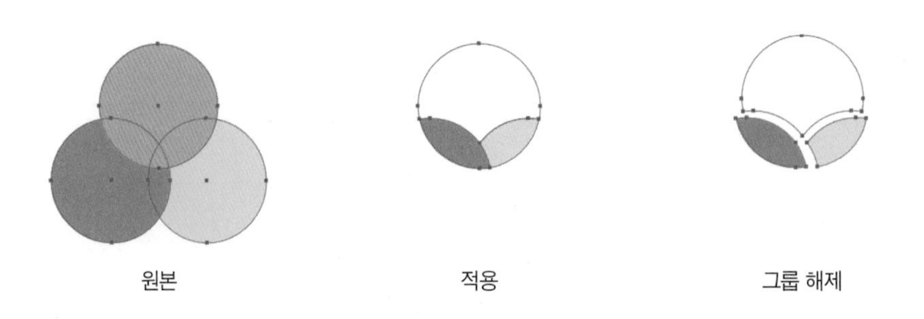

10 윤곽선으로 나누기(Pathfinders-Outline): 윤곽선으로 변하며 겹치는 부분을 모두 분할시킵니다.

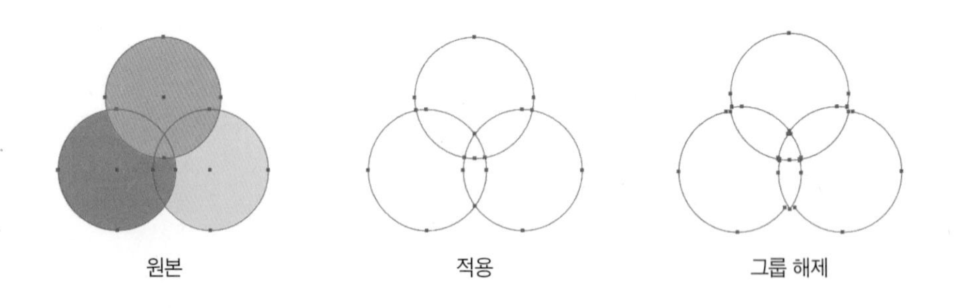

11 뒷면 지우기(Pathfinders-Minus Back): 가장 위에 위치한 오브젝트만 남깁니다.

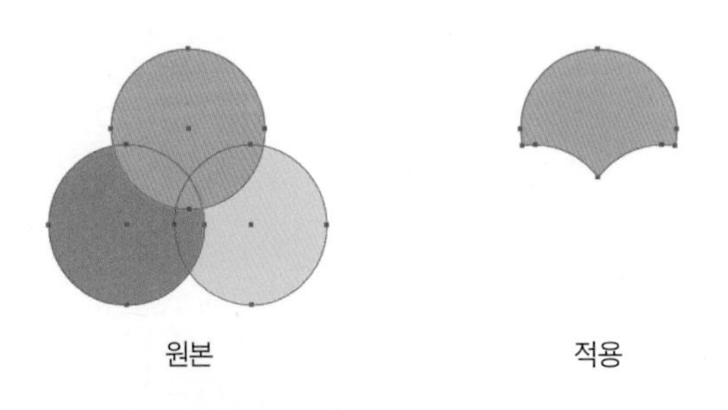

면 나누기(Pathfinders-Divide)를 활용하여 단추 만들기

패스파인더 패널을 이용해서 구멍이 뚫린 단추를 만들어봅시다.

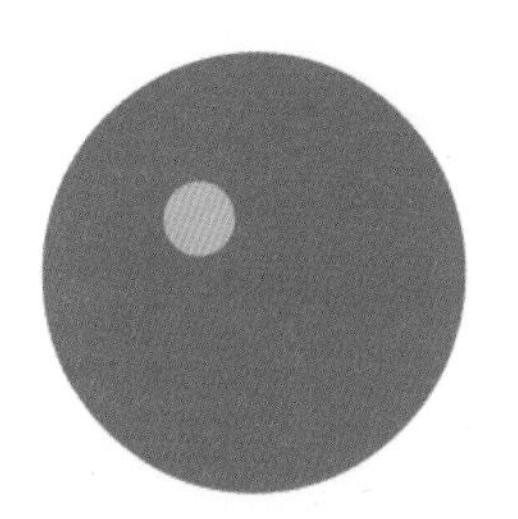

1 단추를 만들 원형 오브젝트와 그 위에 단춧구멍을 표현할 작은 원형 오브젝트를 준비합니다.

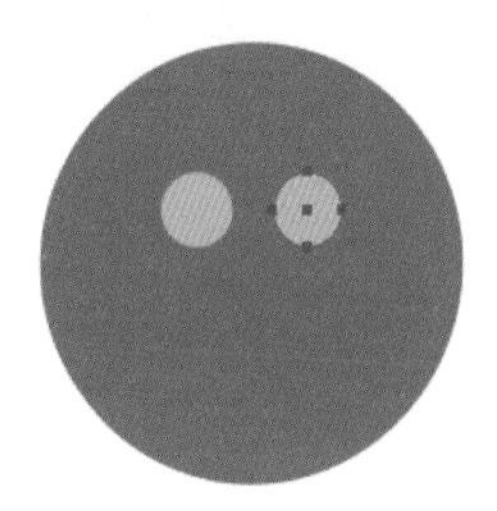

2 도구상자의 선택 툴을 선택하고 작은 원을 Alt + Shift + 드래그하여 옆으로 복제합니다. 작은 원 2개를 선택하고 단축키 Ctrl + G 를 눌러 그룹으로 묶어줍니다.

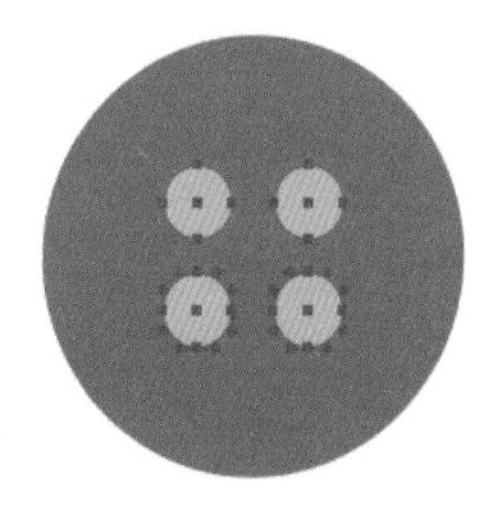

3 그룹으로 묶은 두 개의 작은 원을 Alt + Shift + 드래그하여 아래쪽에 복사합니다. 총 4개의 작은 원이 단춧구멍으로 사용됩니다.

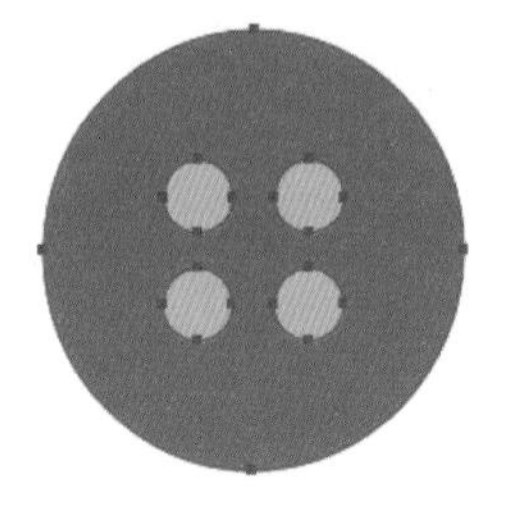

4 선택 툴로 오브젝트를 모두 선택하고 패스파인더 패널의 Divide(면 나누기)를 클릭합니다.

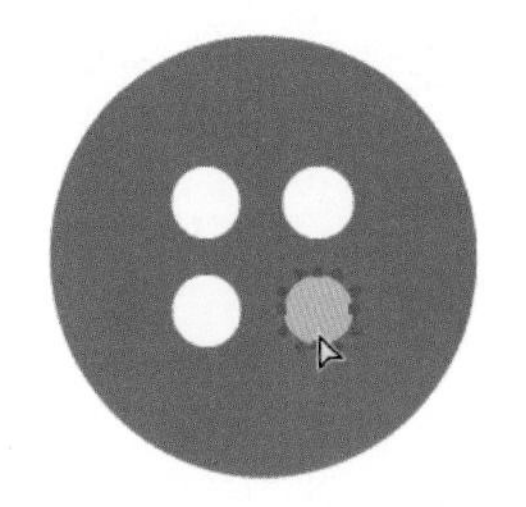

5 그룹을 풀고(Ctrl + Shift + G) 안쪽의 작은 원들을 삭제하면 하나의 닫힌 패스로 이루어진 구멍 뚫린 단추가 만들어집니다.

TIP 그룹을 풀고 지우지 않더라도 직접 선택 툴을 사용해서 선택하여 지우면 그룹을 해제하지 않아도 됩니다.

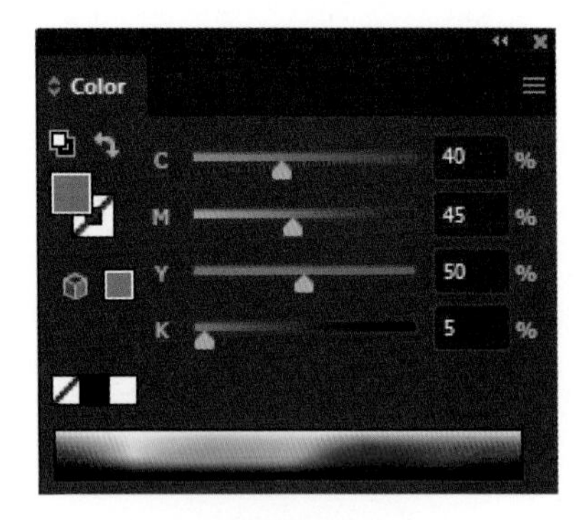

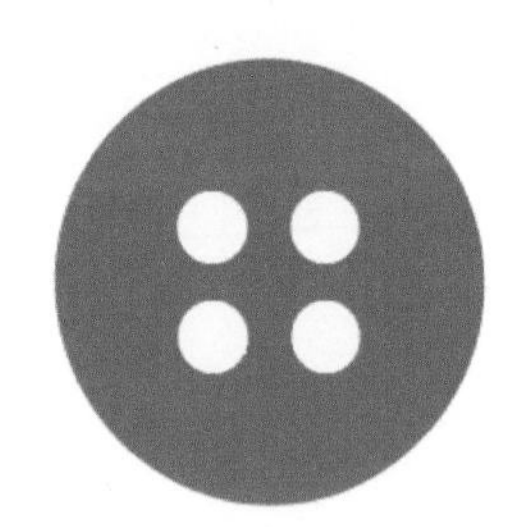

6 컬러 패널을 열어서 색을 적용하면 4개의 단춧구멍이 있는 단추가 완성됩니다.

TIP 패스파인더 패널의 Exclude(공통 부분 지우기)를 누르면 4개의 구멍이 사라지면서 단추를 한 번에 만들 수 있습니다.

합치기(Shape Modes-Unite)를 활용하여 단춧구멍(Keyhole Buttonhole) 만들기

패스파인더 패널을 이용해서 열쇠 구멍 모양을 한 단춧구멍을 만들어보겠습니다.

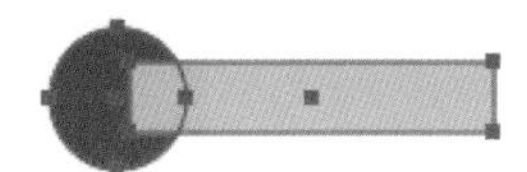

1 원형 오브젝트를 만들고 그 옆에 긴 직사각형 오브젝트를 준비합니다.

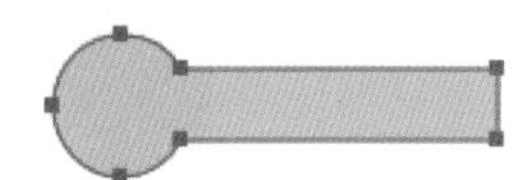

2 선택 툴로 오브젝트를 모두 선택하고 패스파인더 패널의 Unite(합치기)를 클릭합니다.

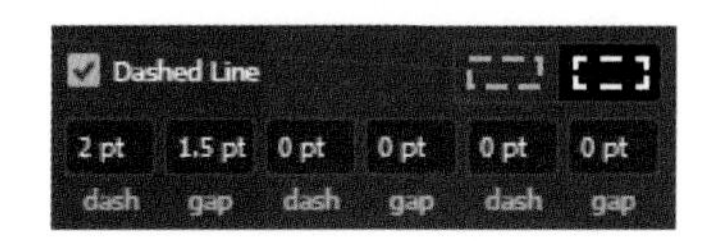

3 면을 투명으로 설정하고(None) 선에 Dashed Line을 적용하여 스티치 형태를 표현합니다(선 두께 10pt).

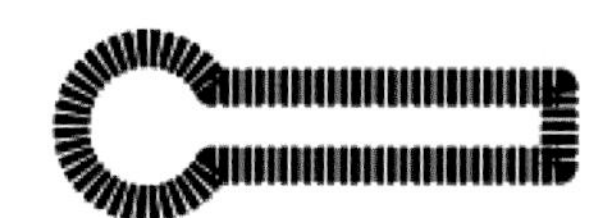

폭 툴(Width Tool)

폭 툴을 사용하면 선의 폭을 넓이거나 줄일 수 있습니다. 매끈하고 일정한 선보다는 선 폭에 강약이 있는 편이 그림(오브젝트)에 생동감을 더할 수 있습니다.

선 폭 마음대로 조절하기

1 도구상자에서 폭 툴을 선택하고 오브젝트 선 부분에 마우스를 가져가면 작고 흰 동그라미가 생깁니다. 이것을 폭 포인트라고 하는데, 이 포인트를 드래그하면 선 폭을 조절할 수 있습니다. 선 끝부분을 바깥쪽으로 드래그하면 선이 두꺼워집니다.

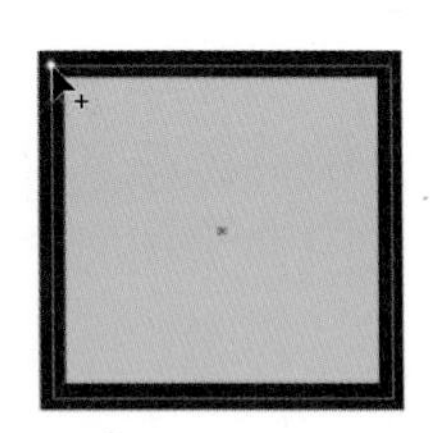
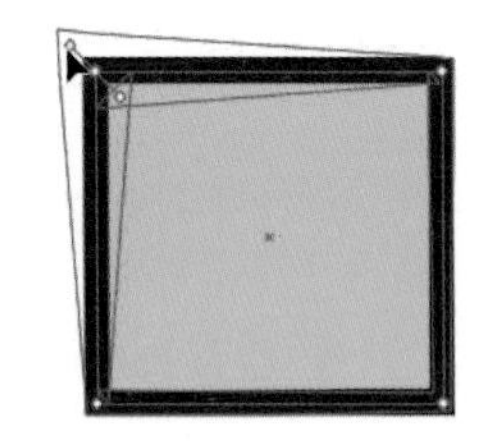

2 안쪽으로 드래그하면 선이 얇아집니다. Alt 를 누른 채 드래그하면 선 폭의 한쪽만 조절할 수 있습니다.

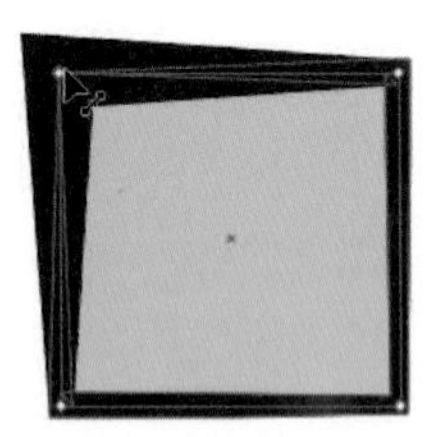

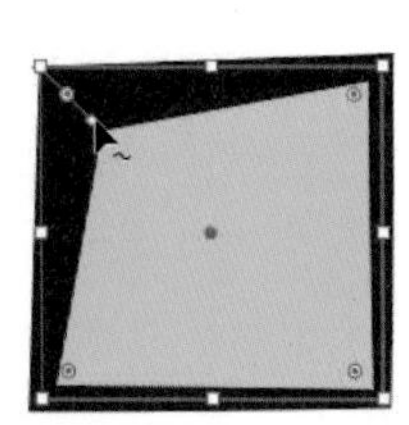

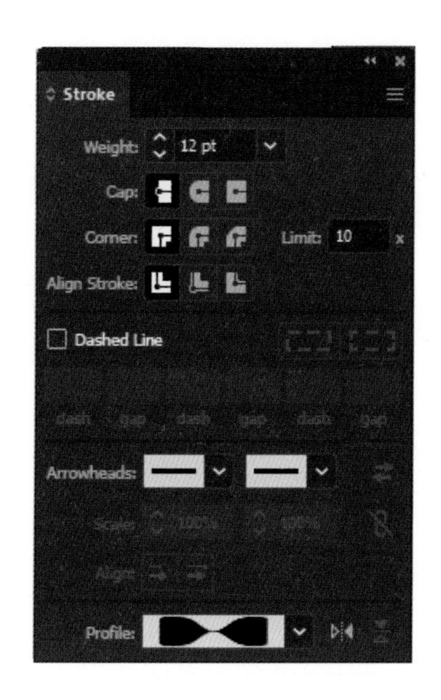

3 폭 툴로 다른 선의 폭도 변화시키면 단조롭지 않고 다채로운 오브젝트를 완성할 수 있습니다. 스트로크 패널 하단부에 위치한 [Profile]에서 변형된 선 모양을 확인할 수 있습니다.

4 도식화의 러플이나 주름 등에 폭 툴을 활용하여 보다 생동감 있는 표현을 해봅시다.

8 브러시 활용

브러시 툴(Brush Tool)

브러시 툴을 이용하면 연필이나 붓 등의 느낌을 낼 수 있어 손으로 그린 듯한 일러스트 표현이 가능해집니다.

연필로(붓으로) 그린 것처럼 드로잉하기

1 선으로 된 오브젝트를 준비합니다. 선 굵기는 1pt, 선 색은 짙은 회색(K90)으로 설정합니다. 도구상자의 선택 툴로 선 패스를 모두 선택합니다.

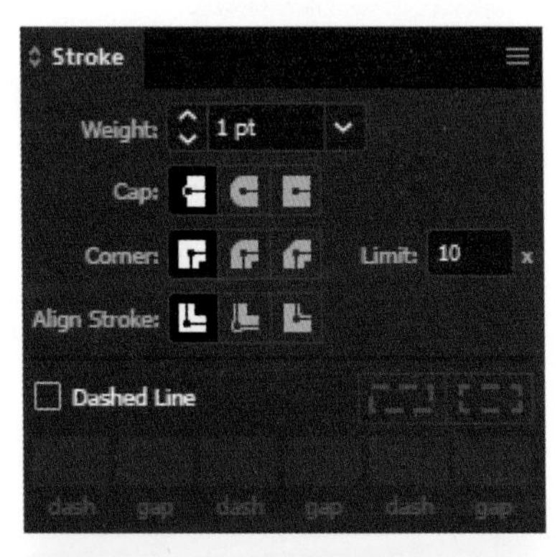

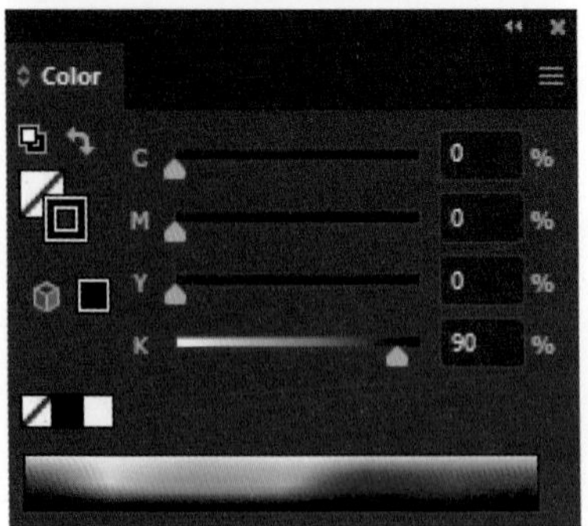

2 선 패스를 모두 선택합니다. 오브젝트가 선택된 상태로 브러시 패널 좌측 하단의 Brush Libraries Menu 버튼을 누릅니다. [Artistic]-[Artistic_Chalk Charcoal Pencil]을 선택하고 라이브러리를 불러와 그곳에서 Pencil 브러시를 선택합니다.

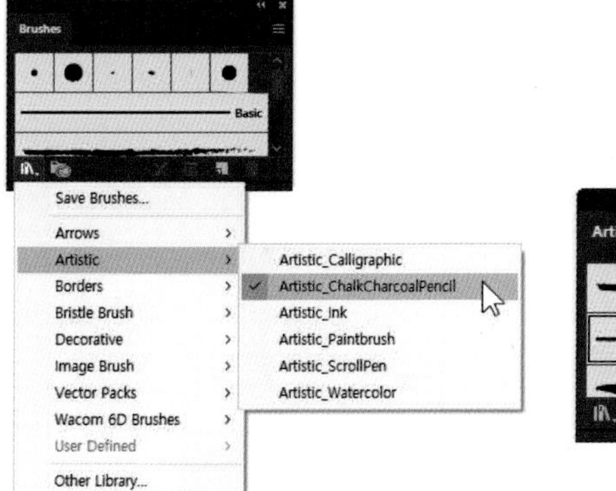

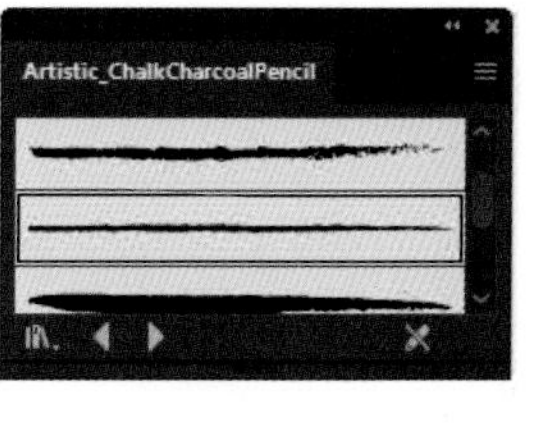

3 오브젝트에 브러시가 적용되어 연필로 그린 듯한 느낌을 줍니다. 이 밖에도 브러시 라이브러리의 다양한 브러시를 적용해봅시다. 라이브러리에 나만의 브러시를 새로 추가하여 작업할 수도 있습니다.

4 적용된 브러시 효과를 해제하고 싶다면, 오브젝트가 선택된 상태에서 브러시 패널 우측 상단의 옵션 버튼을 누르고 [Remove Brush Stroke]를 선택합니다.

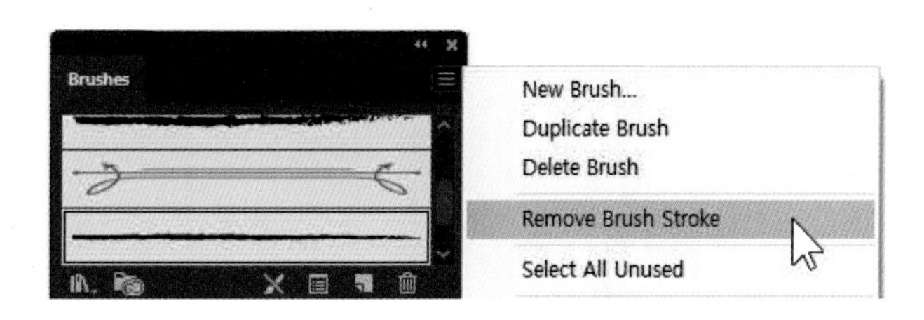

강모 브러시(Bristle Brush)

일러스트레이터 CS5부터 새롭게 추가된 기능입니다. 여러 겹 반복된 브러시의 Opacity를 각각 다르게 설정하여 겹쳐놓은 것과 같은 표현이 가능합니다. 기존 브러시와 비교할 때 실제 붓으로 그린 듯한 풍부한 느낌을 표현할 수 있으며, 겹친 느낌을 위해 작업을 반복할 필요가 없어 편리합니다.

1 패션 피겨의 네크라인 부분에 모피 소재의 네크웨어(neck wear)를 표현해보겠습니다. 브러시 패널 좌측 하단의 Brush Libraries Menu 버튼을 누르고 [Bristle Brush]-[Bristle Brush Library]를 선택합니다.

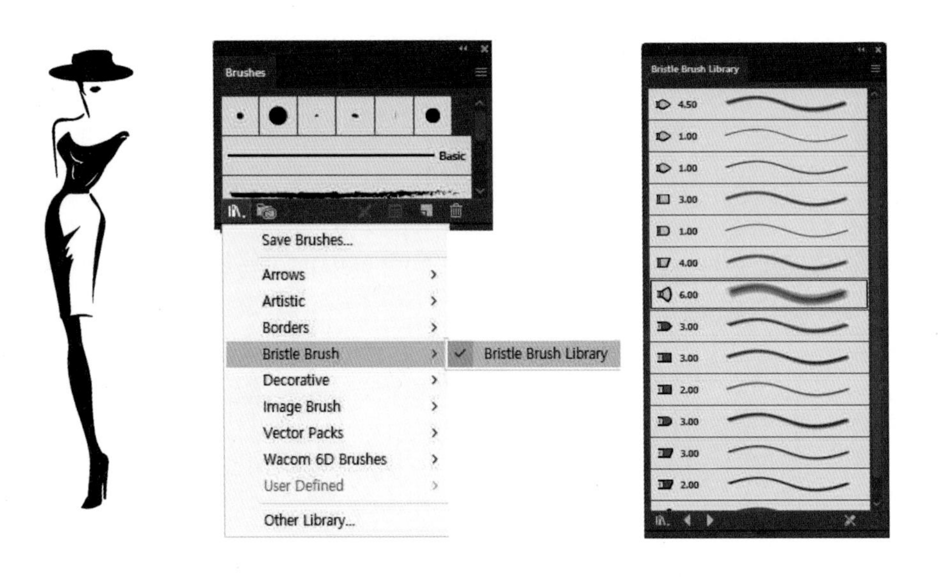

2 라이브러리가 열리면 6.00의 Mop 브러시를 선택합니다. 다양한 사이즈와 형태의 브러시를 활용하여 털의 느낌을 추가해줍니다.

3 강모 브러시를 활용하여 스커트의 아래쪽에 샤 원단의 드레스를 표현해봅시다. 브러시로 여러 번 반복하여 라인을 그려줍니다. 직접 선택 툴을 활용하여 길이나 위치 등을 정교하게 수정할 수 있습니다. 이렇게 하면 풍부한 브러시 느낌의 그림이 완성됩니다.

TIP 강모 브러시로 샤 원단 및 주름이 많은 시폰의 겹침효과, 기모감 있는 모피, 헤어 등을 보다 효과적으로 표현할 수 있습니다.

물방울 브러시(Blob Brush)

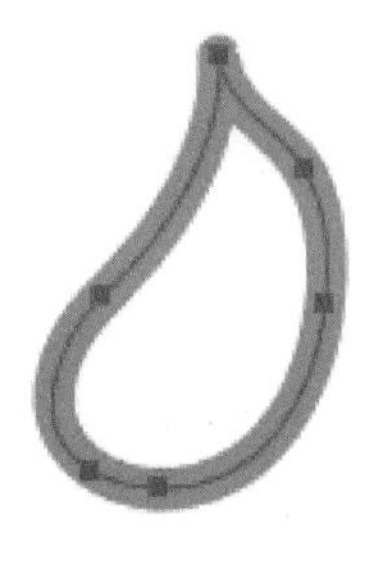

브러시 툴

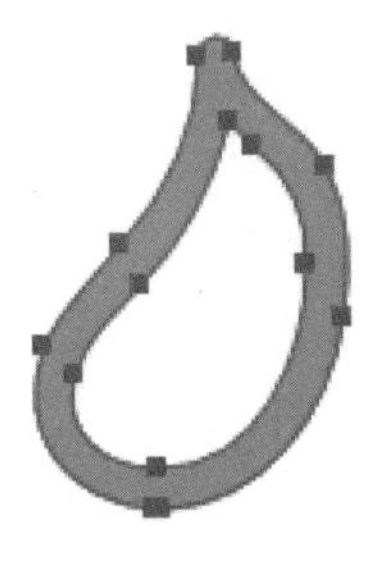

물방울 브러시 툴

선이 아닌 면으로 그림을 그리는 브러시이며, CS4에 새로 추가되었습니다. 사용법은 브러시 툴과 흡사하지만 브러시 툴이 선 속성을 면 속성으로 바꾼다면, 물방울 브러시 툴은 그러한 과정 없이 선을 바로 면의 성질로 드로잉한다는 점이 다릅니다.

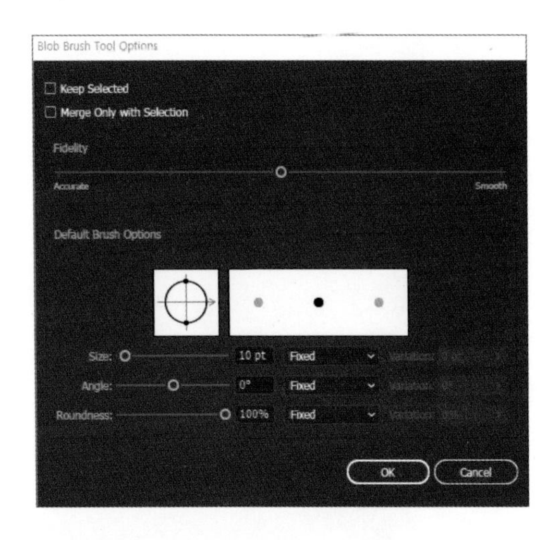

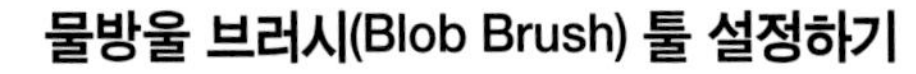

물방울 브러시(Blob Brush) 툴 설정하기

도구상자에서 물방울 브러시 툴을 더블 클릭합니다. 옵션창에서 브러시 사이즈 등 여러 가지를 설정합니다. Keep Selected는 해제합니다. [OK] 버튼을 누릅니다.

TIP 물방울 브러시 툴은 포토샵에서와 마찬가지로 키보드의 [,]를 누르면 크기를 쉽게 조절할 수 있습니다.

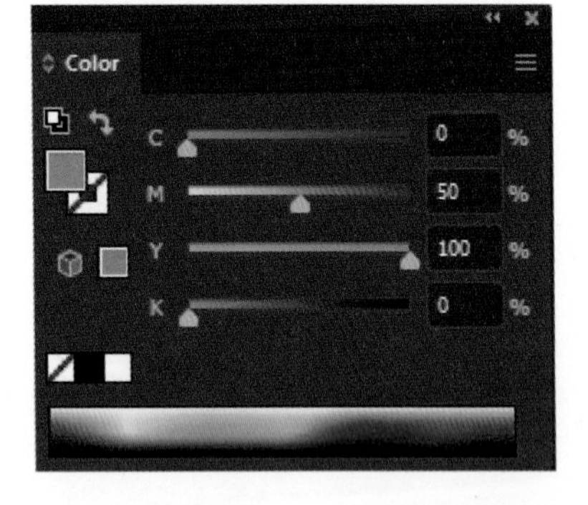

물방울 브러시 툴로 자유롭게 그리기

1 물방울 브러시 툴을 선택하고, 면 컬러를 설정합니다. 예제에서는 주황색(M50, Y100)으로 입력합니다. 물방울 브러시 툴을 선택한 상태로 작업 화면에 드로잉하듯이 드래그하여 리본을 그립니다.

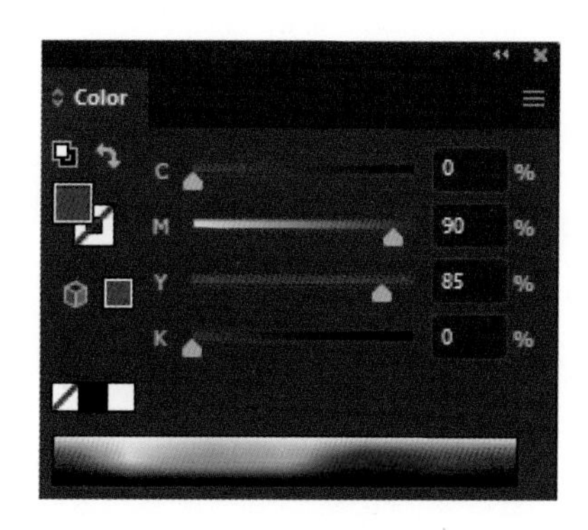

2 리본을 그린 후 키보드의 [[ ]를 여러 번 눌러 브러시 사이즈를 줄입니다. 그다음 짙은 주황색(M90, Y85)으로 면 색을 설정한 후 리본 안쪽의 주름을 그립니다.

3 라인 스타일의 리본이 완성되었습니다.

물방울 브러시 툴로 완성한 리본

TIP 브러시 툴로 그린 리본과 물방울 브러시 툴로 그린 리본은 모니터상에서는 차이가 나지 않습니다. 하지만 브러시 툴로 그린 리본이 선의 성질을 가진다면, 물방울 브러시 툴로 그린 리본은 면의 성질을 가집니다.

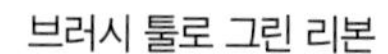

브러시 툴로 그린 리본

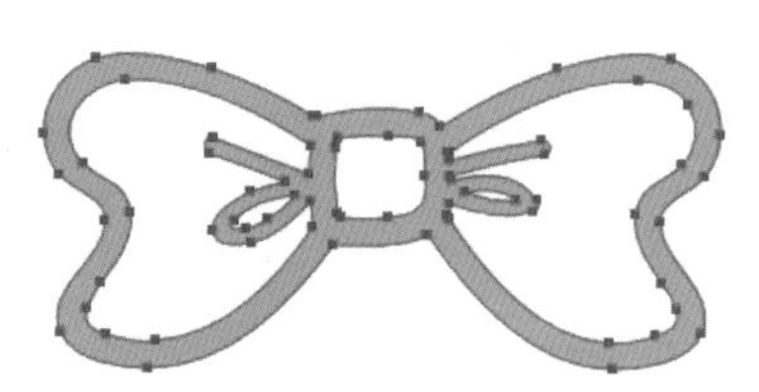

물방울 브러시 툴로 그린 리본

확장(Expand)과 모양 확장(Expand Appearance): 선을 면으로 바꾸기

선을 면으로 바꾸는 방법을 알아보겠습니다. 작업의 특성에 따라 선으로 그리기 더 용이한 그림이라면, 먼저 선으로 그린 후 면으로 전환하여 형태나 컬러를 보다 정교하게 수정할 수도 있습니다. 이렇게 하면 파일이 최적화되어 안정적으로 공유할 수가 있습니다. 하지만 면으로 바꾼 이미지는 다시 선의 속성으로 수정하기가 어려우므로, 선 속성의 원본은 따로 저장·보관해두도록 합니다.

1 브러시 툴을 사용하여 끈으로 묶은 리본 매듭을 그려봅시다. 리본의 각 부분을 브러시 툴을 사용하여 그려줍니다. 이때 각각의 오브젝트가 겹쳐지지 않게 합니다. 브러시 툴로 그린 오브젝트를 선택하면 선의 성질을 가진 것을 볼 수 있습니다.

2 오브젝트를 선택하고 메뉴 바에서 [Object]-[Expand Appearance]를 클릭합니다. 연필이나 펜으로 그린 경우는 [Expand]를 클릭합니다. 선의 형태를 따라 닫혀 있는 각각의 패스로 변환된 것을 볼 수 있습니다. 면에는 흰색, 선에는 검은색을 넣어봅니다.

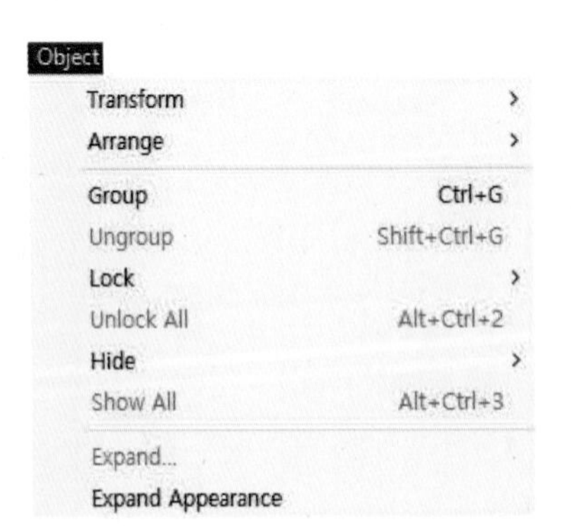

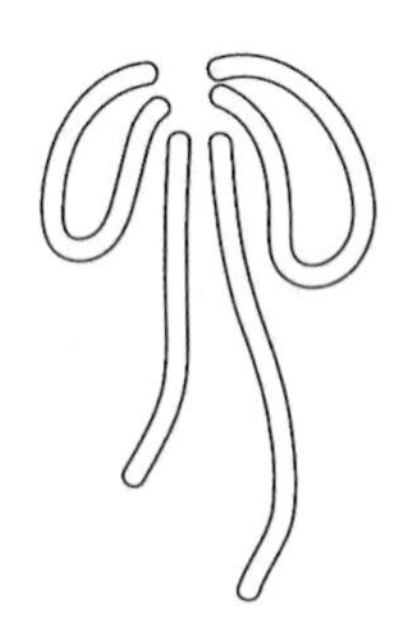

3 이번에는 끈의 가운데를 연결하는 매듭을 그려 보겠습니다. 끈이 엮여있는 형태를 표현하기 위해 브러시를 짧게 끊어서 매듭을 표현할 오브젝트를 다음과 같이 그려봅니다. 오브젝트를 선택하고 위와 마찬가지로 [Expand Appearance]를 클릭하여 선을 면으로 확장하고 자연스러운 매듭 형태가 되도록 배치시킵니다.

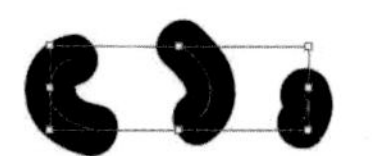

4 끈과 매듭이 자연스러운 리본 형태로 나올 수 있도록 배치해봅니다. 원하는 컬러와 텍스처 패턴을 사용하여 매듭을 완성합니다.

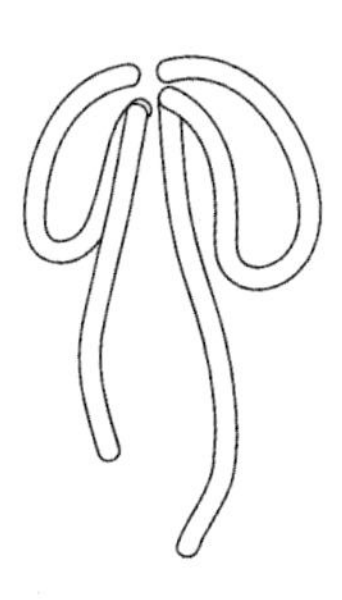
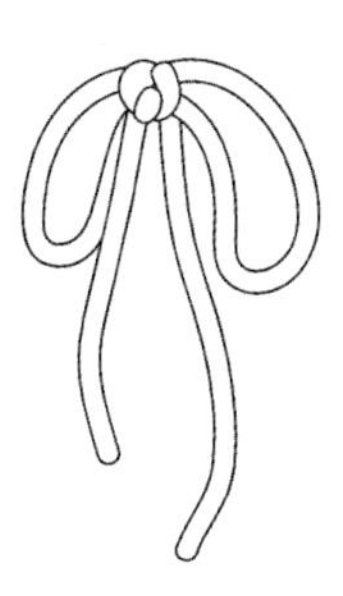
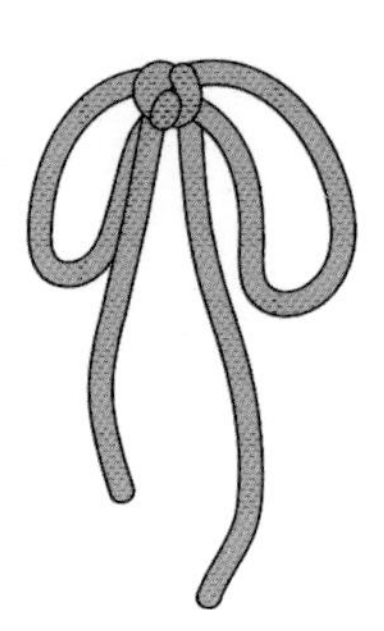

완성된 매듭

패턴 브러시(Pattern Brush): 도형을 활용한 패턴 브러시

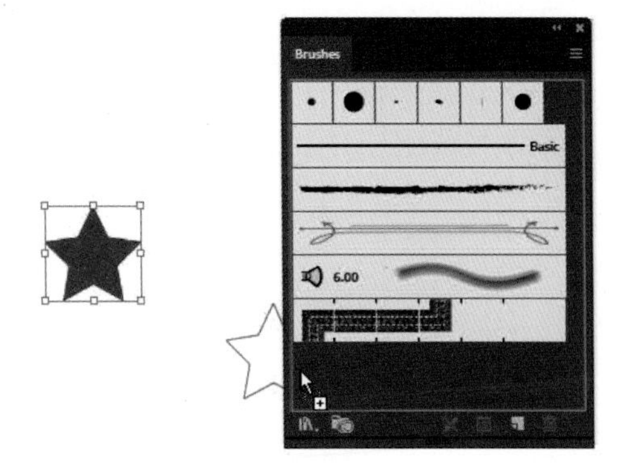

1 패턴 브러시에 적용할 별 모양 오브젝트를 그립니다. 툴 패널에서 선택 툴을 선택하고 오브젝트를 Brushes 패널로 드래그합니다.

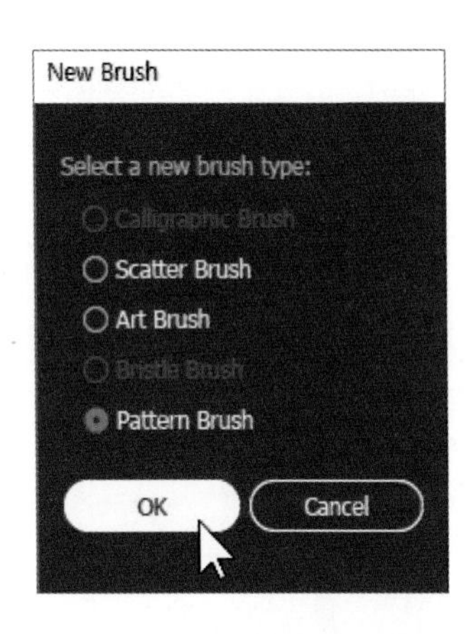

2 New Brush라는 대화상자가 나타나면 Pattern Brush를 선택한 다음 [OK] 버튼을 누릅니다.

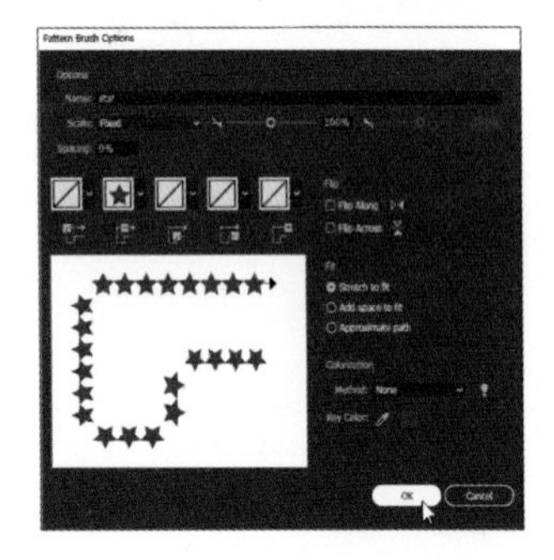

3 Pattern Brush Options라는 대화상자가 나타나면 Name을 'star'로 지정하고 [OK] 버튼을 누릅니다.

4 우측 하단부의 Fit과 Colorization의 Method 설정을 통해 브러시 간격과 컬러 변화 여부를 지정할 수 있습니다. Colorization 하단에 위치한 Key Color에 브러시 컬러를 입력해봅시다.

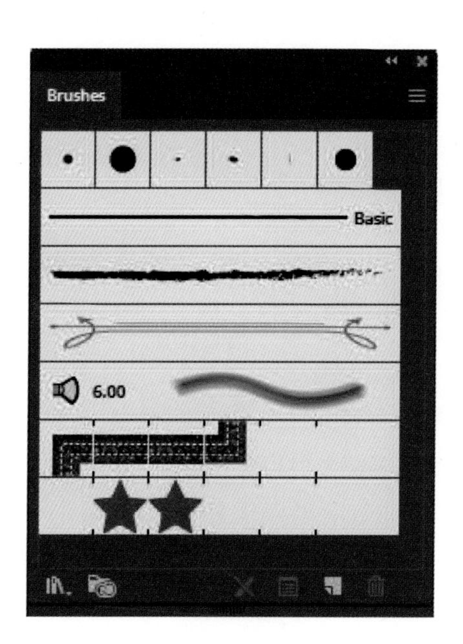

5 브러시 패널에 패턴이 등록된 것을 확인할 수 있습니다. 툴 패널에서 페인트 브러시 툴을 선택하고 자유롭게 드래그하면 선을 따라 자연스럽게 별 모양이 연결된 패턴 브러시가 만들어집니다.

9 컬러의 적용

스포이드 툴(Eyedropper Tool)

스포이드 툴을 이용하면 색뿐만 아니라 오브젝트의 선, 면, 그라디언트, 투명도, 서체 등을 같이 추출할 수 있습니다.

1 그림과 같이 둥근 오브젝트를 먼저 선택한 후 스포이드 툴을 클릭합니다. 속성(색, 선, 면, 그라디언트, 투명도, 서체 등)을 추출하고 싶은 오브젝트(노란면과 파란선의 사각형)에 스포이드 모양의 커서를 클릭하면 왼쪽 도형의 속성이 그대로 복사됩니다.

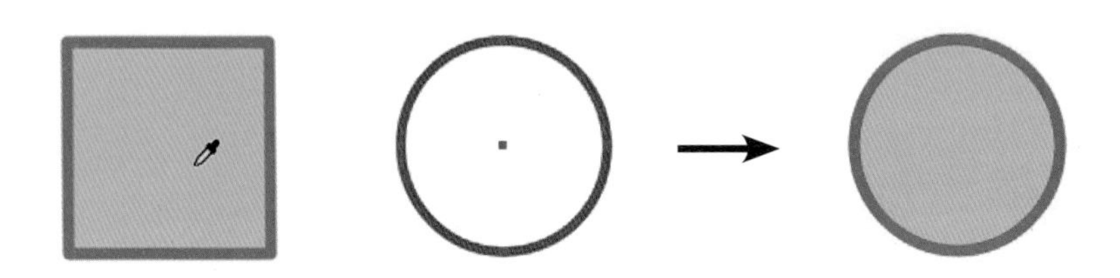

2 Shift + 스포이드 툴을 사용하면 색만 추출할 수 있습니다. 선과 그라디언트 속성은 불러오지 않고 색상만 읽어들입니다.

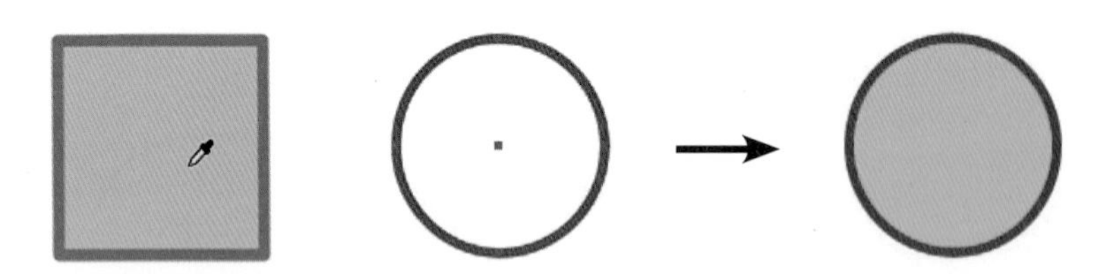

3 [Alt] + 스포이드 툴을 사용하면 선택한 오브젝트의 속성이 스포이트 툴로 클릭하는 대상에게 적용됩니다.

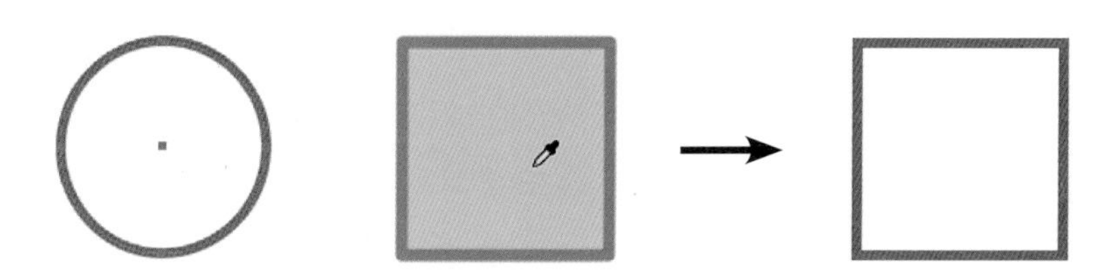

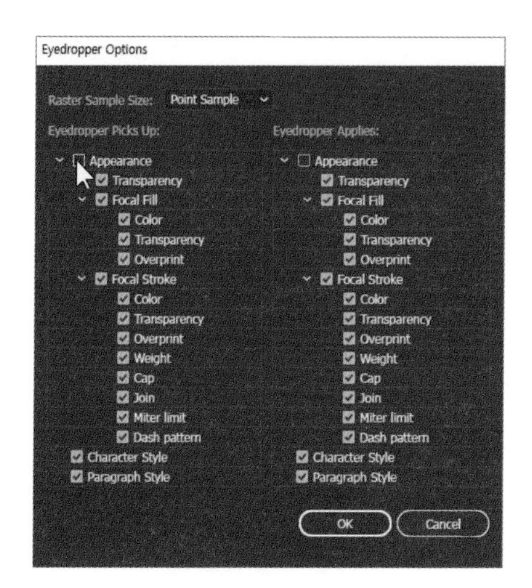

4 만약 그림자효과와 같이 여러 가지 효과를 같이 추출하고 싶다면, 도구상자의 스포이드 툴을 더블 클릭해서 옵션창이 뜨면 Appearance를 체크하고 [OK] 버튼을 누릅니다. 그림자 효과가 있는 오브젝트를 스포이드 툴로 클릭하면 효과도 같이 적용됩니다.

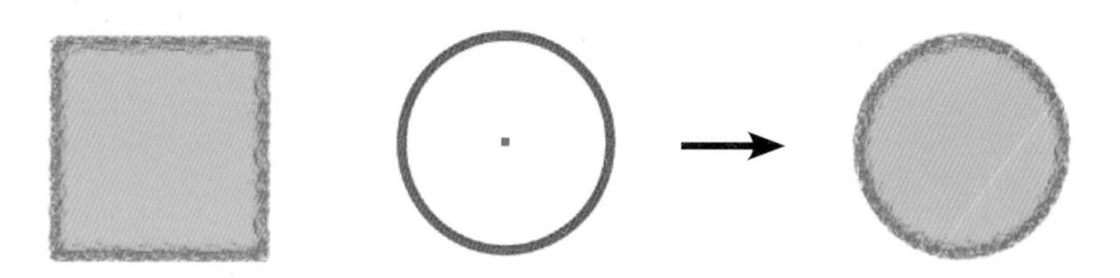

사진에서 색을 읽어들이기

일러스트 파일이 아닌 jpeg 등과 같은 형식의 이미지에서 스포이드 툴로 색을 읽어들여보겠습니다. 오브젝트가 선택된 상태에서 스포이드 툴을 선택하고, 이미지에서 원하는 컬러 부분을 클릭하면 이 컬러가 오브젝트에 적용됩니다. 이미지맵의 컬러칩을 제작할 때, 메인이 되는 이미지 자료에서 컬러를 추출하기 위해 이 툴을 사용하기도 합니다.

1 컬러맵을 만들거나 컬러를 추출하기 위한 이미지를 불러옵니다. 도형 툴을 이용하여 컬러칩으로 사용할 사각형의 오브젝트를 만듭니다.

2 컬러를 적용한 사각형의 오브젝트를 선택 툴로 클릭하여 선택합니다. 스포이드 툴을 실행하여 이미지 위의 컬러를 추출하고 싶은 부분에 클릭합니다. 사각형에 컬러가 추출되었습니다.

3 이미지에서 원하는 컬러를 추출하여 컬러칩을 만들어봅시다.

자주 쓰는 색 저장하기

자주 쓰는 색은 스와치 패널(Swatches)에 저장해서 필요할 때마다 사용하면 편리합니다.
패션 브랜드 작업 시에는, 아이덴티티 컬러와 각 시즌에 해당하는 시즌 컬러를 폴더에 저장해놓고 사용하기도 합니다.

1 자주 쓰는 색을 지정하고 툴 패널의 Fill이나 컬러 패널의 컬러칩을 스와치 패널로 드래그하면 자주 쓰는 색이 등록됩니다.

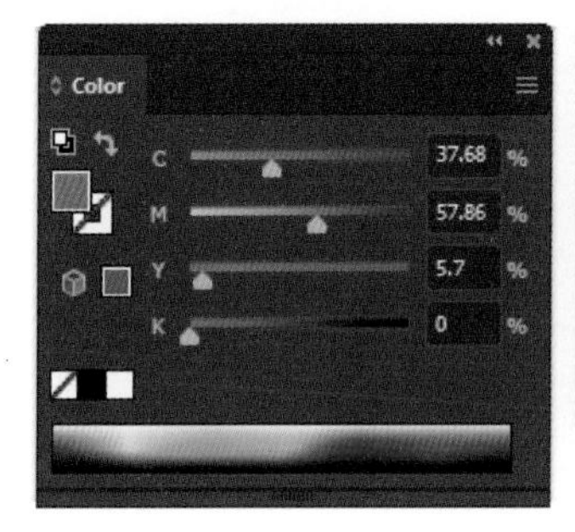

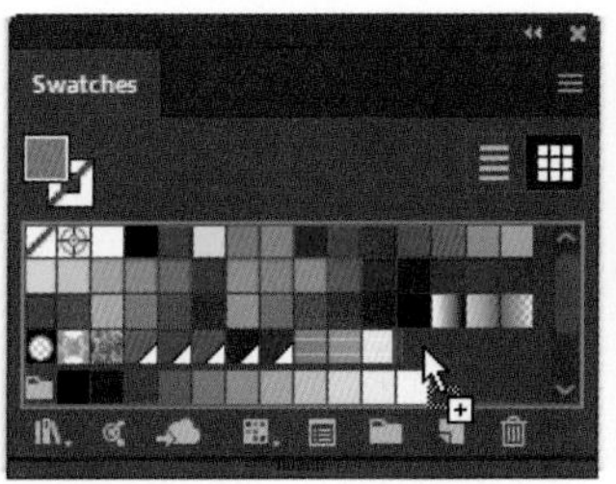

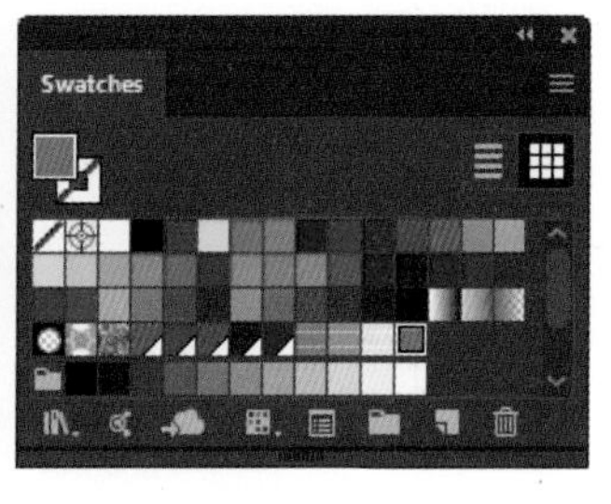

2 원하는 색을 모아 그룹으로 지정해봅시다. 스와치 패널의 폴더 버튼을 클릭하고 원하는 스와치 그룹명을 입력한 후, [OK] 버튼을 누르면 컬러 그룹이 생성됩니다. 등록한 스와치를 그룹 버튼으로 드래그해서 그룹 폴더 안으로 옮깁니다. 많이 쓰는 컬러는 그룹을 지정해서 관리하면 편리합니다.

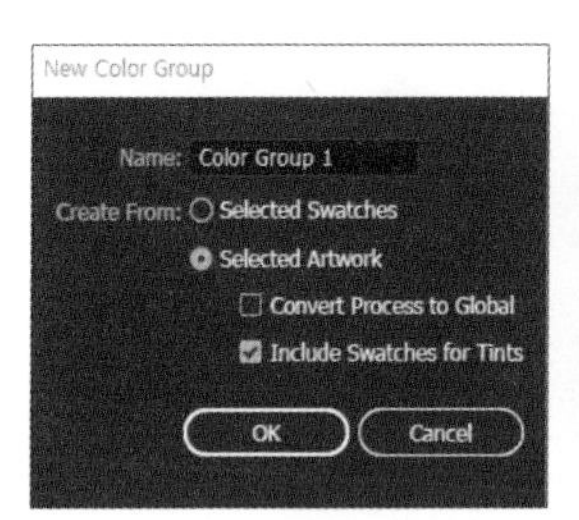

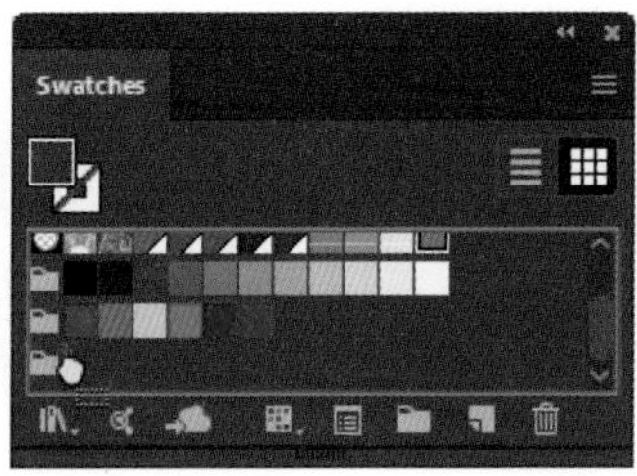

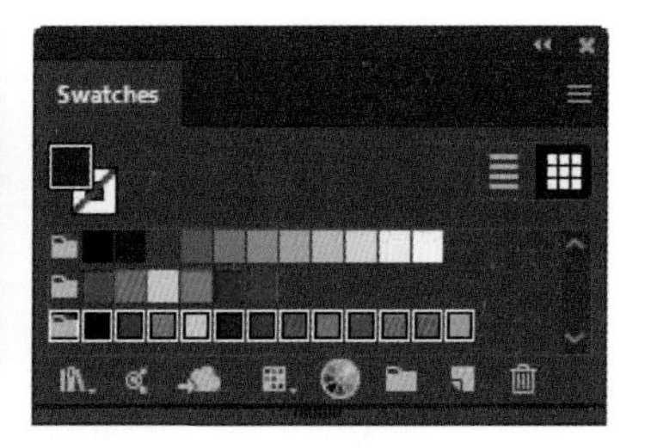

라이브 페인트 버킷(Live Paint Bucket) 툴로 컬러 적용하기

라이브 페인트 버킷 툴을 이용하면 겹쳐진 패스에 각각 컬러를 적용할 수 있습니다. 열린 패스뿐 아니라 선으로 이루어진 패스도 면을 만들어 칠할 수 있습니다.

1 오브젝트를 선택한 후 메뉴 바에서 [Object]-[Live Paint]-[Make]를 실행합니다. 이렇게 하면 바운딩 박스의 형태가 바뀐 것을 볼 수 있습니다. 라이브 페인트 환경을 만들고, 빈 바닥을 클릭해서 선택을 해제합니다.

2 도형 구성 툴(Shape Builder Tool)을 꾹 눌러 라이브 페인트 버킷 툴을 선택합니다. 스와치 패널에서 색을 선택하고 마우스 포인터를 가져가면 빨간 영역선이 나타나는데, 클릭하면 방금 선택한 컬러가 적용됩니다.

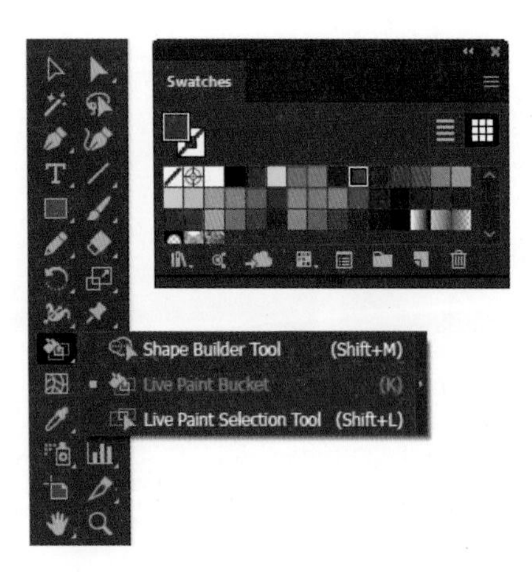

3 이와 같이 스와치 패널의 컬러를 사용하면 라이브 버킷 툴 위에 컬러 박스가 3개 나타납니다. 키보드 방향키(←, →)를 누르면, 스와치에 저장된 순서대로 선택이 가능합니다.

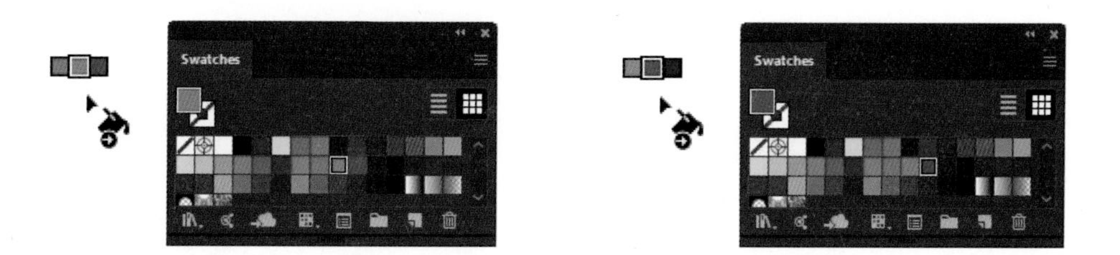

4 색을 칠한 후 모두 선택된 상태에서 [Object]-[Live Paint]-[Expand]를 선택하면 일반 오브젝트로 전환됩니다.

라이브 페인트 버킷 툴을 이용한 일러스트레이션

라이브페인트 버킷 툴은 라인 드로잉으로 일러스트레이션을 빠르게 그릴 수 있습니다.

1 펜 툴과 연필 툴로 그린 라인 드로잉을 준비합니다. 라이브 페인트 버킷 툴로 입술부터 색을 넣어보겠습니다.

2 이때 선끼리 닿아있는 부분은 라이브 페인트 영역으로 설정되지만, 공간이 떨어져 있는 경우 열려 있는 영역으로 인식됩니다. 막힌 영역으로 만들어 컬러를 적용하고 싶다면 직접 선택 툴을 이용하여 선끼리 떨어져 있는 공간이 없게 조정하고 라이브 페인트를 적용합니다.
입술 부분의 선을 모두 선택한 후 메뉴 바에서 [Object]-[Live Paint]-[Make]를 선택하면 바운딩 박스의 형태가 바뀝니다. 라이브 페인트 환경을 만들고, 빈 바닥을 클릭해서 선택을 해제합니다.

3 도형 구성 툴(Shape Builder Tool)을 꾹 눌러 라이브 페인트 버킷 툴을 선택합니다. 스와치 패널에서 컬러를 선택하고 마우스 포인터를 가져가면 빨간 영역선이 나타나는데, 이것을 클릭하면 선택한 컬러가 적용됩니다. 입술과 마찬가지로 머리카락에도 라이브 페인트 버킷 툴로 컬러를 넣어봅시다. 색을 칠한 후 모두 선택된 상태에서 [Object]-[Live Paint]-[Expand]를 선택하면 일반 오브젝트로 전환됩니다.

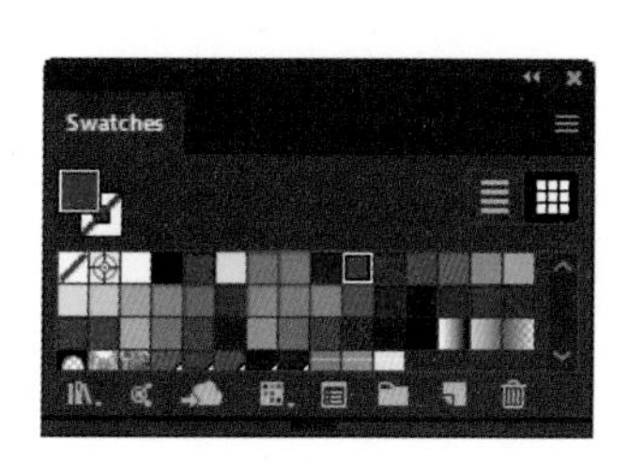

완성된 예제

10 컬러의 입체적 활용

투명도 패널(Transparency)

오브젝트에 투명한 효과를 주는 투명도 패널을 사용하면, 단조롭지 않고 깊이감 있는 이미지를 만들 수 있습니다. 많이 사용하는 기능이므로 익혀두는 것이 좋습니다.

오브젝트를 반투명하게 만들기

1 선글라스의 렌즈 부분을 반투명하게 만들어보겠습니다. 선택 툴로 오브젝트를 선택합니다.

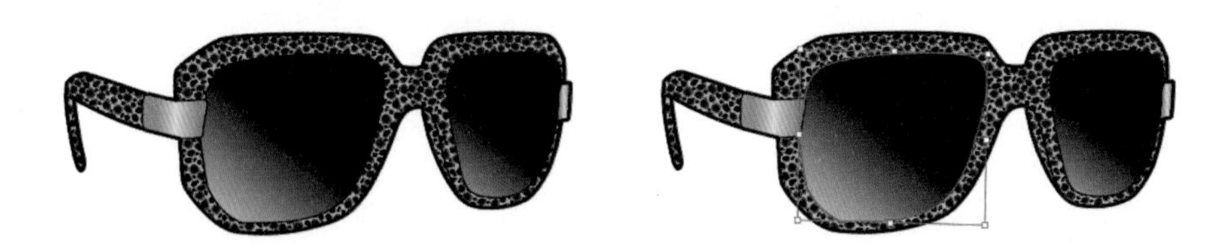

2 투명도 패널을 열고 Opacity(불투명도)를 70%로 설정합니다. 투명도 패널은 [Window]-[Transparency]를 선택합니다. 이렇게 하면 오브젝트가 반투명해지면서 아래에 있는 오브젝트가 살짝 보입니다.

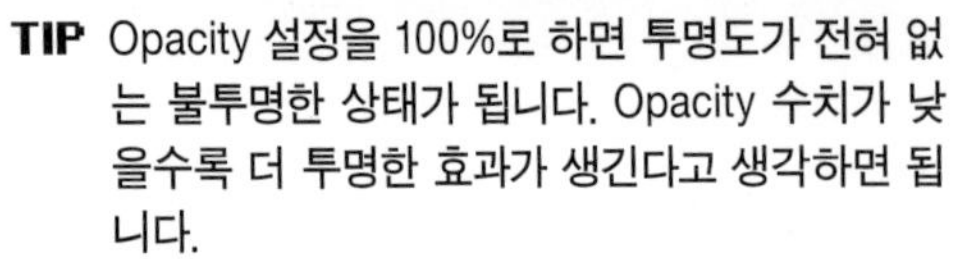

TIP Opacity 설정을 100%로 하면 투명도가 전혀 없는 불투명한 상태가 됩니다. Opacity 수치가 낮을수록 더 투명한 효과가 생긴다고 생각하면 됩니다.

3 둘 이상의 오브젝트가 겹쳐 있을 때 Transparency 패널에서 좌측 중앙 화살표 버튼을 누르면, 여러 가지 모드로 혼합할 수 있습니다. Multiply와 Screen 등을 각각 적용해봅시다. 모드별로 다른 느낌을 주며 오브젝트가 겹쳐집니다.

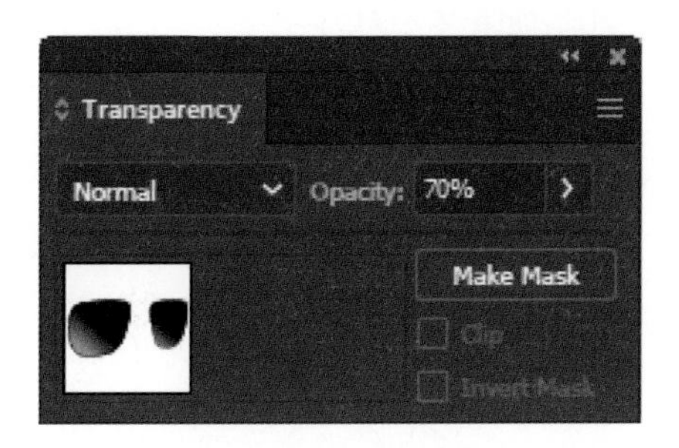

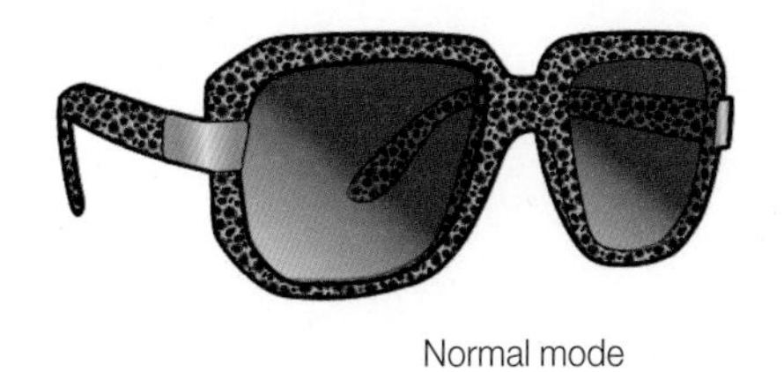

Normal mode

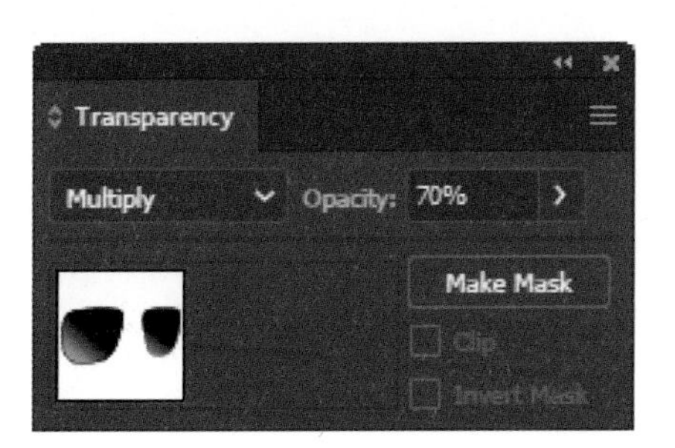

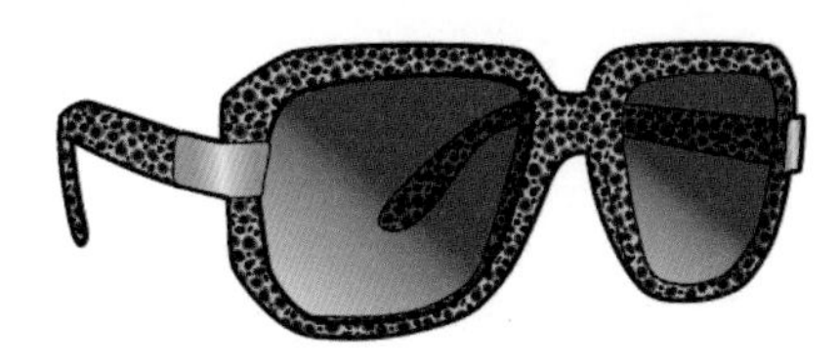

Multiply mode

그라디언트 툴(Gradient Tool)

선택한 오브젝트에 그라디언트 효과를 적용해봅시다. 일러스트레이터 CS6부터는 선에도 그라디언트 효과를 줄 수 있습니다. 드로잉이나 패션 일러스트에서 자연스러운 컬러를 표현할 때나 청바지의 디테일인 리벳(rivet), 섕크 버튼(shank button) 등의 금속을 표현할 때 활용할 수 있는 툴입니다.

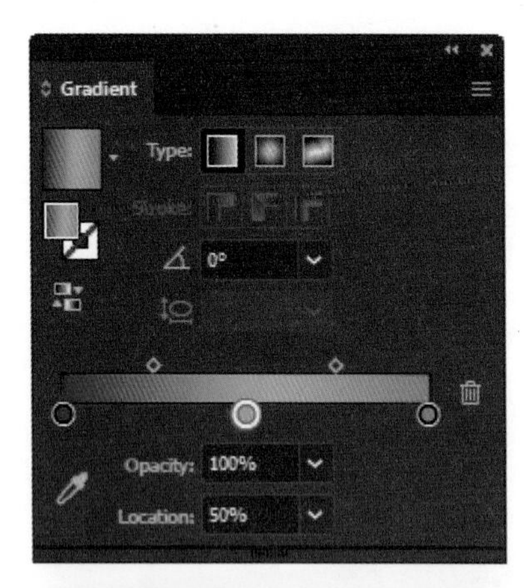

그라디언트 패널 조절하기

1 그라디언트 컬러 추가하기: 색을 추가하려면 슬라이더를 추가하면 됩니다. 슬라이드 바의 하단을 클릭하면 슬라이더가 추가되는데, 이렇게 하면 더욱 다양하고 복잡한 그라디언트를 구현할 수 있습니다.

2 그라디언트 컬러 간격 조절하기: 슬라이더를 드래그하여 이동시키거나, 슬라이드 바 상단의 다이아몬드 모양 조절점을 드래그하여 이동시키면 두 색 간의 그라디언트의 간격(색의 양)을 조절할 수 있습니다.

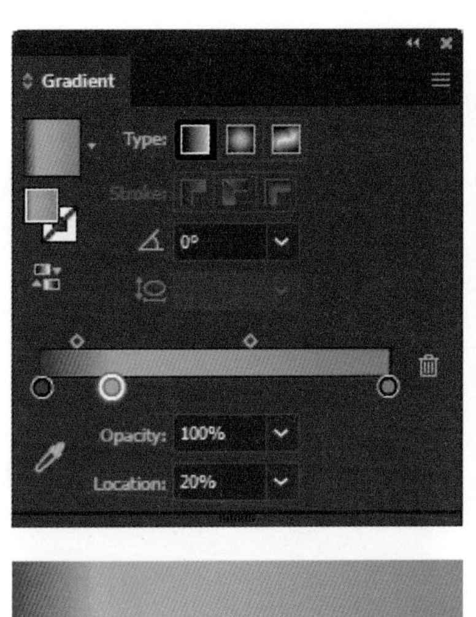

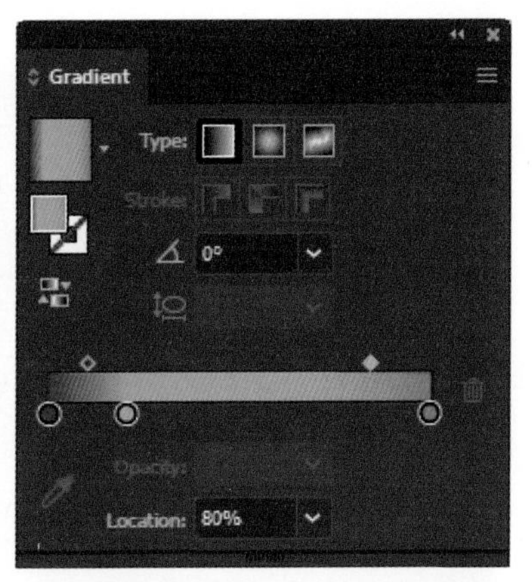

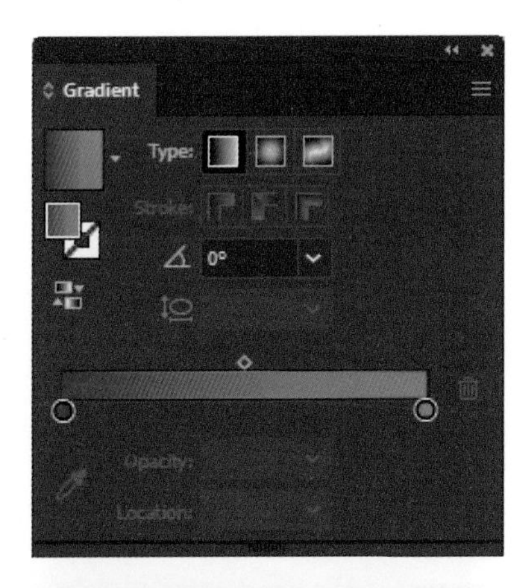

3 그라디언트 컬러 삭제하기: 삭제하고자 하는 색의 슬라이더를 바깥쪽으로 드래그하거나, 슬라이더를 선택하고 휴지통 버튼을 클릭하면 그라디언트 컬러가 사라집니다.

선에 그라디언트 효과 주기

그라디언트 패널에서 어떤 Stroke 모드를 설정하느냐에 따라 선 안에 다양한 그라디언트가 나타납니다.

1 그라디언트 패널의 Stroke에서 'Apply gradient within stroke' 버튼을 누르면 선 안에 그라디언트가 적용됩니다.

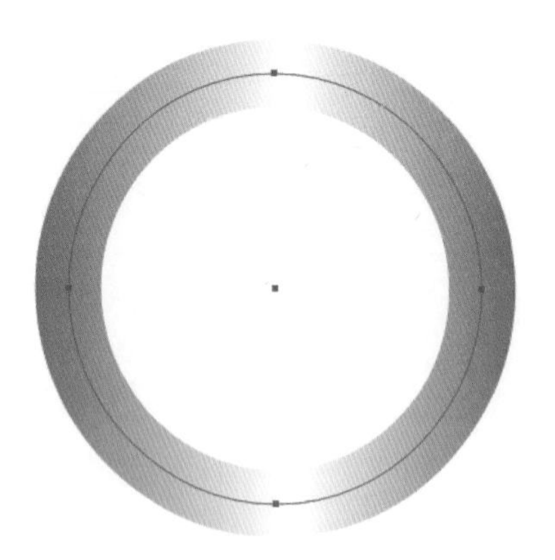

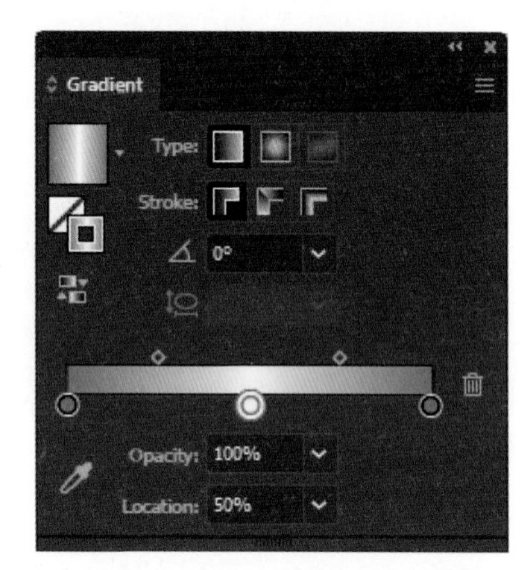

2 그라디언트 패널의 Stroke에서 'Apply gradient along stroke' 버튼을 누르면 선을 따라 그라디언트가 적용됩니다.

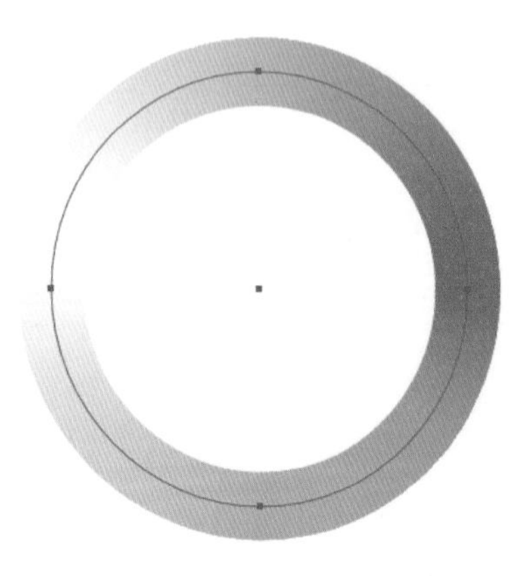

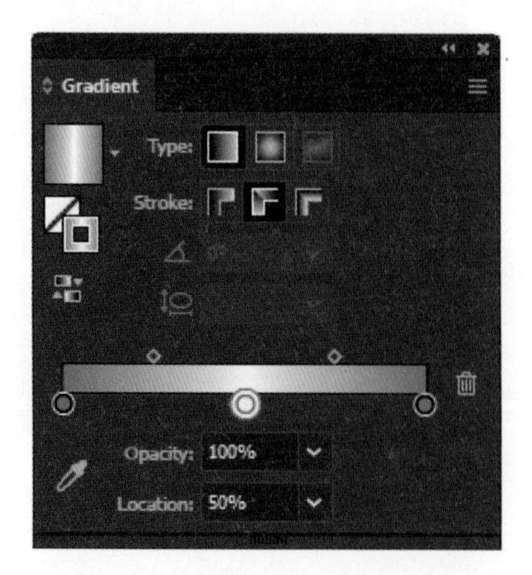

3 그라디언트 패널의 Stroke에서 'Apply gradient across stroke' 버튼을 누르면 선 폭으로 그라디언트가 적용됩니다.

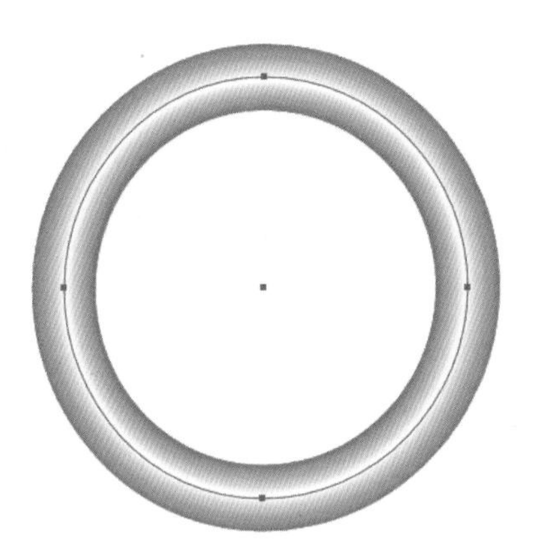

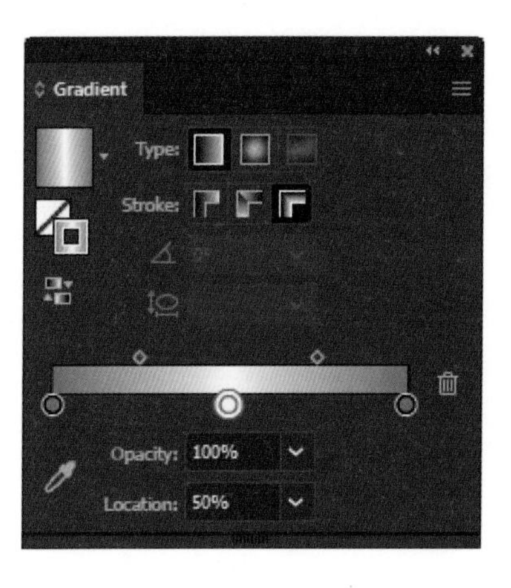

메시 툴(Mesh Tool)

오브젝트 내에 그물망 모양의 기준점을 추가하고 색을 조정하여 자연스러운 그라디언트 효과를 만들어주는 툴입니다. 사진 혹은 3D처럼 보이는 정교하고 입체적인 일러스트를 그릴 때 사용합니다.

메시 툴로 컬러풀한 배경 만들기

메시 툴을 이용하면 자유로운 위치에 컬러를 적용할 수 있어, 표현하기 어려운 디테일이나 색감이 풍부한 일러스트를 그릴 수 있습니다. 또한 입체적 표현에 자연스러움을 더할 수 있습니다.

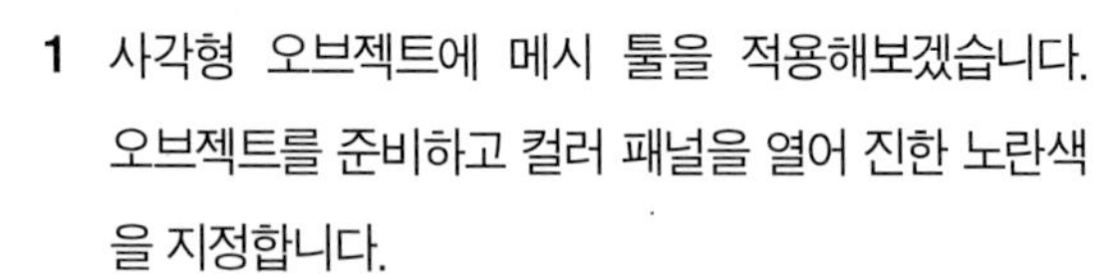

1 사각형 오브젝트에 메시 툴을 적용해보겠습니다. 오브젝트를 준비하고 컬러 패널을 열어 진한 노란색을 지정합니다.
도구상자에서 메시 툴을 선택하고 오브젝트의 안쪽(색을 적용하고자 하는 부분)을 클릭하면 세그먼트와 기준점이 보이면서 메시가 생깁니다. 다른 곳을 클릭하면 메시가 추가됩니다. 여기서는 아래쪽을 클릭하여 메시를 추가하였습니다.

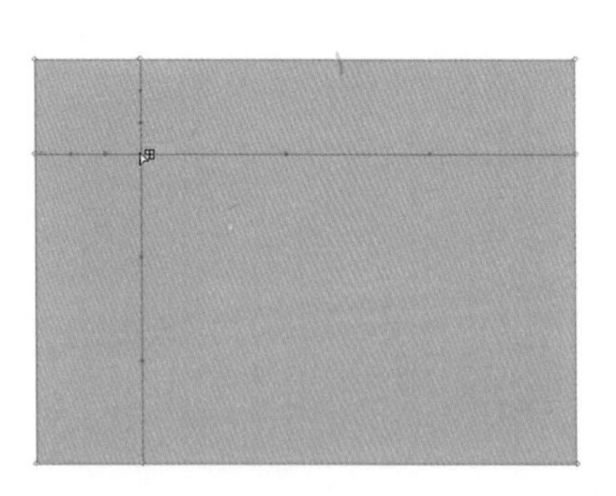

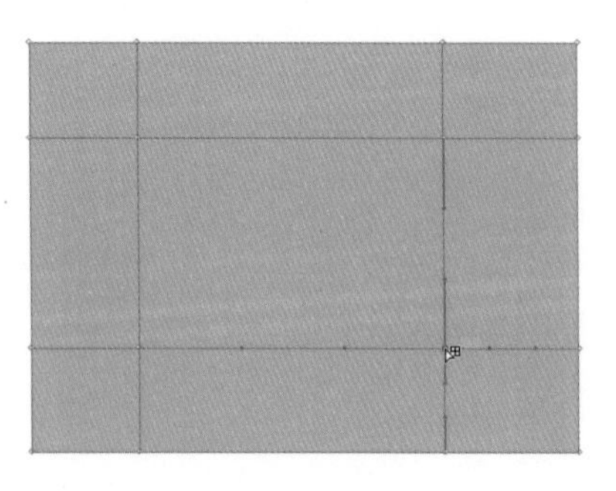

2 직접 선택 툴로 기준점을 드래그하거나 Shift + 클릭으로 추가 선택한 후 그림과 같이 컬러 패널에서 짙은 주황색(M90, Y85)을 설정합니다. 이렇게 하면 오브젝트에 컬러가 자연스럽게 적용됩니다. 오른쪽 기준점을 추가 선택해서 밝은 노란색(Y100)으로 지정합니다. 아래쪽 기준점을 직접 선택 툴로 클릭해서 선택하고 주황색(M80, Y95)으로 지정하면 컬러가 적용된 배경이 만들어집니다.

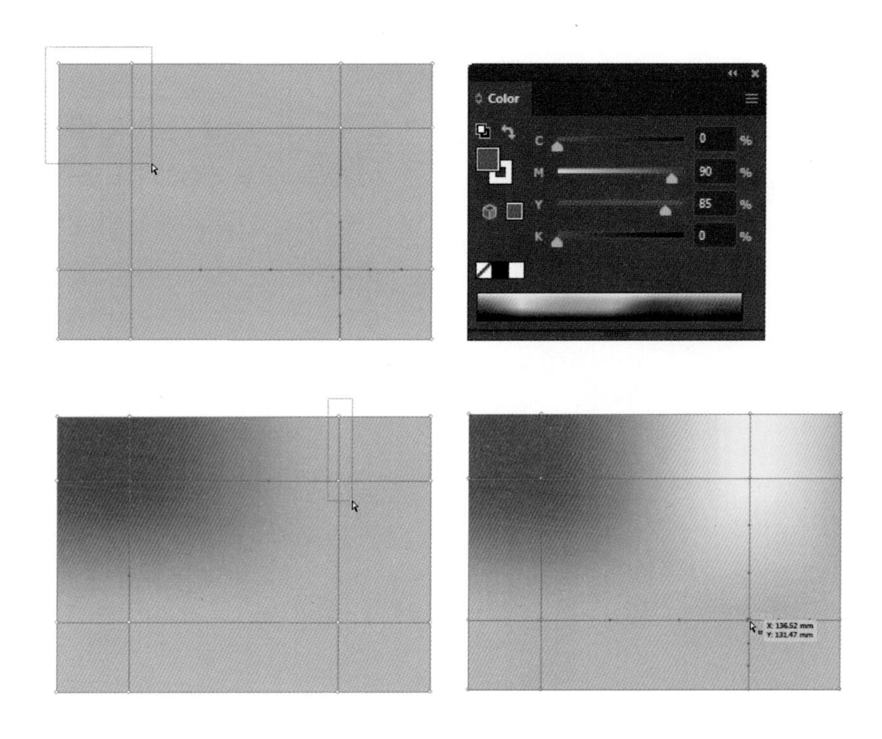

완성된 메시

메시 툴을 활용하여 음영 표현하기

메시 툴로 정교한 음영을 적용하여 표현하기 어려운 디테일하고 풍부한 색감의 일러스트를 완성할 수 있습니다. 음영을 표현하는 방법은 크게 '오브젝트에 직접 명암을 표현하는 방법'과 '오브젝트를 복사하여 음영을 추가하는 방법'으로 나누어볼 수 있습니다. 먼저 오브젝트를 복사하고 음영을 겹쳐 표현하는 방법을 알아보겠습니다.

1 사각형 오브젝트를 준비하고 컬러 패널을 열어 연두색으로 지정합니다. 음영을 표현할 오브젝트를 만들기 위해, 연두색 사각형을 복사합니다.
복사한 사각형은 회색으로 지정합니다. 이 회색 사각형에 메시 툴로 음영을 넣어봅시다.

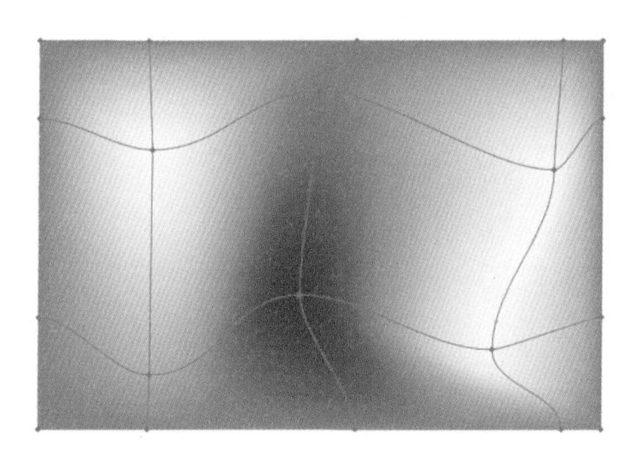

2 도구상자에서 메시 툴을 선택하고 밝은 회색으로 지정한 후 오브젝트 안쪽을 클릭하면 세그먼트와 기준점이 보이면서 밝은 컬러가 들어간 메시 라인이 생깁니다.
옆쪽을 클릭하면 메시가 추가됩니다. 표현하고 싶은 음영에 따라 직접 선택 툴로 기준점을 드래그하거나, Shift + 클릭해서 컬러를 지정해봅시다.
직접 선택 툴로 메시의 포인트나 핸들을 클릭하고 드래그하여 움직이면 자연스러운 곡선의 메시가 만들어집니다.

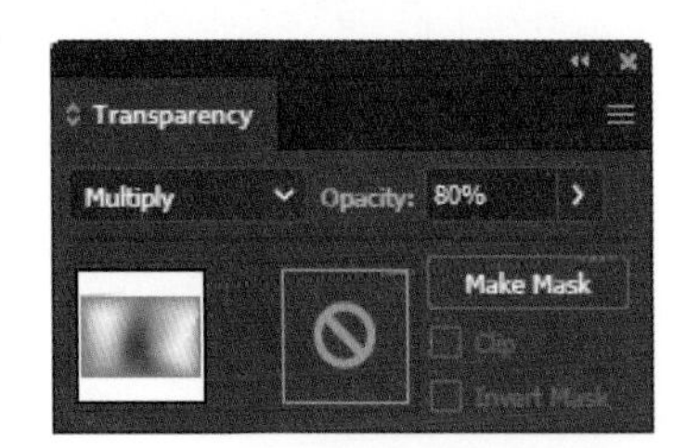

3 완성된 음영의 사각형을 연두색 오브젝트 위에 올려봅니다. Transparency 패널을 열어 Opacity를 조정하면서 Multiply 모드를 적용합니다.
이렇게 하면 회색 사각형의 음영이 연두색 사각형 위로 스며드는 듯이 보이게 됩니다. 같은 방법으로 패션 일러스트레이션의 옷이나 원단 등의 음영을 표현해볼 수 있습니다.

TIP PART 3에 등장하는 메시 표현을 참고하세요.

완성된 음영 표현

블렌드 툴(Blend Tool)

서로 다른 속성을 가진 둘 이상의 오브젝트를 자연스럽게 연결하고 변화 단계를 자동으로 만들어주는 툴입니다.

블렌드 옵션 알아보기

1 스무드 블렌드: 오브젝트의 컬러를 부드럽게 연결해줍니다.

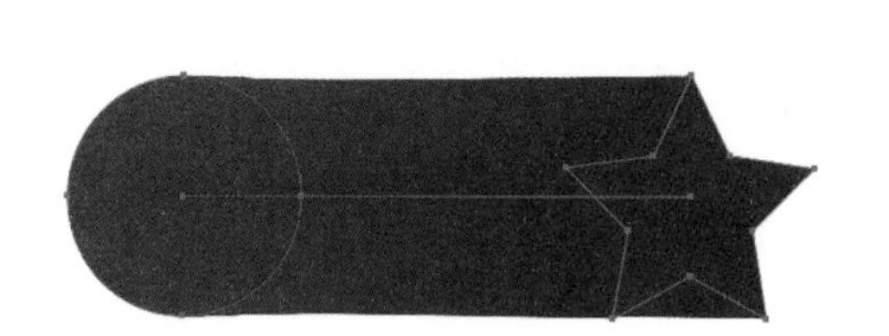

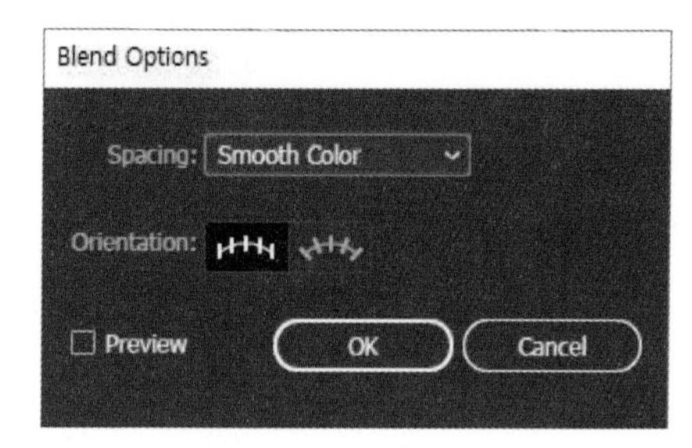

2 스텝 블렌드: 연결되는 오브젝트의 개수를 정할 수 있습니다. 스텝 수에 따라 컬러 블렌드가 나타납니다.

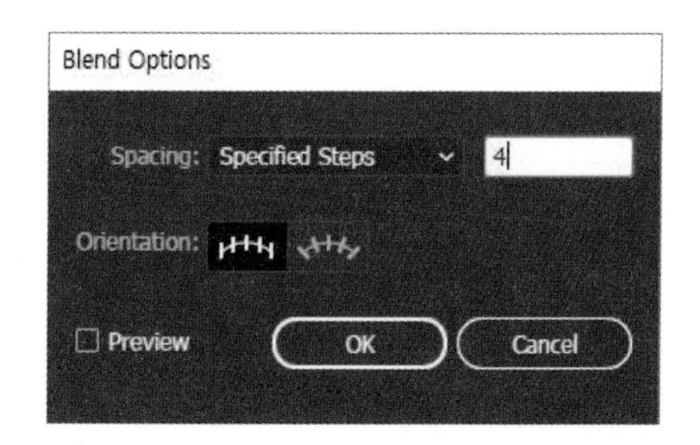

3 간격 블렌드: 연결되는 오브젝트를 적당한 간격으로 조정하며, 간격을 선택할 수 있습니다.

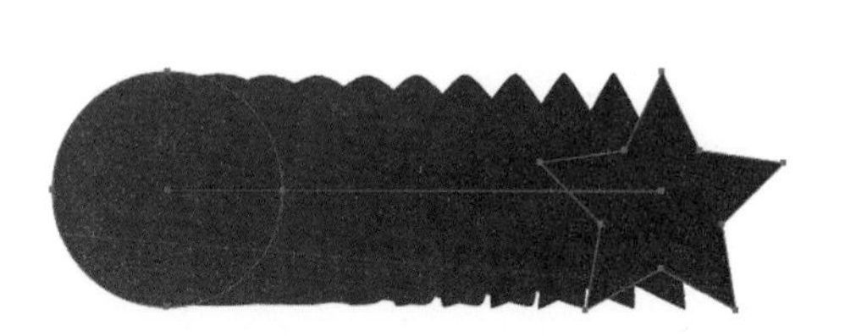

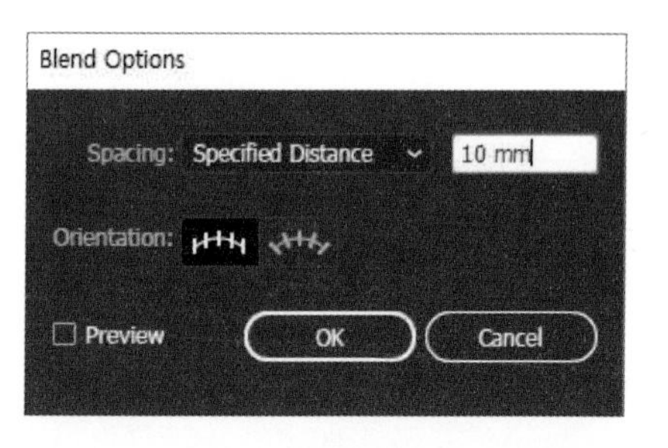

블렌드된 오브젝트를 면으로 확장하기

블렌드가 적용된 오브젝트를 일반 오브젝트로 변환하는 방법을 알아봅시다.

1 블렌드가 적용된 오브젝트를 선택합니다. 현재는 블렌드 효과를 준 것이므로, 가운데 블렌드를 적용한 과정들이 각각의 패스로 인식되지 않습니다.

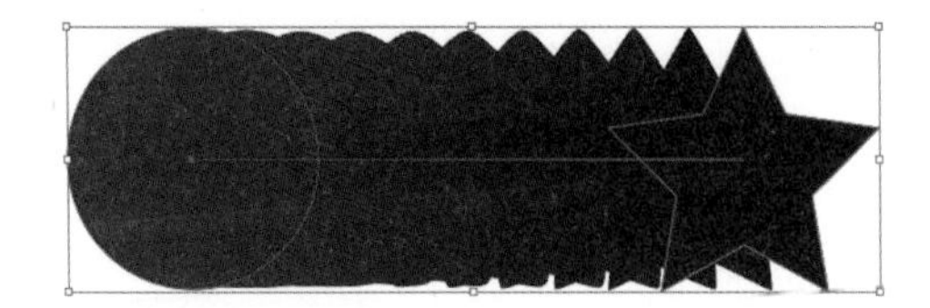

2 메뉴 바에서 [Object]-[Expand]를 선택하고 창이 열리면 [OK] 버튼을 눌러 일반 오브젝트로 바꿉니다. 이렇게 되면 블렌드를 수정할 수 없기 때문에, 원본은 꼭 따로 보관하도록 합니다.

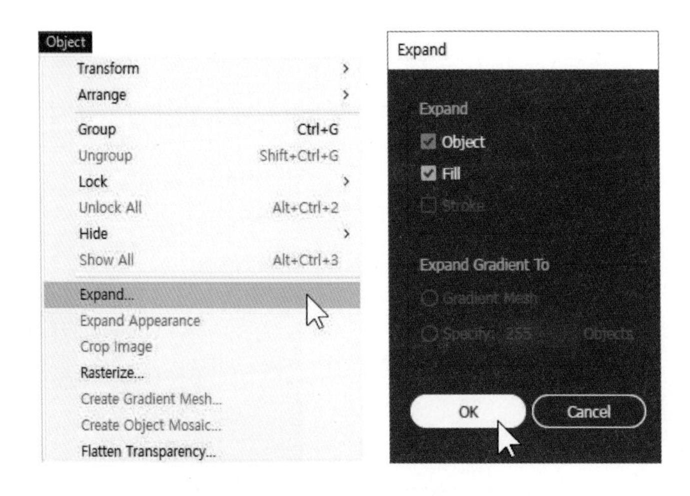

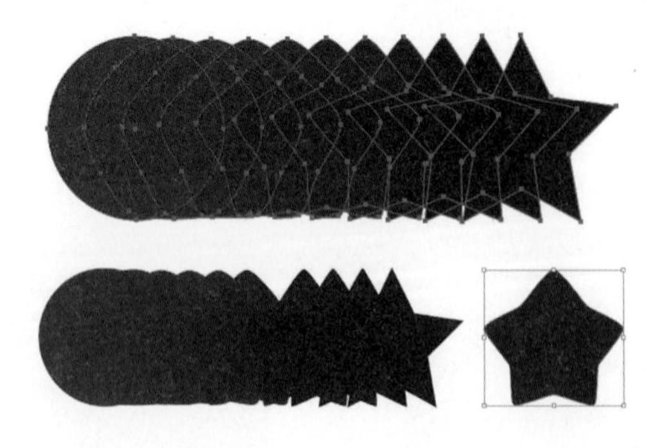

11 다양한 문자의 활용

글자 툴(Type Tool)

일러스트레이터는 드로잉과 같은 그림을 다룰 때뿐만 아니라 글자를 다루거나 편집할 때 활용하기 좋은 프로그램입니다. 일러스트레이터에서 편집한 글자는 타이포그래피, 편집, 광고, 로고 등의 디자인에 다양하게 활용할 수 있습니다. 패션 전공자들의 경우, 포트폴리오와 룩 북(Look Book) 같은 것을 만들 때 주로 사용합니다. 여기서는 일러스트레이터에서 글자를 다루는 기본적인 방법을 살펴보겠습니다.

1 도구상자에서 글자 툴을 선택한 후 화면을 클릭하면 커서가 깜빡거리면서 글자를 입력할 수 있게 됩니다. CC버전에서는 프로그램에 내장된 텍스트가 자동으로 나타나는데, 이때 원하는 텍스트를 입력하면 자동 삽입된 텍스트는 사라집니다. 이제 'LOOK BOOK'이라는 글자를 쓰고 Enter 를 누르면 행이 바뀝니다. 그다음 'f/w 2019'를 입력합니다. 글자 쓰기를 마치고 싶으면 다른 툴을 선택하거나 Ctrl 을 누르고 빈 바닥을 클릭합니다.

LOOK BOOK

LOOK BOOK
f/w 2019

2 선택 툴로 Character(글자)를 선택하고 상단 메뉴에서 [Window]-[Type]-[Character] 패널을 엽니다. Character 부분을 더블 클릭하면 숨겨져 있던 모든 옵션이 보입니다. 폰트는 맑은 고딕, Bold로 선택해봅시다. 이제 글자에 서체가 적용되었습니다. 글자 사이즈를 입력해서 원하는 사이즈로 조정할 수도 있습니다. 선택 툴을 활용하면 글자 전체가 오브젝트로 인식되어 그 상태로 사이즈를 조정 가능합니다.

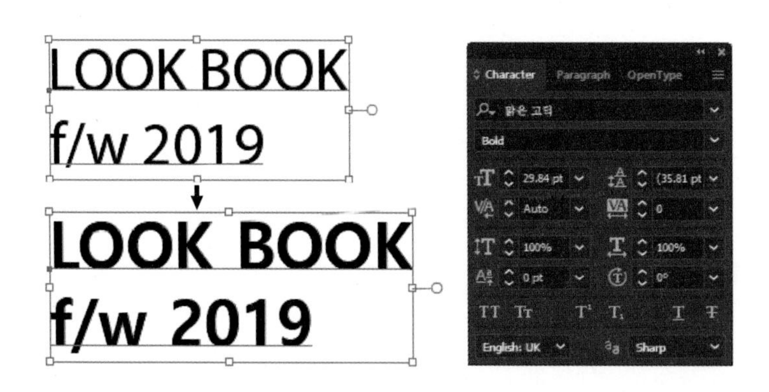

TIP 도구상자에서 Character의 서체를 미리 보면서 선택할 수 있습니다. 하지만 화면 상단 메뉴 옵션의 Character에서 서체를 선택할 경우에는 서체를 미리 볼 수 없습니다.

3 글자 툴로 드래그하여 'f/w'를 선택합니다. 화면과 같이 '모두 대문자' 버튼을 누르면 대문자로 바뀝니다.

LOOK BOOK
f/w 2019

LOOK BOOK
F/W 2019

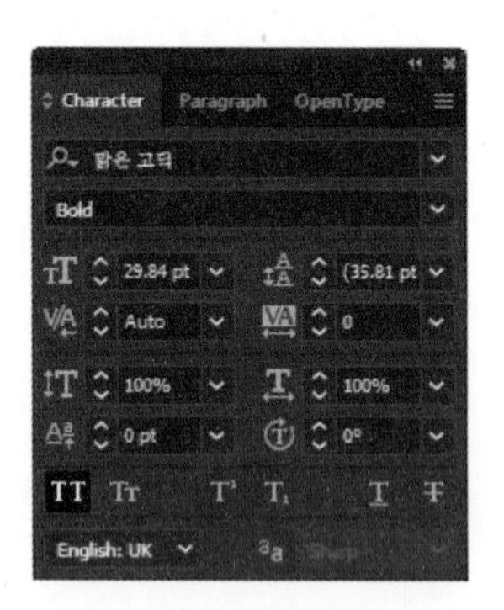

4 '2019'를 선택한 후 '위첨자' 버튼을 누르면 위첨자를 만들 수 있습니다.

5 선택 툴로 글자를 선택하고 컬러 패널을 열어서 주황색(M80, Y95)으로 설정하면 전체 글자를 오브젝트로 인식하여 컬러가 적용됩니다.

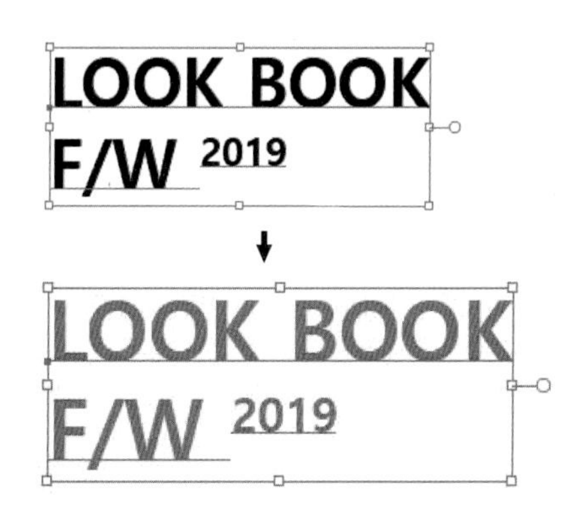

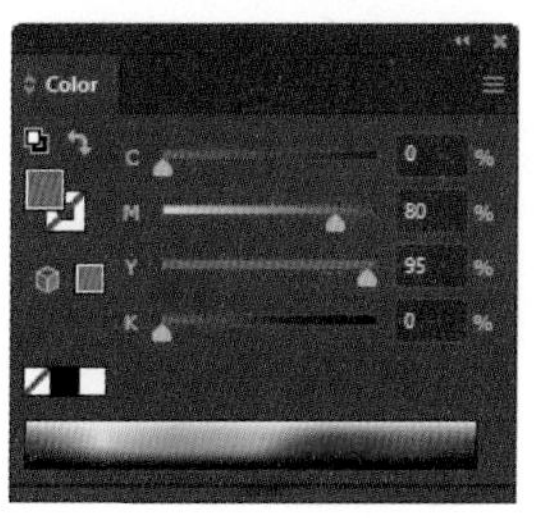

CHAPTER 4

패션 & 플랫 스케치

플랫 스케치 테크닉

도식화 그리기

도식화를 그리는 방법은 크게 두 가지로 나눌 수 있습니다. 첫 번째는 닫힌 패스의 오브젝트를 겹쳐가면서 정렬하며 그리는 방법이고, 두 번째는 옷의 외곽을 닫힌 패스로 그리고 패스파인더의 [Divide]로 패스를 나누는 방법입니다.

도식화에서 가장 중요시하는 부분은 정확한 의복의 전달과 비율의 구성입니다. 도식화를 그릴 때 가장 많이 실수하는 부분이 있다면 바디스와 소매, 바디스와 칼라, 상하의의 비율을 맞추는 것입니다.

오브젝트를 겹쳐가며 그리기

1 새 작업창을 열고 기준이 되는 보디스 이미지를 불러온 후, 펜 툴로 티셔츠의 몸판 부분을 그립니다. 이때 보디스는 Lock으로 잠그거나 다른 레이어로 지정하고 레이어를 잠궈두면 작업하기가 편리합니다.

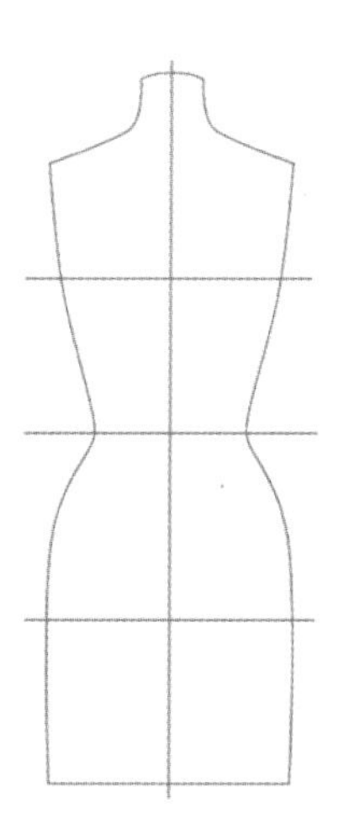

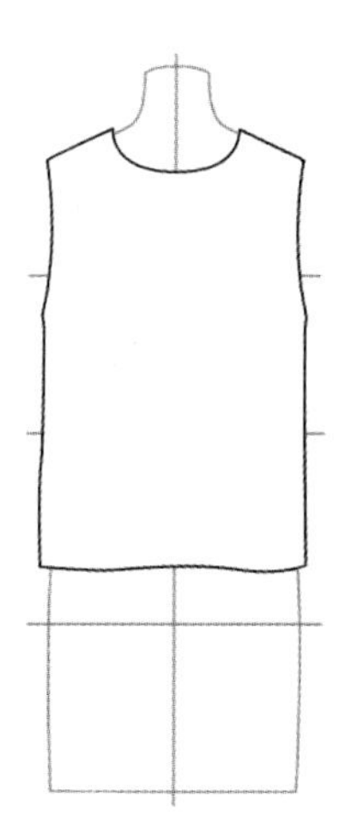

TIP 대체로 옷은 좌우대칭의 구조를 가지고 있습니다. 따라서 도식화를 그릴 때 좌측(혹은 우측)의 1/2만을 그리고 [Reflect]-[Copy]하여 중심쪽의 열린 패스를 [Object]-[Path]-[Join]으로 연결하여 완성하기도 합니다. 그러나 초보자에게는 옷의 정확한 C.F.를 잡아 반쪽만 그려서 완성하는 것이 비율과 균형을 맞추기에 더 어려울 수 있습니다. 또 프로그램에서 수치상의 정확함을 제공하기는 하지만, 인간의 시각이 미적인 비율 감각에서는 더 정확할 수도 있습니다.
일반적으로 도식화를 그릴 때 권장하는 방법은, 전체적인 비율을 보면서 몸판 부분을 한 번에 그리고 그다음에 소매, 칼라, 기타 대칭되는 부분을 한쪽만 그려서 [Reflect]-[Copy] 하여 복사하는 것입니다. 그러나 단추 여밈 부분의 분량이 겹쳐지는 재킷이라면, 한쪽만 그려서 [Reflect]-[Copy] 하는 것을 추천합니다.

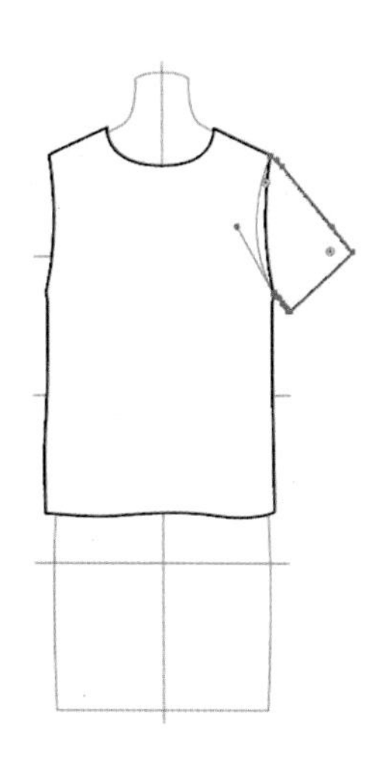

2 티셔츠의 몸판을 그렸다면 이어서 소매를 그립니다. 소매는 몸판의 뒤에 위치하므로 암홀 부분을 몸판의 암홀 라인에 딱 맞게 그리기보다는, 몸판 안쪽으로 여유 있게 그린 후 소매를 선택하고 오른쪽 마우스를 클릭하여 [Arrange]-[Send to Back]을 누르고 오브젝트를 뒤로 보냅니다.

3 한쪽 소매를 선택 툴로 선택하고 반사 툴(Reflect Tool)을 선택합니다.

4 반사 툴의 옵션창을 활용해서 반전시킵니다. 반사 툴을 더블 클릭하여 옵션창에서 기준 축을 세로[Vertical]로 선택하고, 각도[Angle]를 90° 로 설정한 후 [Copy] 버튼을 누릅니다.

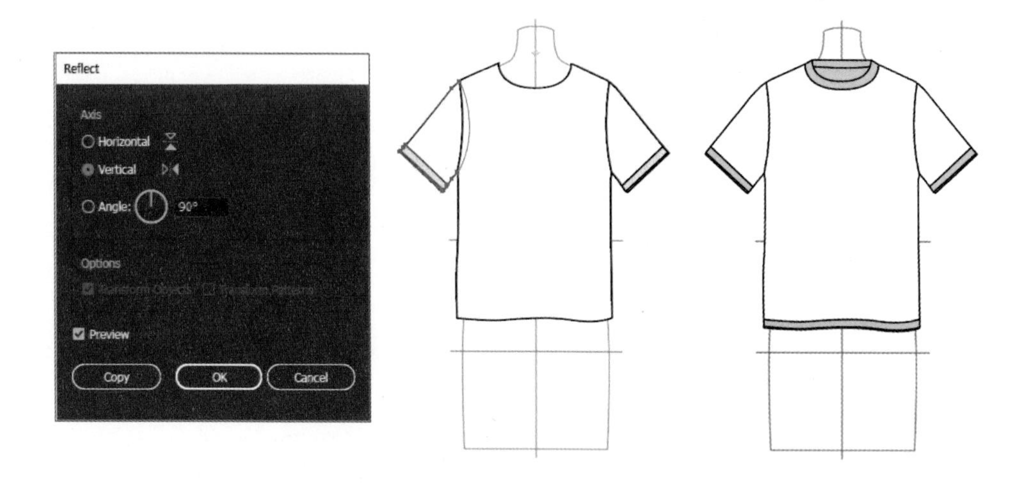

오브젝트의 외곽을 디바이드로 나누며 그리기

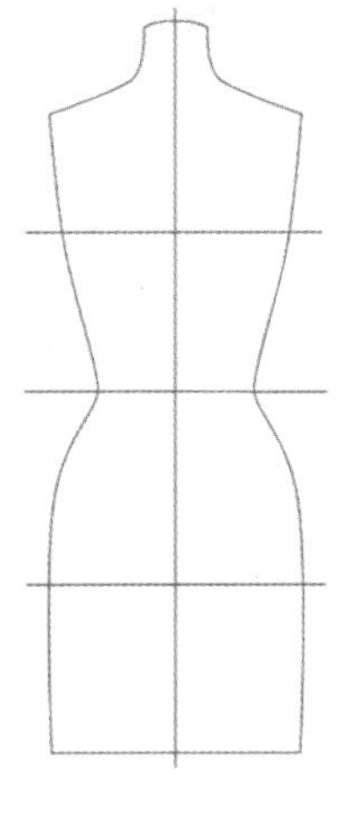

1 새 작업창을 열고 기준이 되는 보디스 이미지를 불러옵니다.

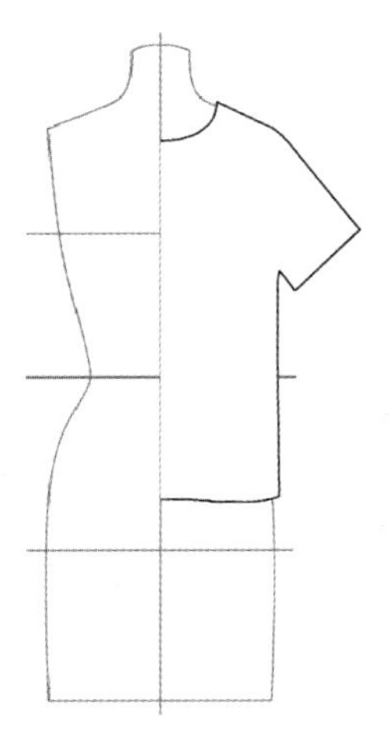

2 펜 툴로 티셔츠 반쪽을 그립니다. 이때 보디스는 Lock으로 잠가놓거나 다른 레이어로 지정하고 레이어를 잠그면 작업하기가 편리합니다.
가운데에 중심선이 있는 부분이 열려 있는 패스로 소매를 포함한 티셔츠의 외곽을 그립니다.

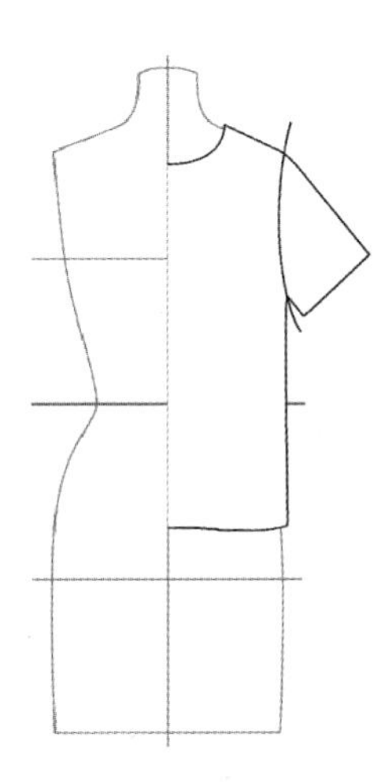

3 암홀 라인을 중심으로 소매를 표시합니다. 이때 암홀 라인을 표현하는 곡선은 반드시 몸판 오브젝트를 넘어서는 긴 선이어야만 패스파인더에서 디바이드로 몸판을 나눌 수 있습니다.
암홀을 표현하는 선이 몸판에 딱 맞을 경우 패스파인더로 자르기를 할 수 없으며, 몸판도 투명선으로 비활성화되기 때문에 주의해야 합니다.

4 이와 같은 방법을 이용하여 양쪽이 대칭되는 완성된 티셔츠의 외곽을 그립니다. 먼저 작업한 티셔츠 반쪽을 선택 툴로 선택하고, 반사 툴을 클릭합니다. 티셔츠의 열려 있는 선이 나란하지 않다면 Shift 를 누른 상태에서 수직 방향으로 가위 툴을 드래그하면 됩니다.

5 반쪽짜리 티셔츠를 선택하고 반사 툴을 선택한 후 중심축 위에 기준점을 찍습니다. Alt 를 누르고 복사하며, 드래그할 때 Shift 를 눌러주면 중심축의 반대편으로 나란히 반전 복사됩니다.

TIP 반사 툴의 옵션창을 활용해서 반전시킬 수도 있습니다. 반사 툴을 더블 클릭하여 옵션창을 열고 그 창에서 축은 세로를 의미하는 [Vertical]로 선택, [Angle]은 90°로 설정한 후 [Copy] 버튼을 누릅니다.

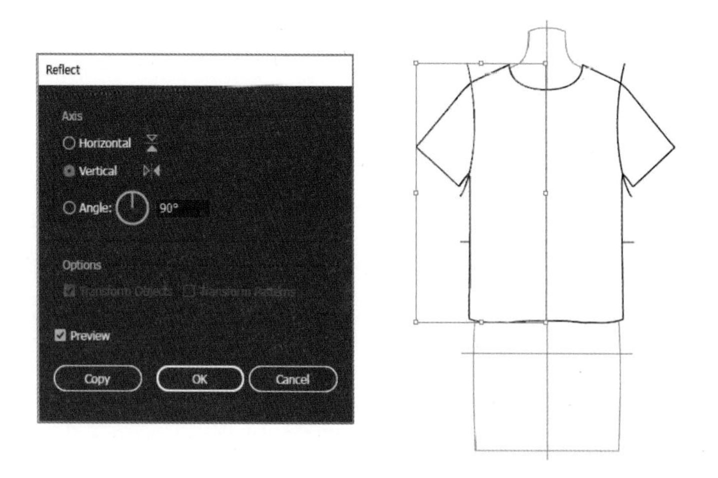

6 각각의 열린 패스로 나뉜 패턴을 하나의 닫힌 패스로 연결하기 위해 직접 선택 툴로 양 끝점을 다중 선택한 후 [Object]-[Path]-[Join]으로 연결합니다. 두 앵커 포인트를 연결한 선의 모양이 자연스럽게 연결되도록 직접 선택 툴로 수정합니다. 네크라인과 티셔츠 밑단의 열린 패스를 연결합니다.

7 패스파인더의 디바이드로 소매를 나눠줍니다. 네크라인, 소맷단 등의 디테일을 추가하여 완성합니다.

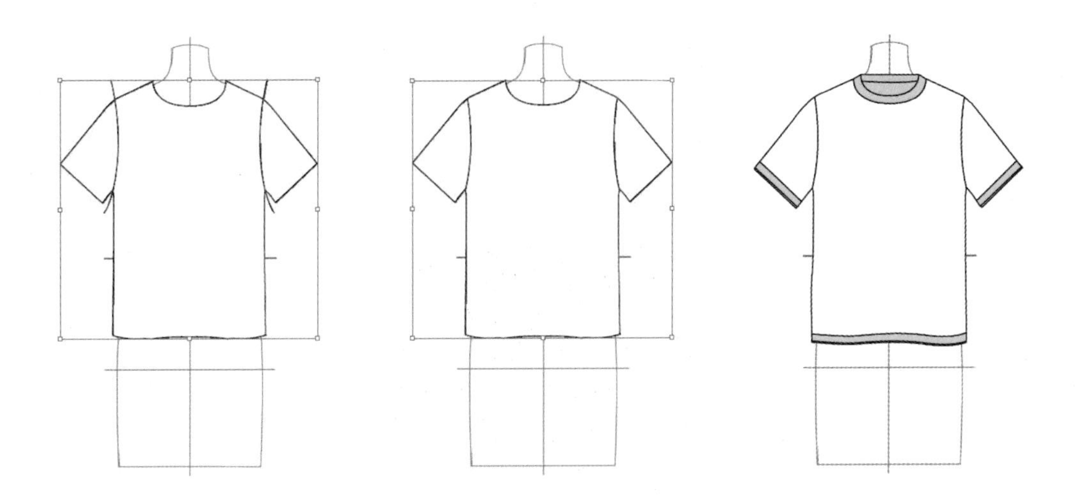

테일러드 재킷 도식화 그리기

1 새 작업창을 열고 기준이 되는 보디스 이미지를 불러옵니다.

2 펜 툴로 재킷의 칼라(Collar)와 라펠, 몸판 부분과 소매를 그립니다. 보디스는 Lock으로 잠가놓거나 다른 레이어로 지정하고 레이어를 잠그면 작업하기가 편리합니다.

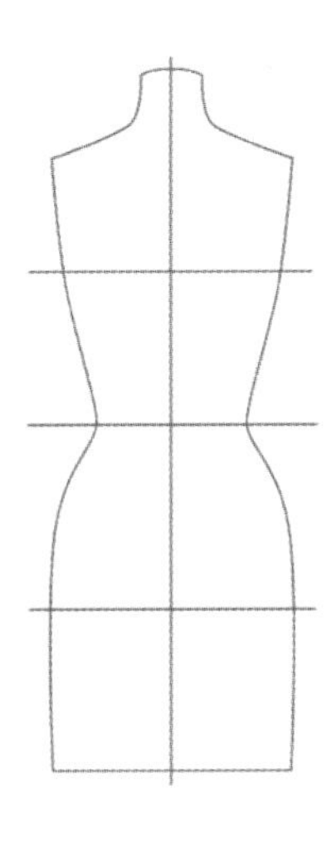

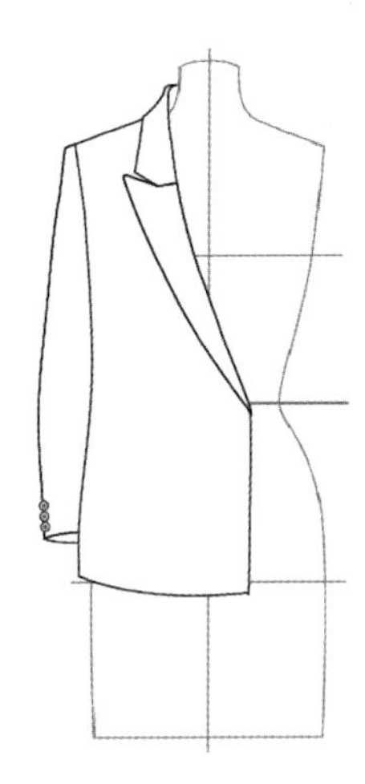

3 재킷 내부의 다트나 프린세스 라인 등의 구성선과 플랩포켓을 그립니다. 그려낸 좌측의 재킷을 선택 도구로 선택하고 Reflect 툴을 클릭합니다. Reflect 툴의 옵션창을 활용해서 반전시킵니다. 리플렉트 툴을 더블 클릭하면 옵션창이 열리는데 여기에 축은 Vertical(세로)로 선택하고 Angle(각도)은 90° 로 설정한 후 [Copy] 버튼을 누릅니다.

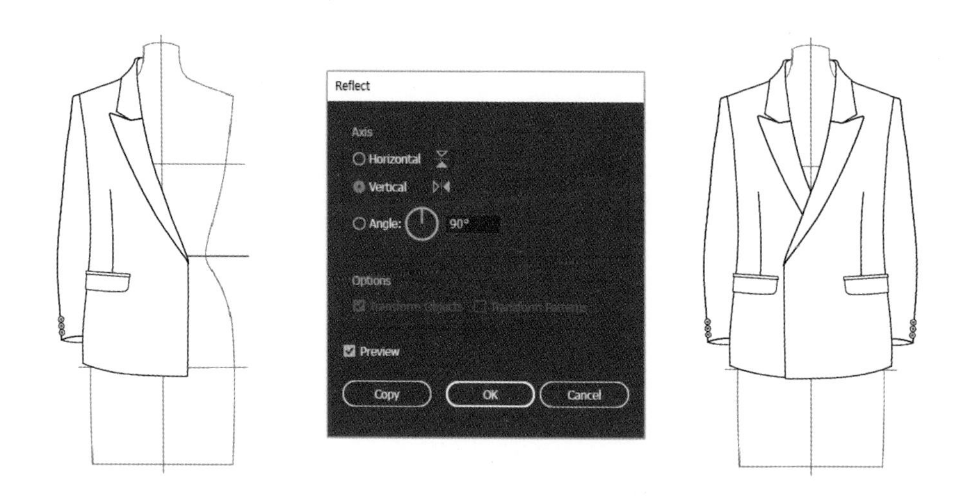

4 뒷목과 안감, 버튼을 그려봅시다.

TIP 도식화는 큰 부분에서 작은 부분 순으로 그립니다.

5 완성된 도식화에 주름과 명암, 그림자 등을 표현하여 완성도를 높입니다.

TIP 도식화에 과도한 장식적인 선을 그려넣는 것은 의복의 전달력을 떨어뜨릴 수 있습니다. 룩 북 등에는 좀 더 디테일한 선을 넣어도 무방하지만 작업지시서와 같이 정확한 내용 전달을 위한 도식화에는 바른 비율과 정확한 선을 사용해야 합니다.

완성된 도식화

원피스 도식화 그리기

1 새 작업창을 열고 기준이 되는 보디스 이미지를 불러옵니다.

2 펜 툴로 원피스의 외곽선을 그립니다. 이때 보디스는 Lock으로 잠궈놓거나 다른 레이어로 지정하고 레이어를 잠그면 작업하기가 편리합니다.

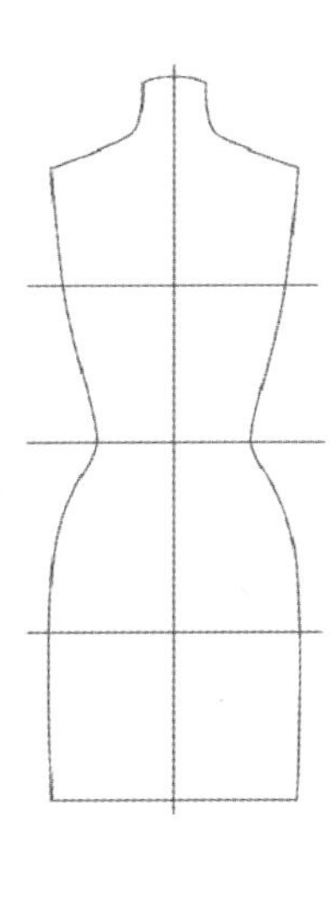

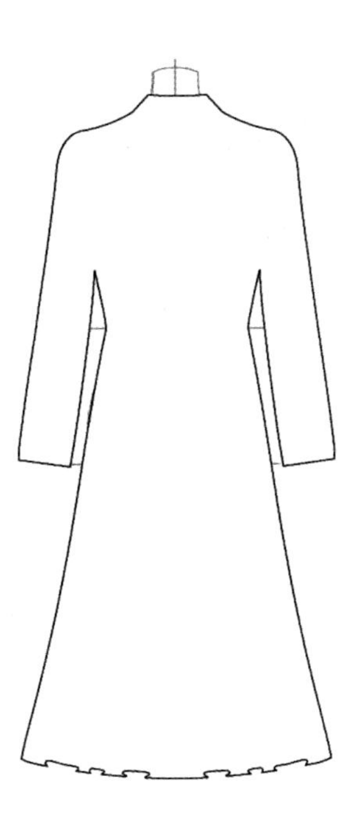

3 원피스의 암홀라인과 네크라인, 칼라, 뒷목선 등을 그립니다. 이어서 커프스, 웨이스트 밴드 등의 디테일을 그립니다.

4 스커트 부분의 플레어지는 큰 주름들을 그립니다. 소매의 퍼프 등에 작은 주름도 추가합니다. 주름은 디자인과 소재의 영향을 많이 받으므로 각 디자인에 적합한 두께의 주름선이 되도록 조절합니다.

5 원피스의 스티치를 그려내고, 그림자와 명암 등을 표현하여 도식화의 완성도를 높입니다.

클리핑 마스크(Clipping Mask): 오브젝트를 마스크로 이용하기

클리핑 마스크를 활용하여 원하는 이미지나 패턴 등을 오브젝트에 넣어봅시다. 외곽이 정리되지 않은 오브젝트나 이미지 등을 다른 오브젝트로 클리핑 마스크하면 깔끔하게 정리할 수 있습니다. 이 기능은 다양하게 활용되므로 꼭 익혀두도록 합니다.

1 이미지가 프린트된 후드티를 디자인하려고 합니다.
왼쪽 이미지가 후드티에 적용되도록 클리핑 마스크를 적용해보겠습니다.

2 후드티의 몸판을 선택하고 옆으로 복사합니다.

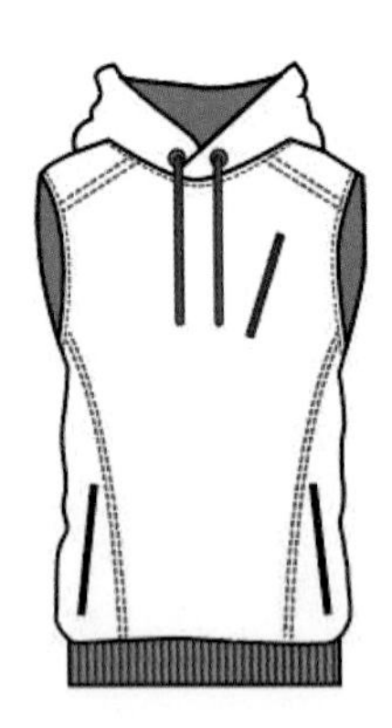

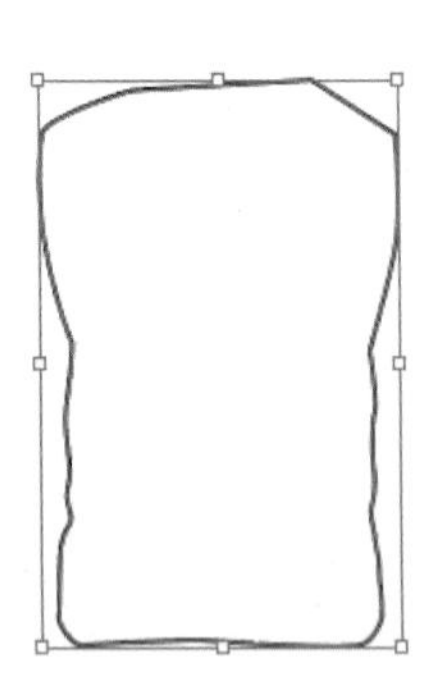

3 복사한 후드티의 몸판을 선택한 후, 단축키 Ctrl + Shift +] 를 눌러서 반드시 이미지 위에 위치시킵니다. 두 개의 오브젝트를 모두 선택한 후, 메뉴 바에서 [Object]-[Clipping Mask]-[Make]를 선택하거나(단축키 Ctrl + 7), 오른쪽 마우스를 클릭하여 'Make Clipping Mask'를 누르면 클리핑 마스크가 적용됩니다. 클리핑 마스크를 해제하고 싶으면 단축키 Ctrl + Alt +] 를 누릅니다.

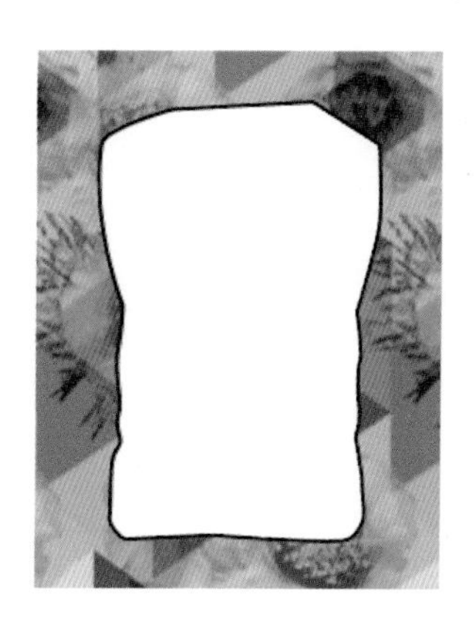

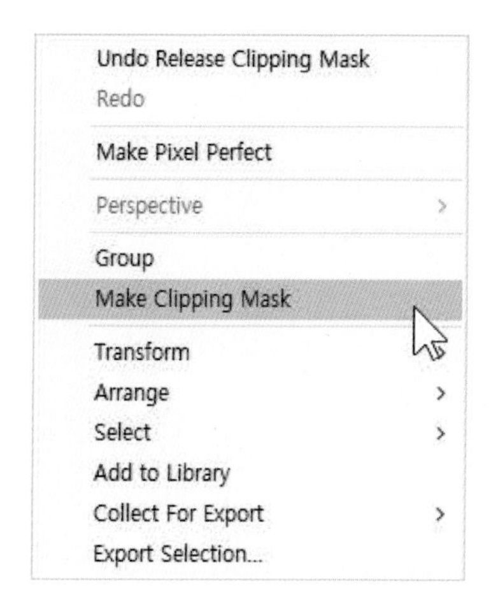

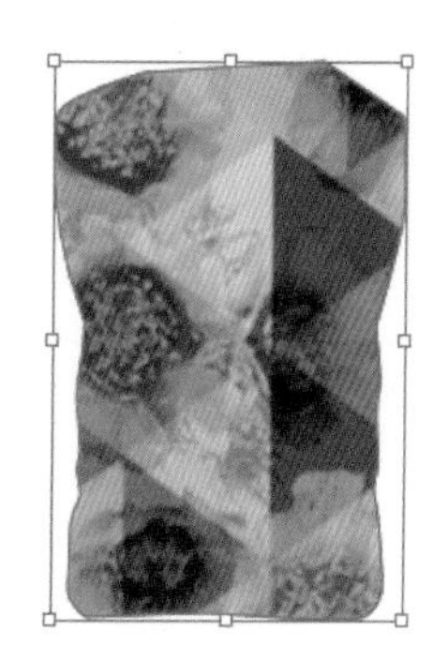

4 후드티 몸판 형태로 클리핑 마스크가 씌워진 이미지를 도식화로 이동시켜 정확한 위치에 맞추어 적용합니다. 옮겨온 이미지 몸판이 위로 오면서 미리 그려놓았던 지퍼나 스티치와 같은 디테일이 가려졌을 수 있으니 각 오브젝트의 순서를 바꾸면서 도식화를 정리해줍니다(위로 올리거나 밑으로 내림). 같은 방법으로 후드에도 이미지를 적용해봅니다. 직접 선택 툴을 이용하여 클리핑 마스크 내의 이미지를 움직여서 이미지의 위치를 조정할 수 있습니다.

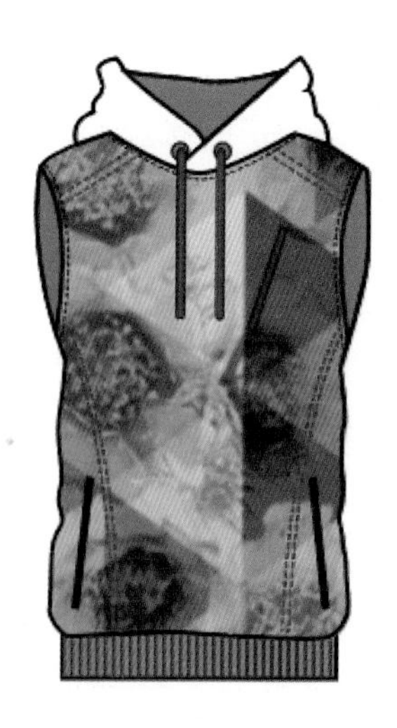

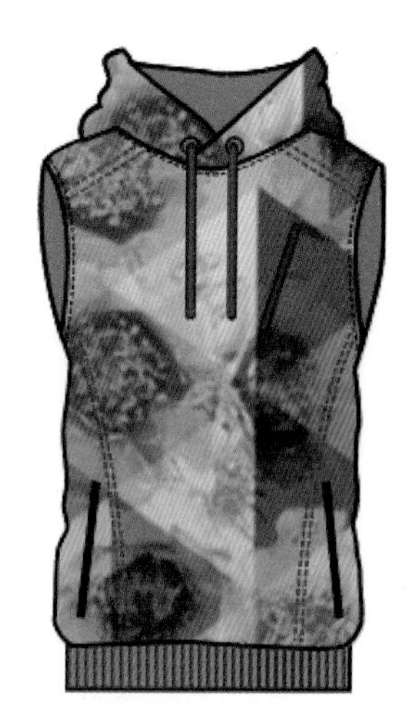

플랫 스케치 예제

남성복 도식화 1

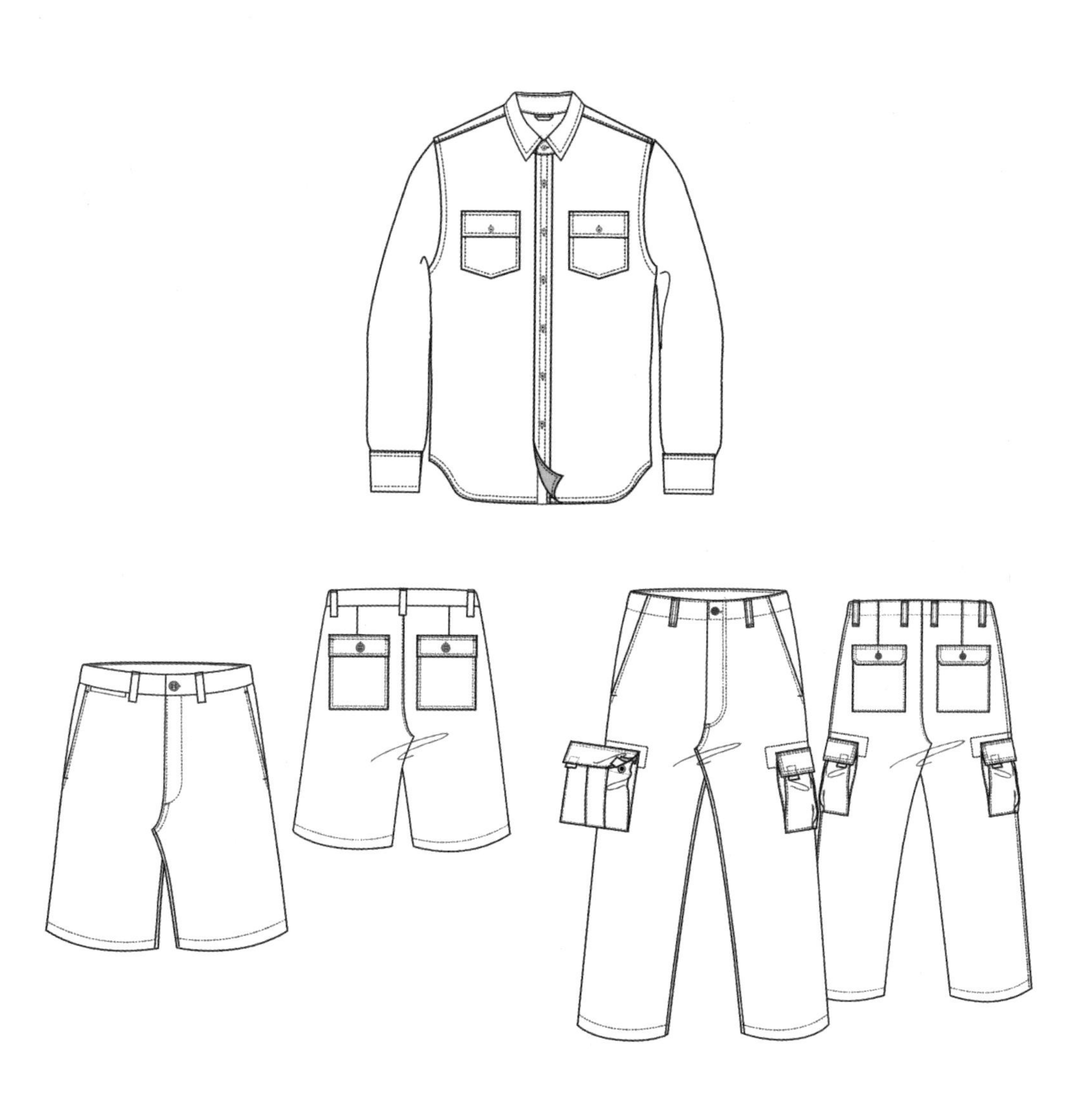

남성복 도식화 2

남성복 도식화 3

여성복 도식화 1

여성복 도식화 2

여성복 도식화 3

아동복 도식화 1

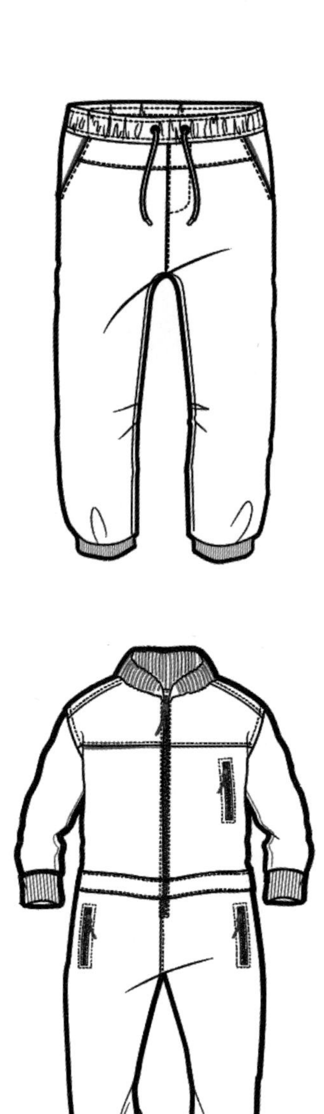

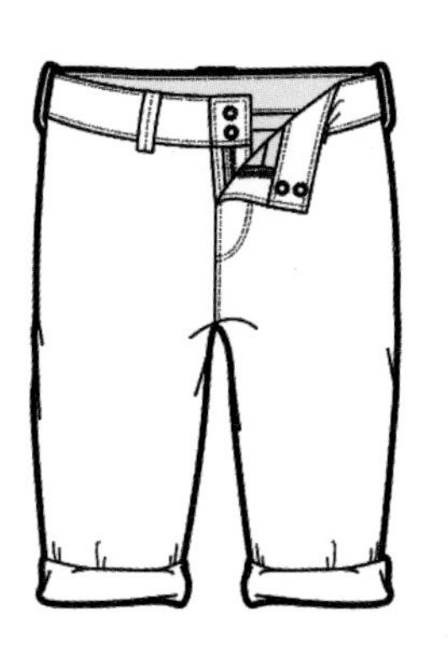

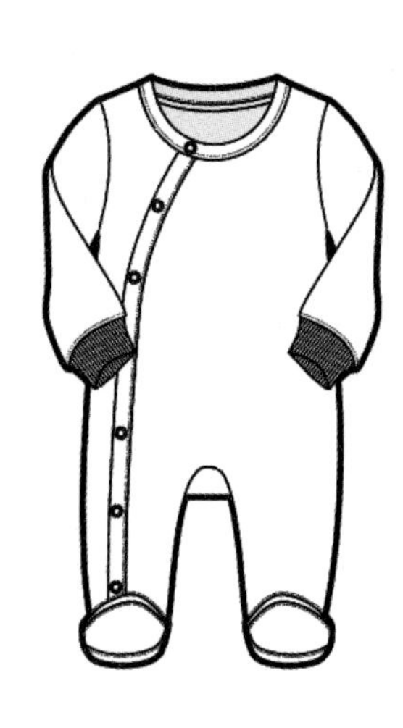

아동복 도식화 2

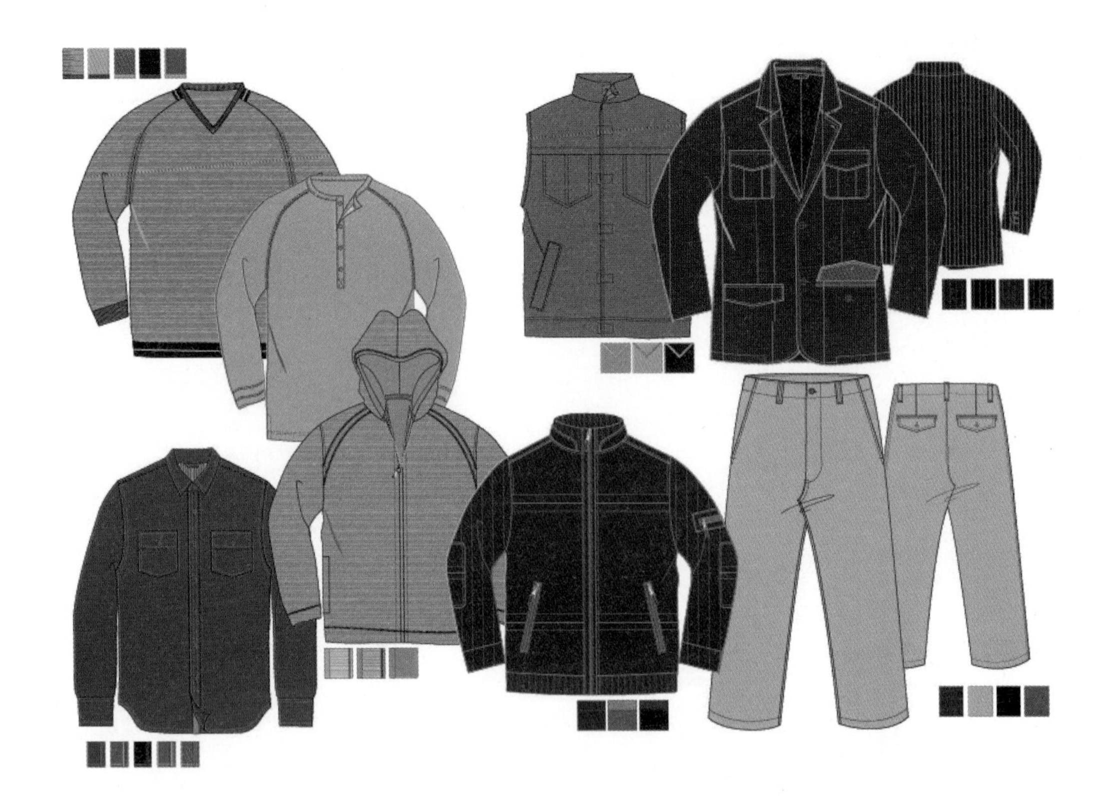

도식화와 디자인 컬러웨이

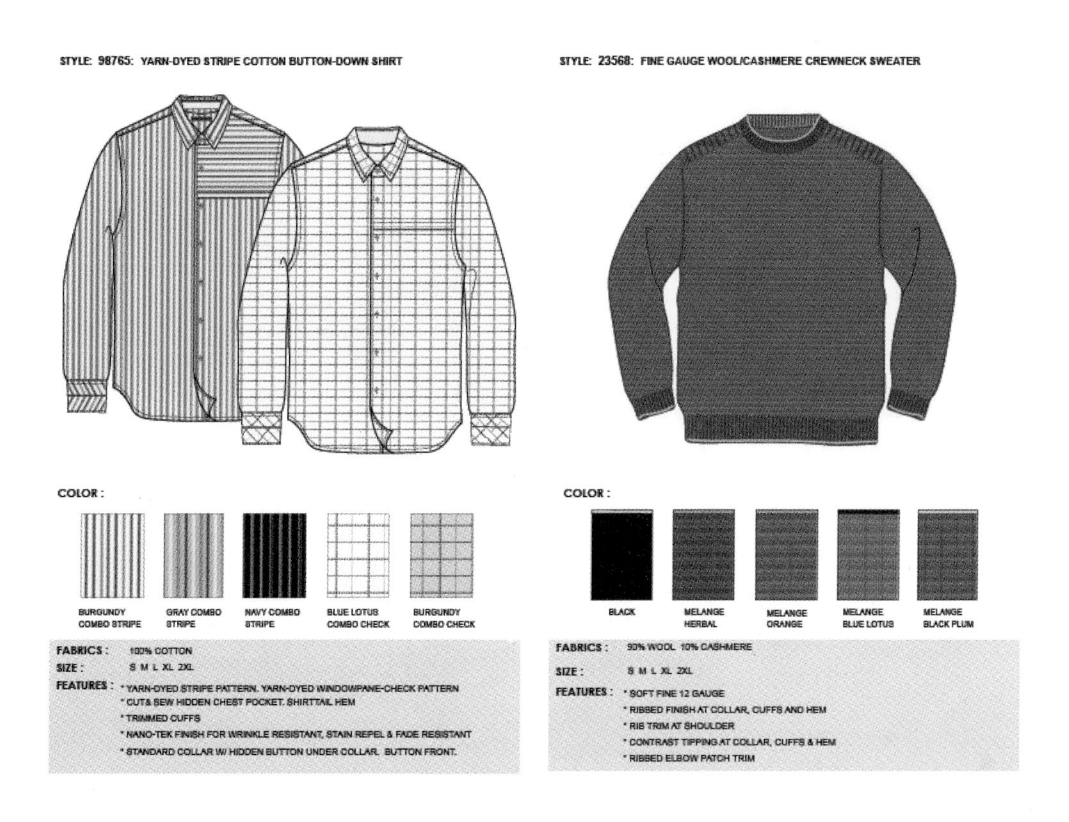

스타일 디스크립션(Style Description)

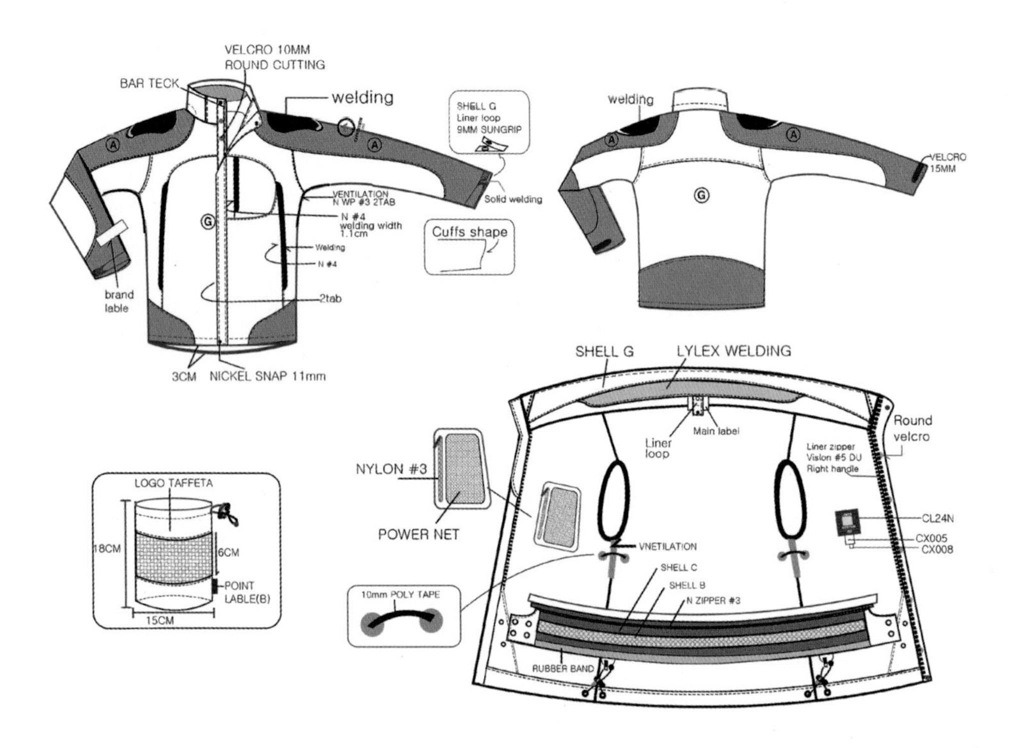

아웃도어 작업지시서에 사용되는 도식화

스포츠, 아웃도어 도식화

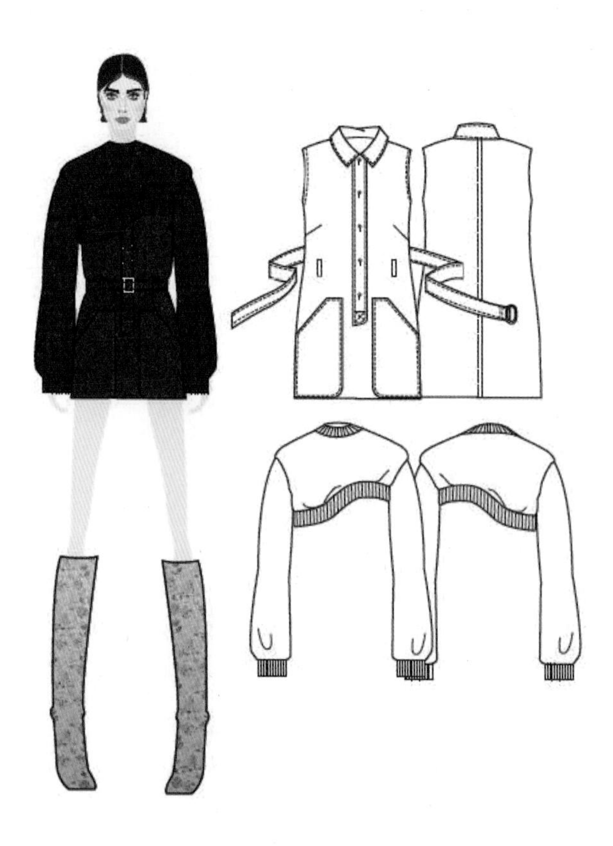

여성복 스타일화와 도식화 1

여성복 스타일화와 도식화 2

3 패션을 위한 패턴

도트 패턴(Dot Pattern) 만들기

1 원형 툴을 이용하여 Shift 를 누르면서 드래그하면 지름이 같은 원형을 만들 수 있습니다. 원형에 원하는 색상을 적용시켜봅시다. 아래의 세 가지 방법을 차례로 각각 적용해보고 비교해보도록 합니다.

1-1 첫 번째 도트 패턴은 도형 툴로 그린 원을 그대로 패턴으로 등록합니다.

→ 원 자체가 리피트인 형태로 패턴이 만들어집니다.

1-2 두 번째 도트 패턴은 원 바깥쪽에 면과 선이 투명한 사각형을 배치시킵니다.

→ 투명 사각형 공간이 리피트의 크기가 됩니다.

1-3 세 번째는 원의 배경으로 색상이 들어간 사각형을 배치시킵니다.

→ 색이 적용된 사각형이 리피트의 크기가 됩니다.

도형 툴로 그린 원

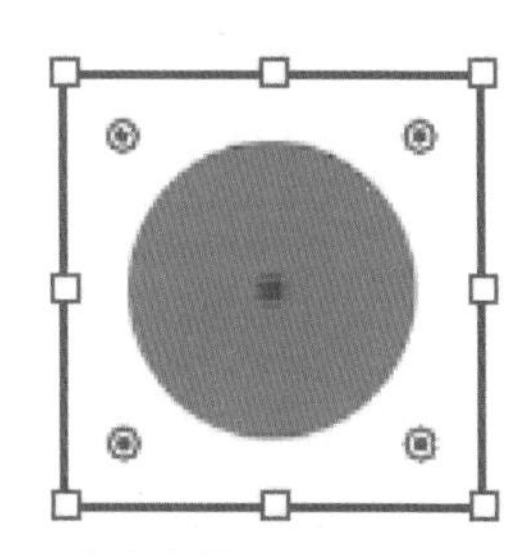

원의 바깥쪽으로 면과 선이 투명한 사각형을 배치

원의 배경으로 색상이 들어간 사각형을 배치

2 각 오브젝트를 선택 툴로 모두 선택하고 스와치 패널로 드래그하여 넣으면 패턴으로 등록됩니다.

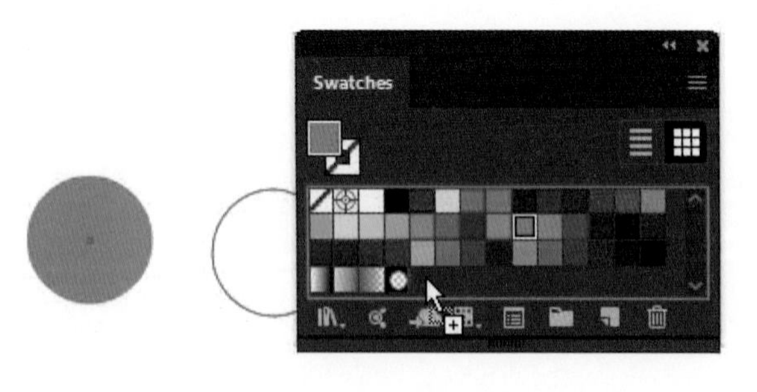

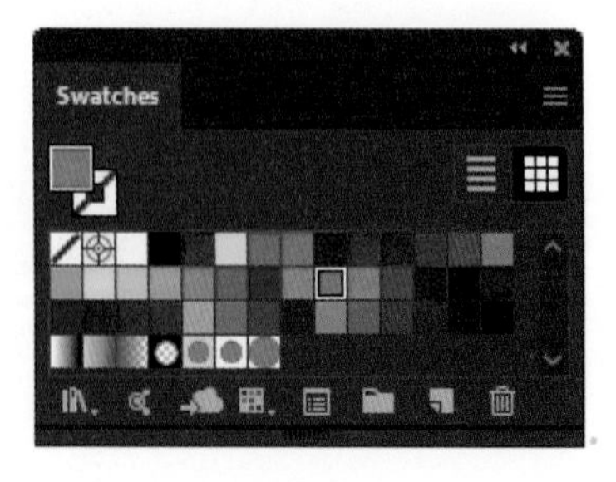

3 패턴을 적용할 오브젝트를 선택하고 세 가지 방법으로 새롭게 등록한 도트 패턴을 클릭하면 각각의 패턴이 적용됩니다.

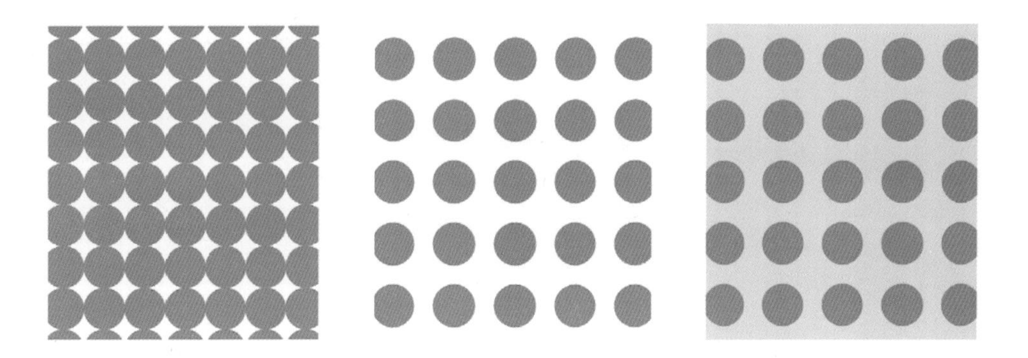

스트라이프 패턴(Stripe Pattern) 만들기

1 사각형 툴을 이용하여 세로로 긴 직사각형을 드래그해서 오브젝트를 만들고 Fill에 원하는 색상을 적용시킵니다.

2 처음 그린 직사각형을 Shift 를 누르고 옆으로 수평 복사하면서 직사각형의 폭(굵기)을 조절합니다. 옆으로 복사할 때는 사각형 사이에 틈이 생기지 않도록 정확히 이동시킵니다. 다양한 굵기의 사각형 오브젝트를 활용하여 멀티 스트라이프를 만들 수 있습니다.

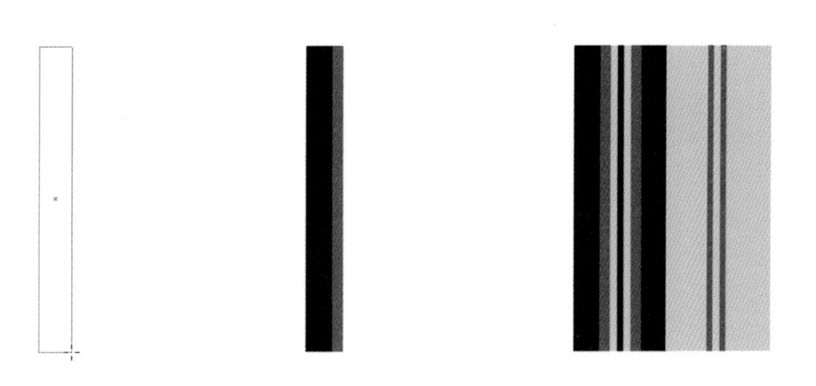

3 오브젝트를 선택 툴로 모두 선택하고 스와치 패널로 드래그하면 패턴으로 등록됩니다. Shift 를 누르면서 수평으로 정확히 복사했다면 위아래 부분에 빈 공간이 생기지 않고 패턴이 완성됩니다.

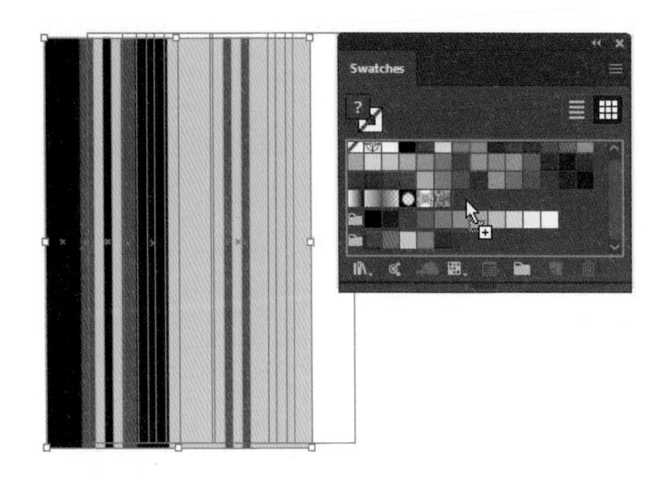

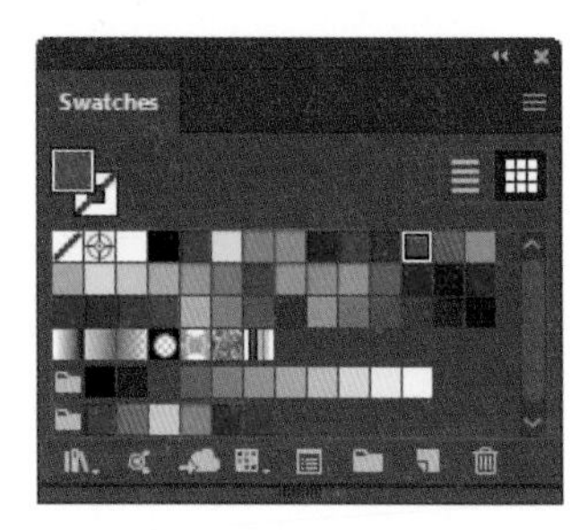

4 패턴을 적용할 오브젝트를 선택하고 새롭게 등록한 스트라이프 패턴을 클릭하면 패턴이 적용됩니다. 패턴 적용 후 툴 바의 스케일 툴과 회전 툴에서 패턴의 사이즈와 방향 등을 디자인에 적합하게 변형합니다.

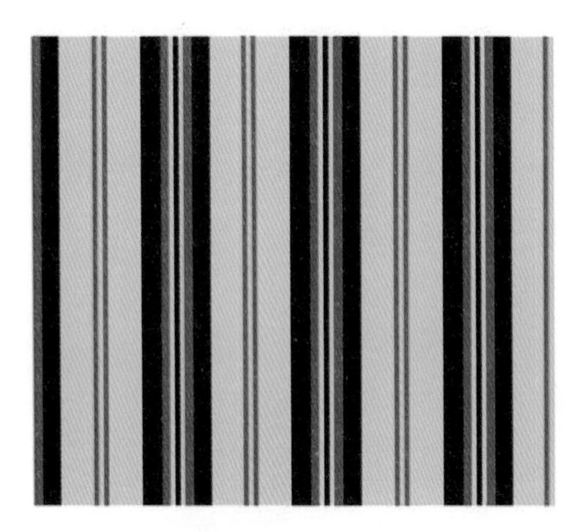

체크 패턴(Check Pattern) 만들기 1

1 사각형 툴을 이용하여 체크 패턴의 세로 줄무늬가 되는 오브젝트를 만들어봅시다. 스트라이프 패턴을 만들 때와 방식은 동일합니다.

2 세로 줄무늬의 오브젝트를 선택하고 단축키 Ctrl + C , 그리고 Ctrl + F 를 눌러 오브젝트를 바로 위에 복사합니다.

3 복사한 오브젝트를 90° 회전하고 교차시켜 체크 패턴의 기준이 되는 리피트를 만듭니다.

4 이때 투명도 패널에서 투명도를 낮추거나, 모드를 변경하면 교차하여 겹치는 효과가 적용됩니다.

5 패턴의 디자인에 따라 투명도와 오브젝트 순서를 적절하게 수정합니다.

6 오브젝트를 선택 툴로 모두 선택하고 스와치 패널로 드래그하면 패턴으로 등록됩니다.

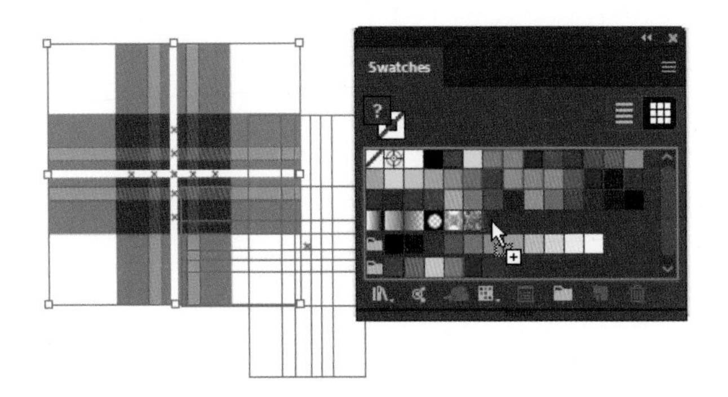

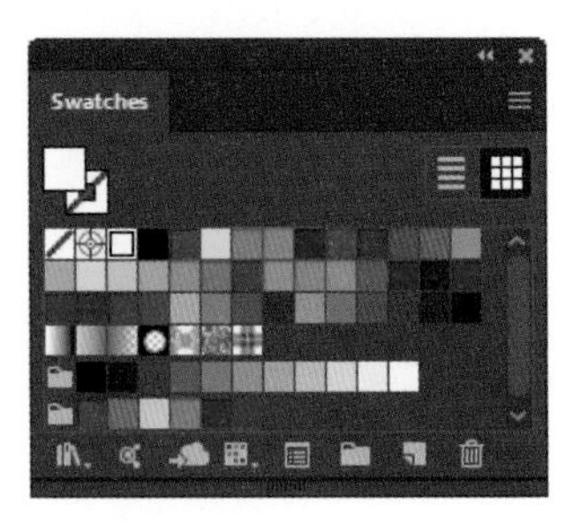

7 패턴을 입힐 오브젝트를 선택하고 새롭게 등록한 체크 패턴을 클릭하면 패턴이 적용됩니다. 적용 후에는 툴 바의 스케일 툴에서 패턴 사이즈를 알맞게 수정합니다. 패턴의 배경이 되는 오브젝트의 Fill 컬러에 따라 다양한 체크 패턴을 만들 수 있습니다.

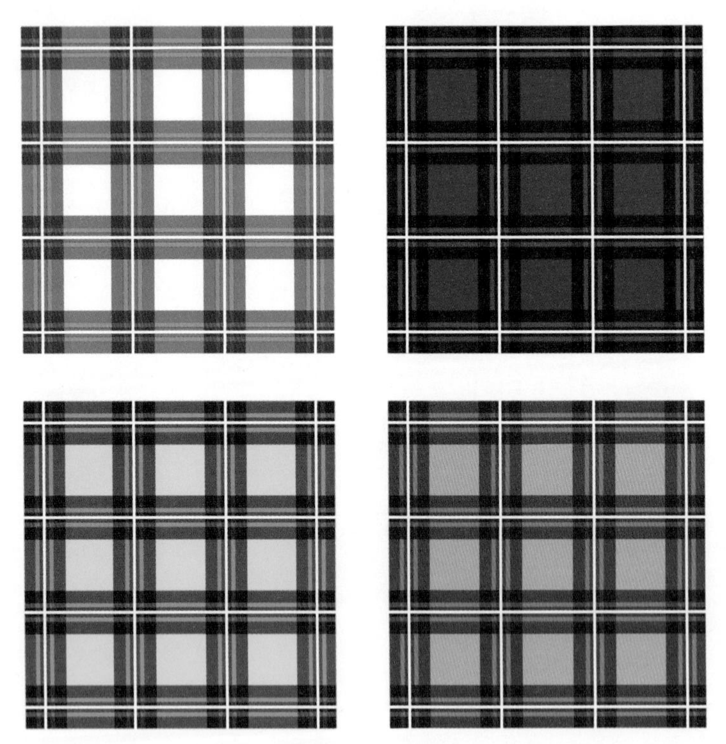

배경 컬러를 적용한 예

체크 패턴(Check Pattern) 만들기 2

1 먼저 사각형 툴을 이용하여 체크 패턴의 세로 줄무늬가 되는 오브젝트를 만듭니다. 스트라이프 패턴을 만드는 것과 방식은 같습니다.

2 세로 줄무늬의 오브젝트를 선택하고 단축키 Ctrl + C, 그리고 Ctrl + F를 눌러 바로 위에 오브젝트를 복사합니다.

3 복사한 오브젝트를 90° 회전하여 교차시키면 체크 패턴의 기준이 되는 리피트가 만들어집니다.

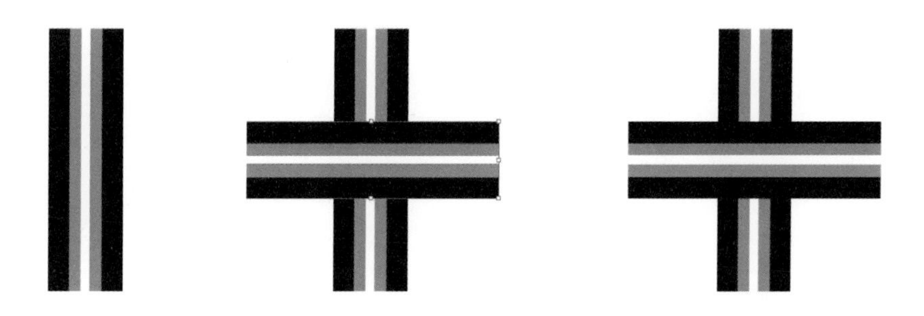

4 복사하여 위로 올린 가로형 리피트에 투명도를 적용합니다. 동일한 투명도를 주어도 되지만 컬러에 따라 각기 다른 투명도를 주면 패턴의 색감을 표현할 수 있습니다. 이때 가는 선 부분이나 흰색과 같은 컬러에는 투명도를 거의 적용하지 않습니다. 가는 선 부분에 투명도를 적용하지 않으면 좀 더 뚜렷하고 선명한 패턴을 만들 수 있습니다.

5 패턴 디자인에 따라 투명도와 오브젝트의 순서를 적절하게 지정합니다.

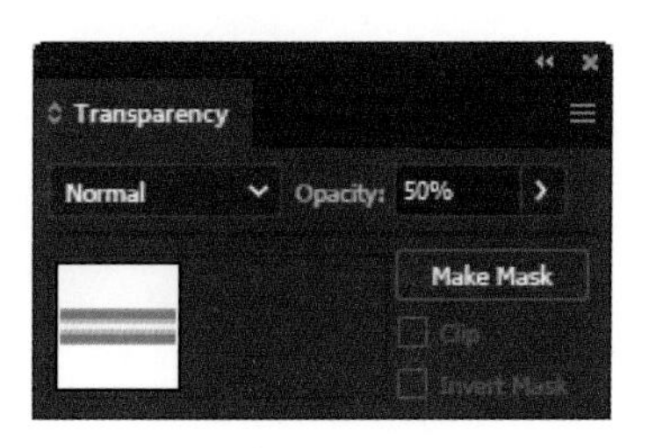

6 투명 사각형 툴로 가운데의 체크 패턴 리피트 부분을 선택하고, [Send to Back]을 눌러 맨 뒤로 보냅니다. 맨 뒤로 보낸 투명한 사각형은 리피트의 기준이 됩니다. 오브젝트를 모두 선택하여 스와치 패널로 드래그하면 패턴으로 등록됩니다.

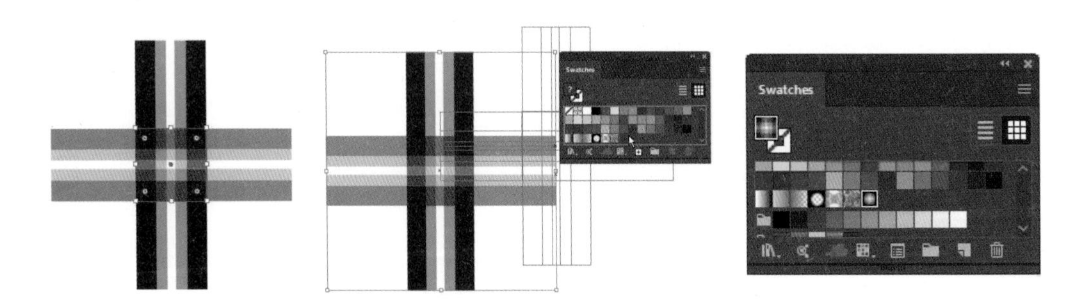

7 패턴을 입힐 오브젝트를 선택하고 새롭게 등록한 체크 패턴을 클릭하면 패턴이 적용됩니다. 패턴 적용 후 툴 바의 스케일 툴에서 패턴 사이즈를 조정하고, 회전 툴에서는 패턴의 각도를 알맞게 수정합니다.

리피트(Repeat Pattern) 패턴 만들기

리피트는 패턴 직물을 프린팅할 때 직물상에 반복되는 최소 단위를 말합니다. 패턴이 상하좌우로 연결되도록 배열하는 것을 의미하기도 합니다. 패턴의 모양과 형태는 리피트의 크기와 배열법 등에 따라 달라집니다.

1 반복 배열할 최소 단위의 리피트를 만들기 위해 도형 툴로 사각형을 그립니다. 10×10cm의 사각형을 그리고, 잘 보이도록 면에 색상을 넣어줍니다.

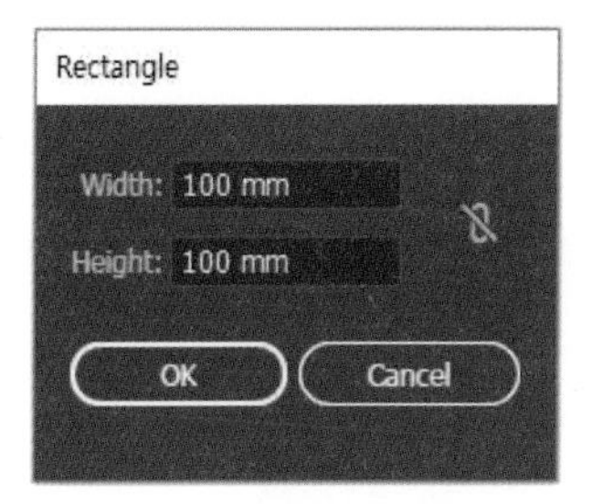

2 패턴으로 만들 오브젝트를 선택하여 사각형 위에 배치합니다. 사각형의 선에 걸쳐 있는 오브젝트들을 선택하고 [Object]-[Transform]-[Move]를 클릭하여 걸쳐질 방향을 중심으로 각각 가로세로 10cm씩 이동시킵니다. 이때 [Copy]를 누르면 오브젝트가 나란히 10cm 이동 복사됩니다.

3 사각형의 선과 면을 모두 투명하게 만든 후, [Send to Back]을 눌러 맨 뒤로 보냅니다.
맨 뒤에 배치된 투명한 사각형이 리피트의 기준이 됩니다.

4 투명한 사각형을 포함하여 전체 오브젝트를 선택하고, 스와치 패널에 드래그하면 패턴으로 등록됩니다.

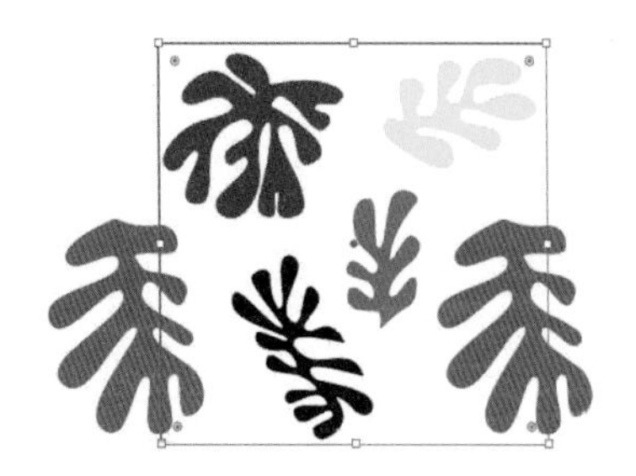
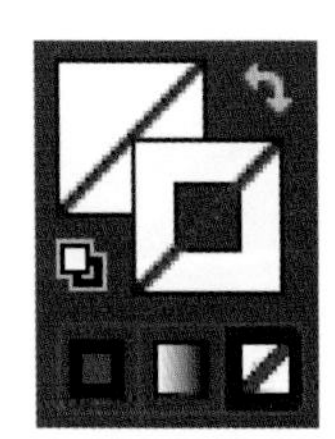

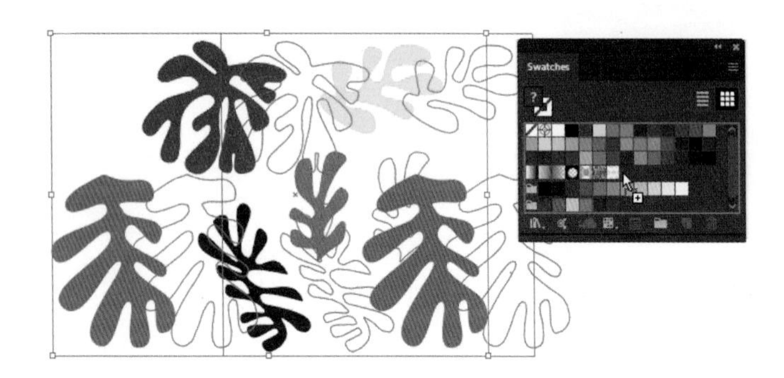

5 패턴을 적용할 오브젝트를 선택하고 Fill에 패턴을 적용시킵니다. 적용 후 툴 바의 스케일 툴과 회전 툴에서 패턴의 사이즈와 방향 등을 알맞게 수정합니다.

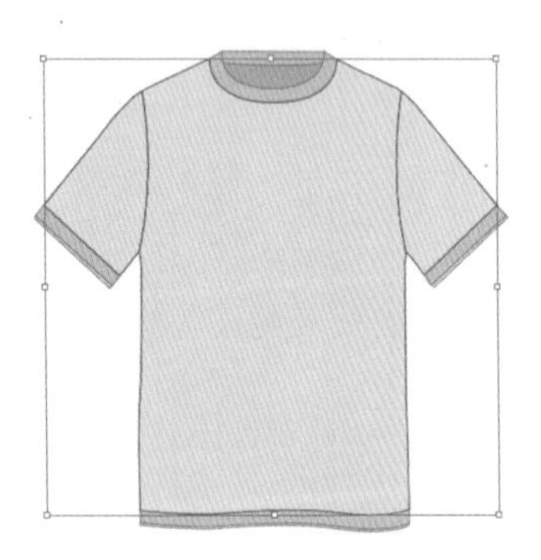

헤링본 패턴(Herringbone Pattern) 만들기

1 펜 툴로 수직선과 수평선을 그립니다. 블렌드 툴을 이용하여 헤링본 패턴의 기준선이 되는 격자 모양을 만듭니다.

2 블렌드 옵션은 'Specified Distance'로 하고 단계는 3으로 입력합니다. 이렇게 하면 4×4의 격자가 만들어집니다. 격자는 회색으로 하고 움직이지 않도록 [Object]-[Lock]을 지정하겠습니다.

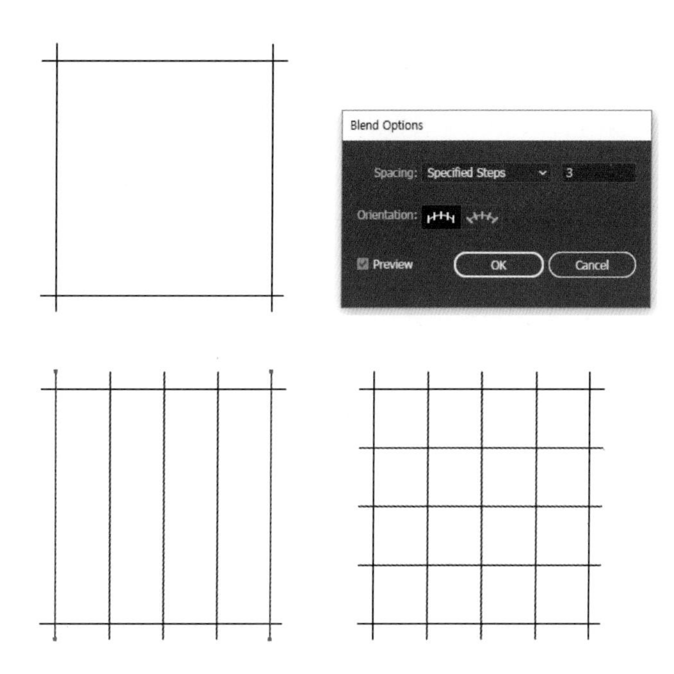

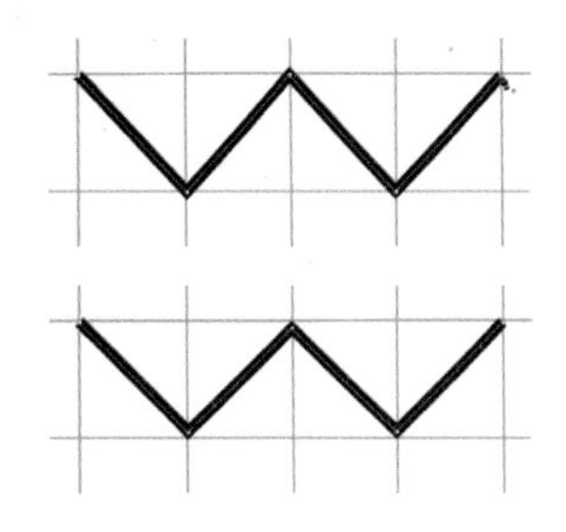

3 격자를 확대하여 펜 툴로 각 교차점에 맞게 W 모양의 패턴을 그려봅니다.

4 직접 선택 툴을 이용하여 골 부분과 산 부분의 꼭짓점 외곽선이 격자의 안쪽에 위치할 수 있도록 앵커를 각각 이동시킵니다.

5 완성된 W 모양 오브젝트를 선택하고 아래쪽 격자에 맞게 복사하여 나란히 배치합니다. 위와 마찬가지로 격자의 안쪽으로 패턴의 외곽이 들어오도록 화면을 확대하여 확인합니다. 만들고자 하는 헤링본 패턴의 디자인과 간격에 따라 패턴 수를 추가합니다.

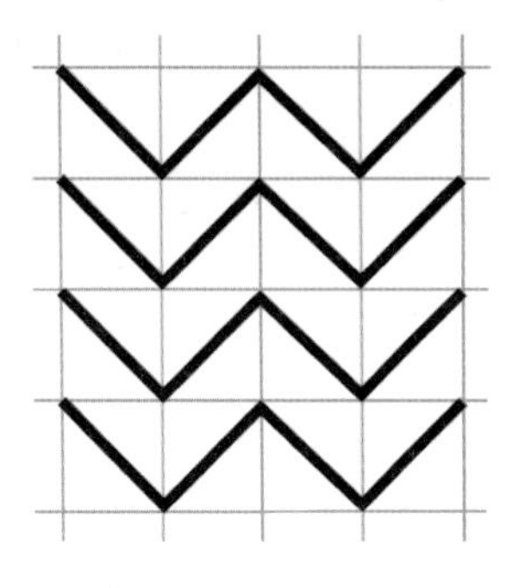

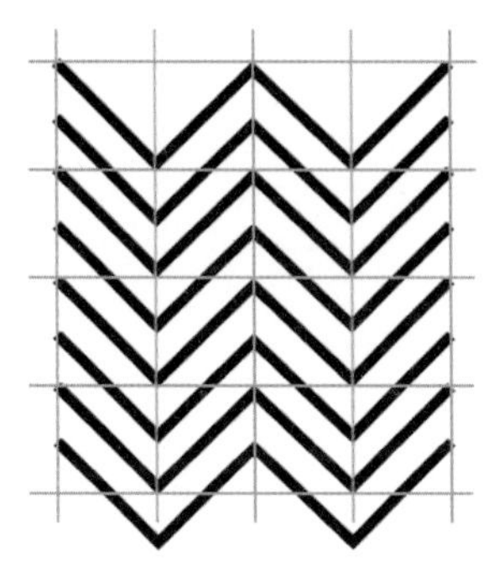

6 선택 툴로 기준선이 되는 격자를 제외한 헤링본 패턴 오브젝트를 모두 선택하고, 스와치 패널로 드래그하면 패턴으로 등록됩니다.

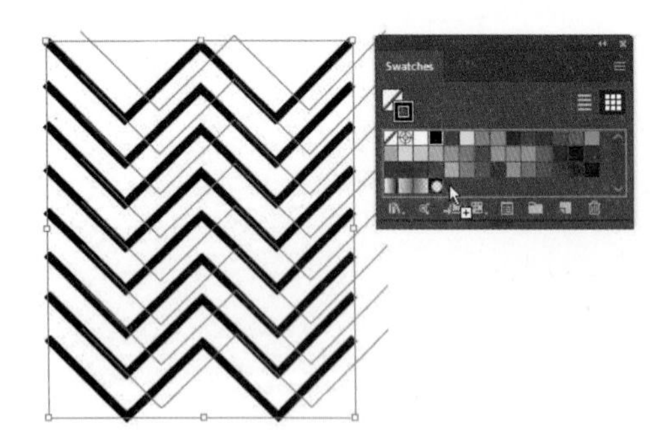

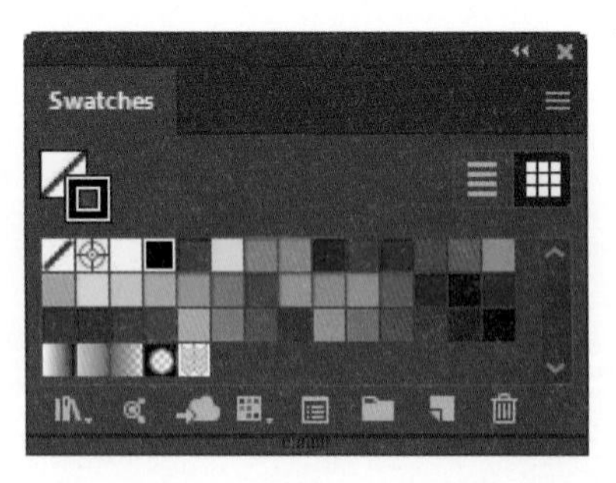

7 등록된 스와치 패널의 패턴을 더블 클릭하면 패턴 옵션창(Pattern Option)이 뜹니다. 패턴 옵션창이 나오면 전체 패턴의 반복을 확인할 수 있습니다. 패턴 간 여백을 조정하기 위해 패턴 옵션창에서 패턴 타일 툴(Pattern Tile Tool)을 클릭합니다.

8 패턴 타일 툴을 클릭하면 패턴 리피트의 외부에 파란색 바운딩 박스가 열립니다. 이것으로 패턴의 간격 등을 조정할 수 있습니다. 바운딩 박스를 이동시켜 먼저 패턴의 상하 간격을 조절하고, 다음은 패턴의 좌우 끝지점이 그림처럼 서로 교차해서 자연스럽게 연결되도록 조정합니다.

9 패턴을 적용할 오브젝트를 선택하고 새롭게 등록한 헤링본 패턴을 클릭하면 패턴이 적용됩니다. 적용 후에는 툴 바의 스케일 툴에서 패턴의 사이즈를 알맞게 수정합니다.

10 패턴의 배경이 되는 오브젝트의 Fill 컬러와 투명도 패널의 모드에 따라 다양한 헤링본 패턴을 만들 수 있습니다.

배경 컬러 및 모드를 적용한 예 1

배경 컬러 및 모드를 적용한 예 2

변형한 헤링본 패턴

하운드 투스 체크 패턴(Hound Tooth Check Pattern) 만들기

1 먼저 하운드 투스 체크 패턴을 표현할 사각 격자 툴(Rectangular Grid Tool)로 격자를 만듭니다. 사각 격자 툴을 더블 클릭하면 사각 격자 툴의 옵션창이 뜹니다.

TIP 옵션창의 Default Size의 Width와 Height에 20mm를 입력하고, Horizental Dividers와 Vertical Dividers의 Number에 각각 7을 넣으면 정사각형으로 이루어진 8×8의 격자가 만들어집니다.

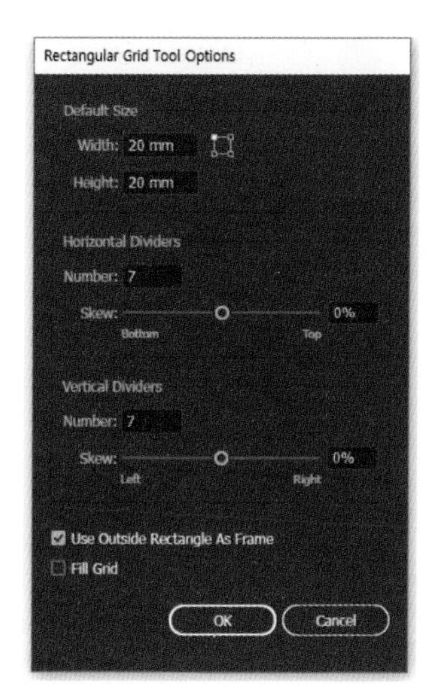

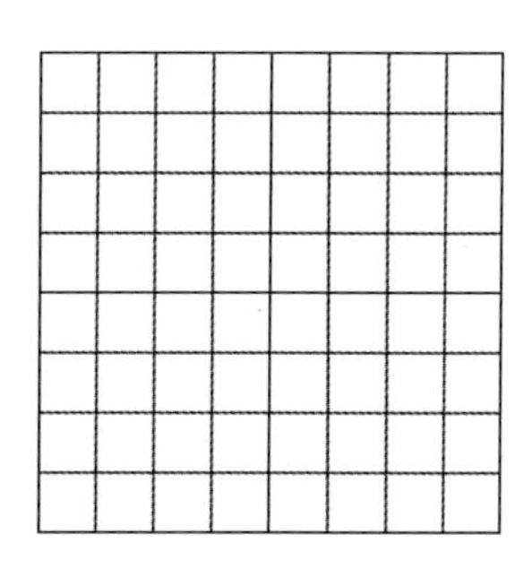

2 다음은 아래의 하운드 투스 체크 패턴의 리피트를 참고하여 그리드에 동일하게 패턴을 표현합니다. 이때 편리하게 작업하기 위해 그리드의 면에 노란색을 넣습니다.

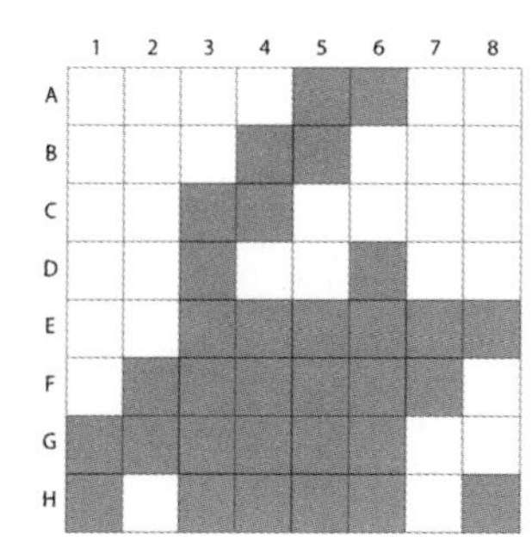

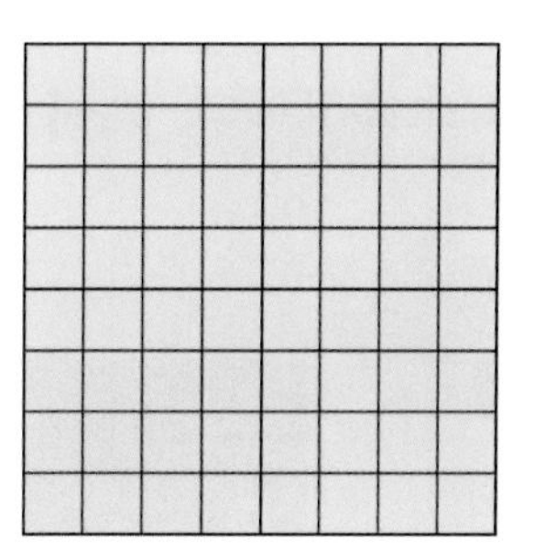

3 라이브 페인트 툴을 사용하여 각 그리드 칸에 색을 넣습니다.

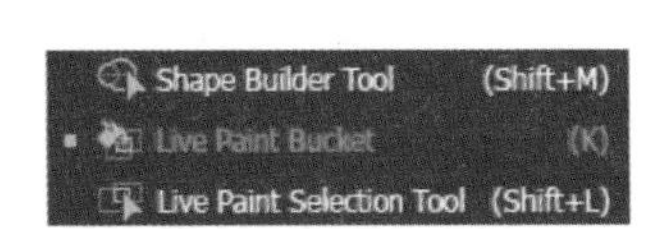

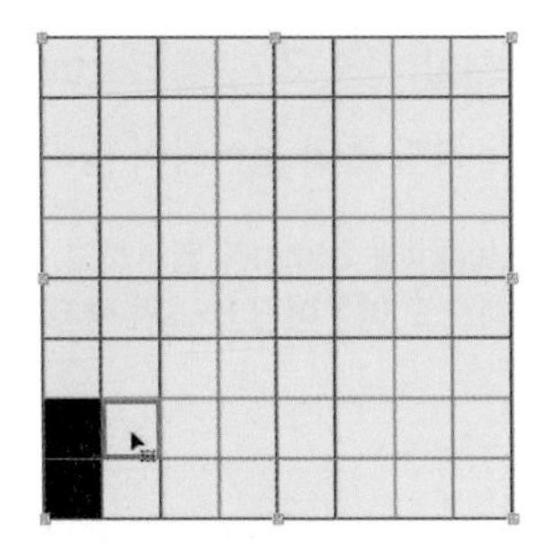

4 그리드를 선택하고 [Object]-[Live Paint]-[Expand]를 실행한 후, 패스파인더 패널에서 [Divide]를 클릭합니다.

5 그룹을 풀고 검은색을 제외한 노란색 부분을 선택하여 삭제하면, 하운드 투스 체크 패턴의 리피트가 만들어집니다.

6 하운드 투스 체크 패턴의 리피트를 선택 툴로 모두 선택하고, 스와치 패널로 드래그하면 패턴으로 등록됩니다.

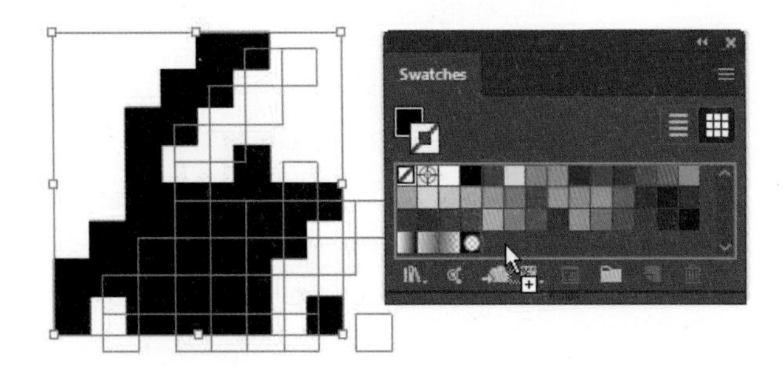

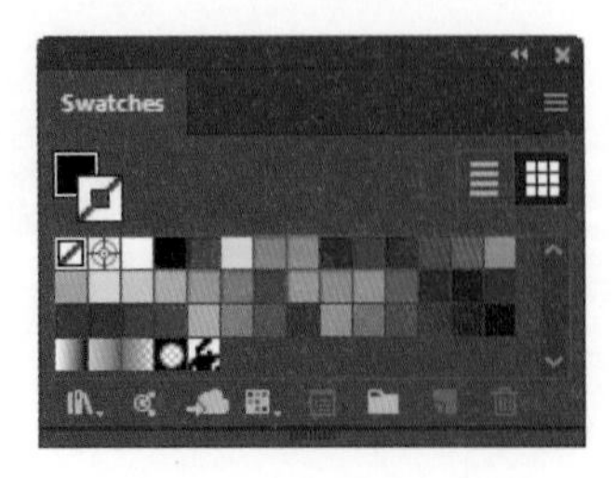

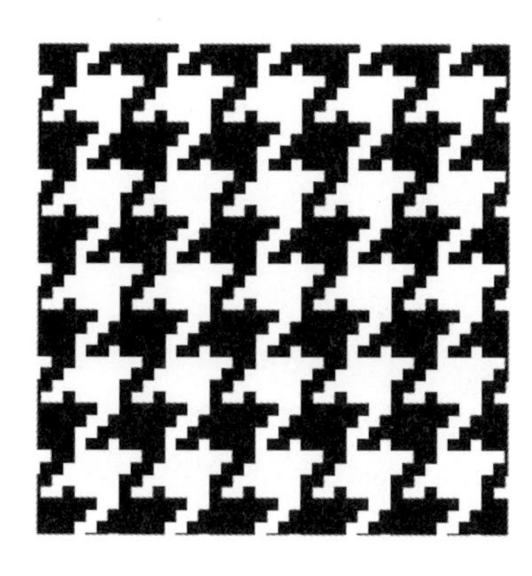

7 패턴을 입힐 오브젝트를 선택하고 새롭게 등록한 하운드 투스 체크 패턴을 클릭하면 패턴이 적용됩니다. 적용 후 툴 바의 스케일 툴에서 패턴 사이즈를 알맞게 수정합니다.

8 패턴의 배경이 되는 오브젝트의 Fill 컬러와 투명도 패널의 모드에 따라 다양한 하운드 투스 체크 패턴을 만들어봅시다.

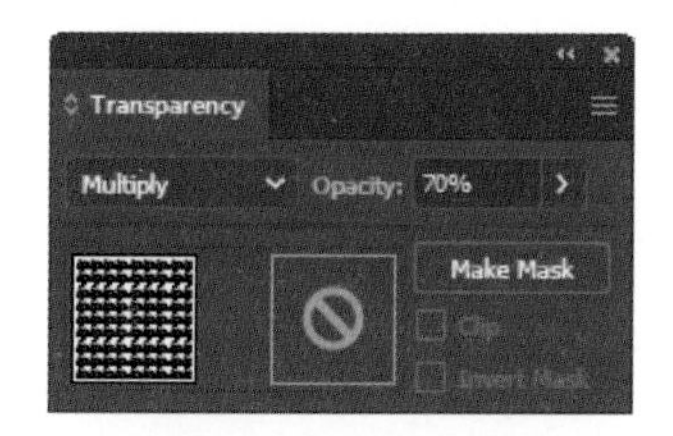

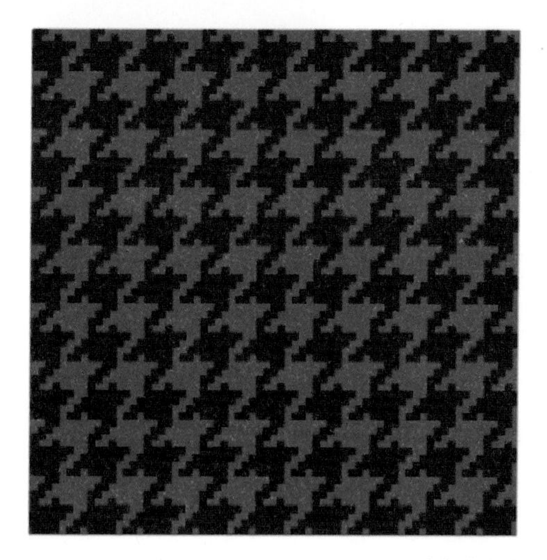

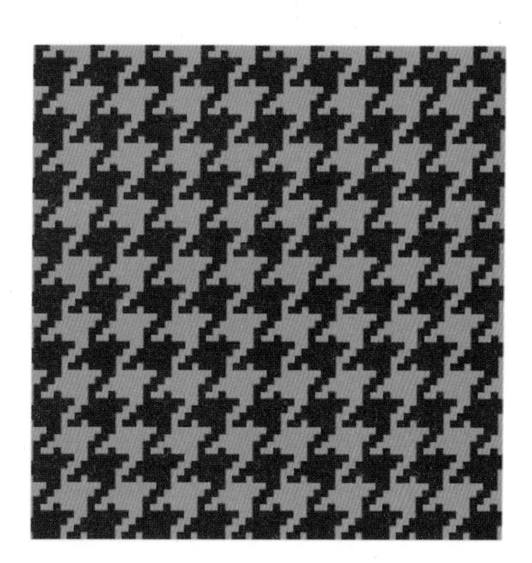

배경 컬러 및 모드를 적용한 예

위빙 조직이 표현된 체크 패턴 만들기

1 사각형 툴을 이용하여 체크 패턴의 세로 줄무늬가 되는 오브젝트를 만듭니다. 세로 줄무늬의 오브젝트를 선택하고 그룹으로 묶은 후, 단축키 Ctrl + C, 그리고 Ctrl + F를 눌러 오브젝트를 바로 위에 복사합니다.

2 복사한 오브젝트를 90° 회전시켜 교차시키면 체크 패턴의 기준이 되는 리피트가 만들어집니다. 레이어 패널에서 그룹 지어진 두 개의 오브젝트를 확인할 수 있습니다.

3 이때 레이어 패널에서 세로 방향의 레이어 앞쪽에 있는 눈 모양의 아이콘을 눌러 오브젝트를 잠시 숨깁니다.

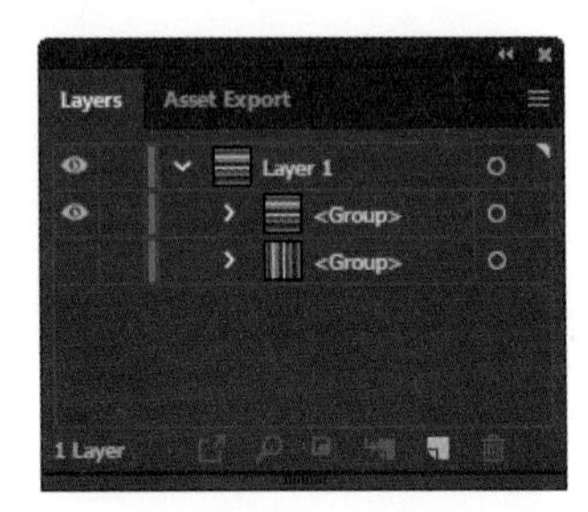

4 사각형 툴을 이용하여 가로로 긴 사각형을 그립니다. 이때 사각형의 길이는 위에서 만든 스트라이프 패턴 오브젝트의 대각선보다 길어야 합니다. 편하게 작업하기 위해 사각형을 연두색으로 채웁니다.

5 연두색 사각형은 Shift를 누르면서 45° 회전시킨 후, 중심점이 사각형 오브젝트의 왼쪽 위 모서리와 정확하게 만나도록 배치합니다.

6 연두색 사각형을 선택하고 [Alt]와 [Shift]를 동시에 누르면서 우측 하단 모서리로 드래그하여 이동시킵니다. 마찬가지로 연두색 사각형의 중심점과 모서리와 정확하게 만나도록 배치합니다.

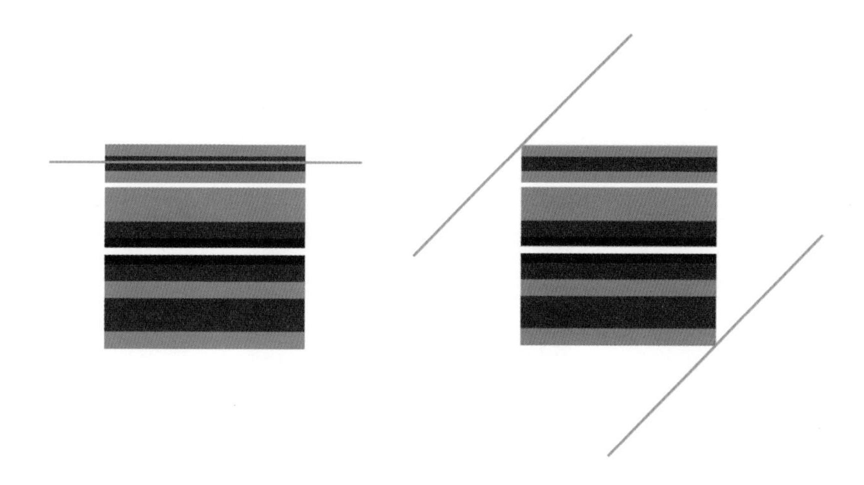

TIP [View]-[Outline]을 실행하면 더 자세하게 확인할 수 있습니다. [View]-[GPU Preview]를 누르면 원래의 보기 모드로 돌아옵니다.

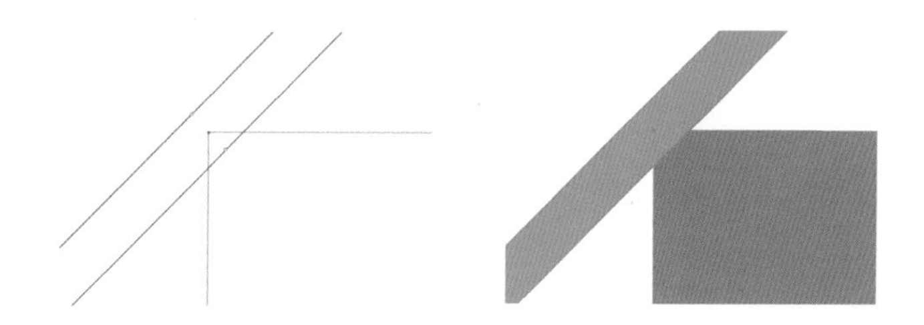

7 블렌드 툴을 이용하여 연두색 사각형을 반복 배치합니다. Blend Options에서 Specified Step을 설정하고 패턴에 적합한 간격으로 수를 지정합니다.

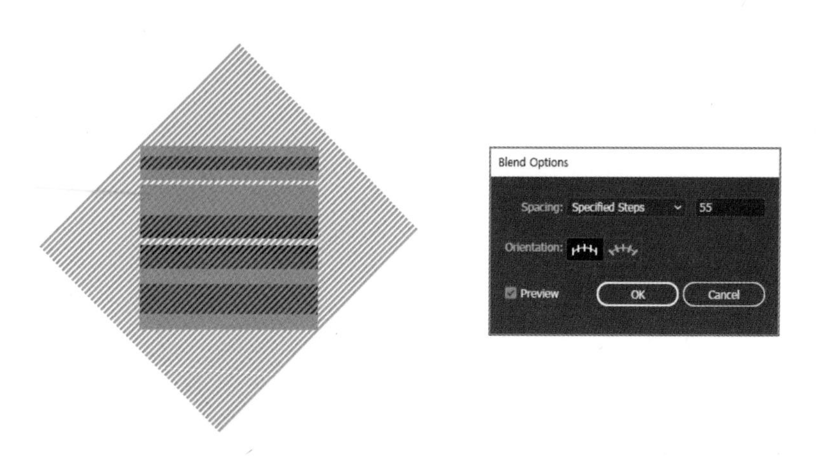

8 블렌드 적용 후 [Object]-[Blend]-[Expand]를 클릭합니다. 패스로 변화된 연두색 오브젝트를 포함하여 전체 오브젝트를 선택하고 패스파인더 패널에서 디바이드를 클릭합니다.
오브젝트 선택 후 마우스 오른쪽 버튼을 클릭하여 [Ungroup]하고, 마술봉 툴로 연두색 오브젝트를 클릭하여 Delete를 누릅니다. 레이어 패널에서 숨겨놓았던 세로 패널을 다시 보이게 하면 리피트 패턴이 완성됩니다.

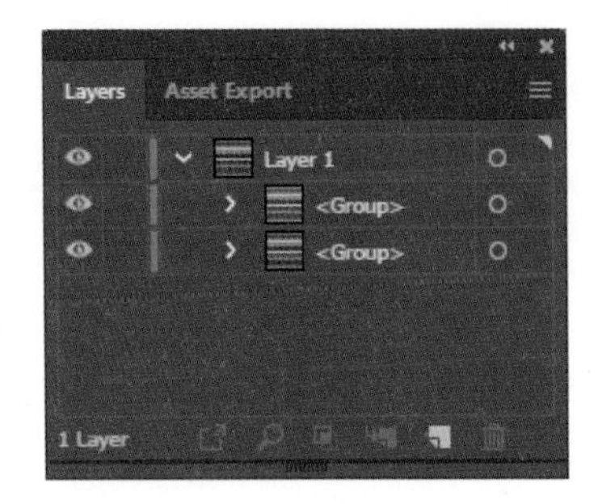

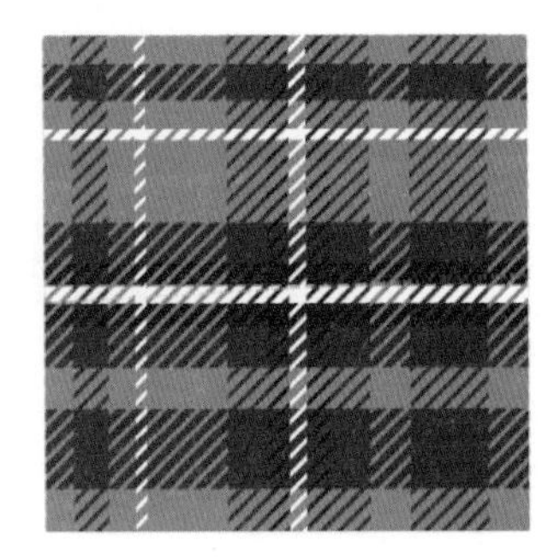

9 완성된 리피트 패턴을 선택하고 스와치 패널로 드래그하면 패턴으로 등록됩니다. 패턴을 입힐 오브젝트를 선택하고 새롭게 등록한 위빙 조직의 체크 패턴을 클릭하면 패턴이 적용됩니다.

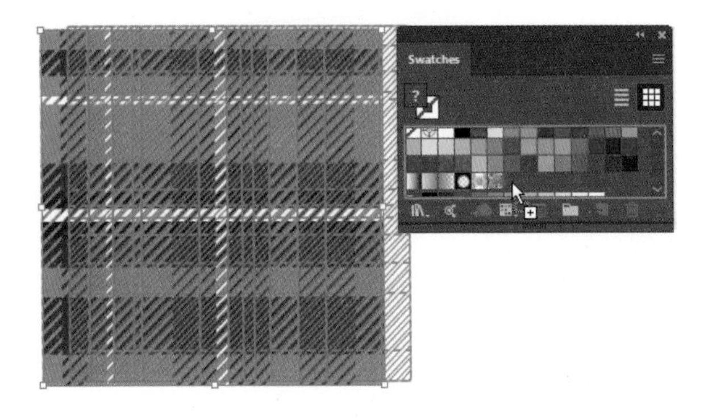

TIP 패턴 적용 후 툴 바의 스케일 툴과 회전 툴에서 패턴의 사이즈와 방향을 알맞게 수정합니다. 패턴의 컬러는 [Edit]-[Edit Colors]-[Recolor Artwork]를 선택하여 다양하게 변형 가능합니다. 또한 [Window]-[Color Guide]-[Recolor Artwork]를 통해 다양한 컬러웨이 결과물을 만들 수 있습니다.

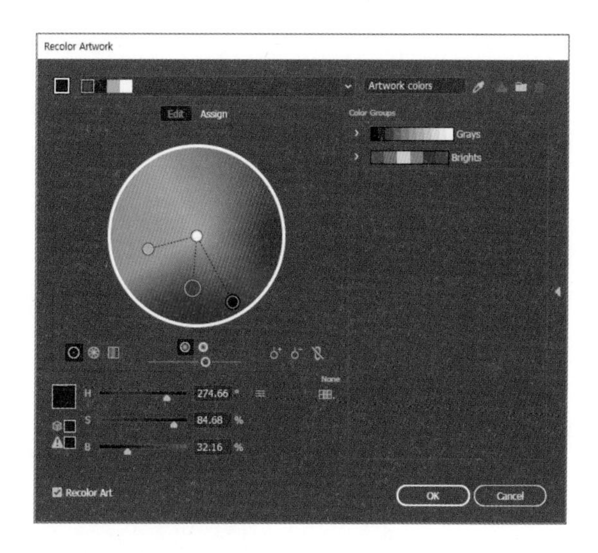

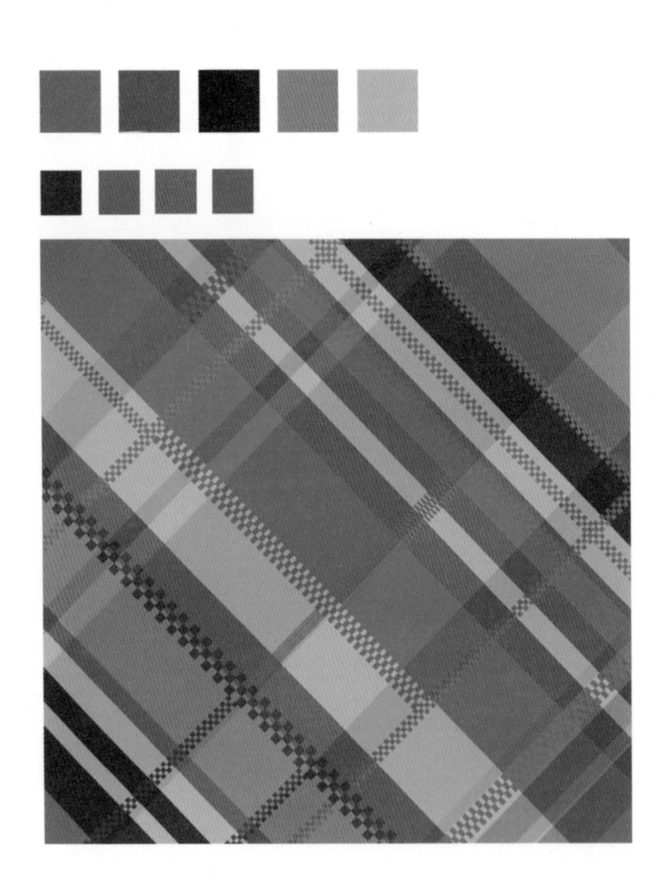

위빙 패턴 제작 및 적용 예제 1

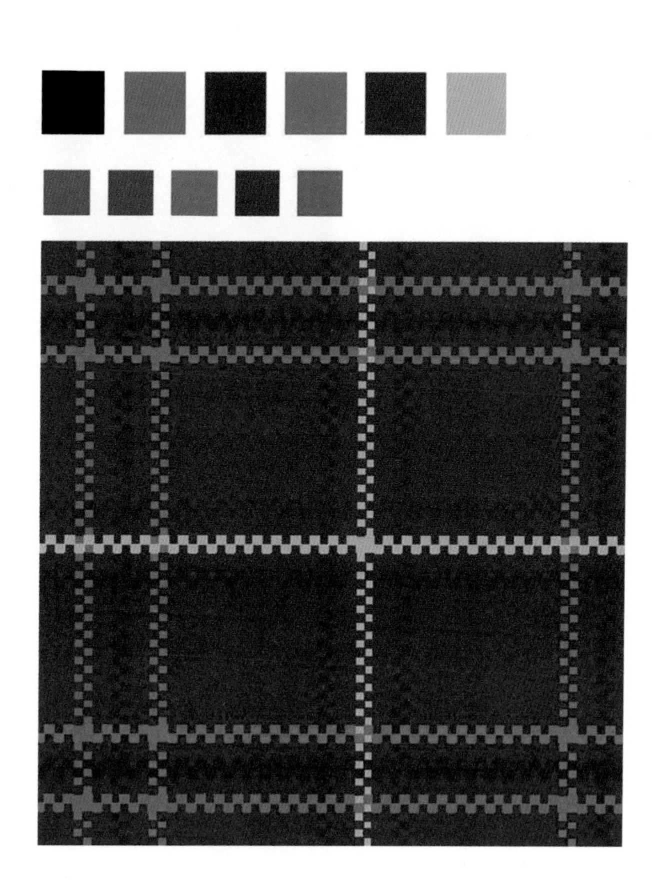

위빙 패턴 제작 및 적용 예제 2

나만의 패턴 만들어 저장하기

나만의 패턴을 만들고 일러스트레이터에 적용하는 방법을 간단히 알아봅시다. 패턴은 상하좌우로 반복되기 때문에 맞물리는 면이 어긋나지 않도록 만들어야 합니다.

1 간단한 패턴을 만들어보겠습니다. 도구상자의 원형 툴로 검은색의 원을 겹쳐 그리고, 투명도 패널을 열어 Opacity를 40%로 설정합니다. 반복 패턴을 만들 오브젝트를 생성해보았습니다.

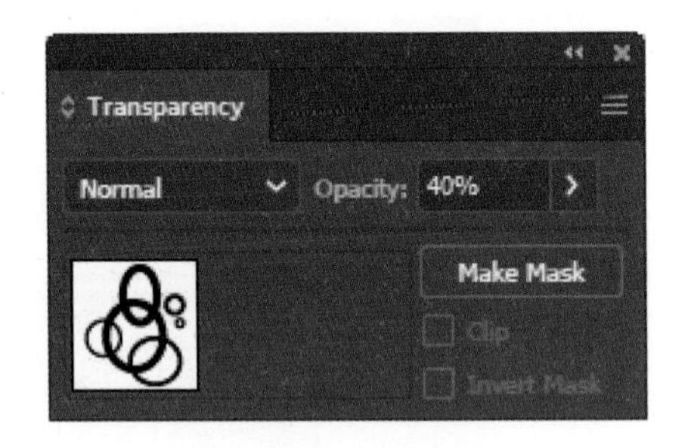

2 그 위에 선(Stroke)과 면(Fill)의 색이 적용되지 않은 빈 사각형을 만듭니다. 빈 사각형은 패턴의 기준 영역(리피트 영역)을 위해 설정되는 것이므로, 패턴 오브젝트의 여백을 생각하여 잘 맞게 위치시킵니다. 빈 사각형은 우클릭하여 Arrange에서 Send to Back을 누르거나, 단축키 Ctrl + Shift + [를 눌러 맨 아래에 위치시킵니다. 모두 선택하고 스와치 패널로 드래그해서 가져오면 패턴이 저장됩니다.

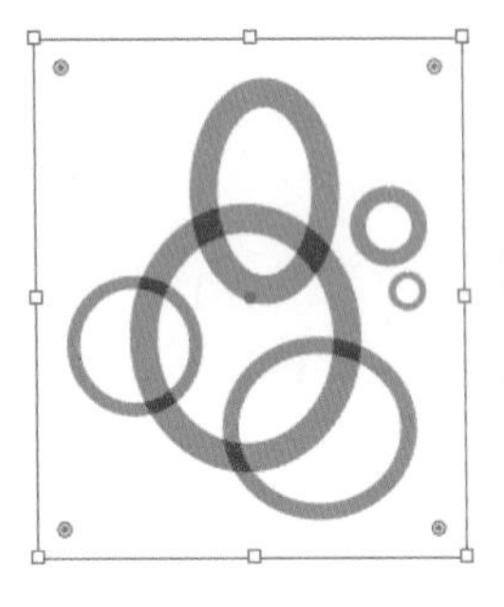

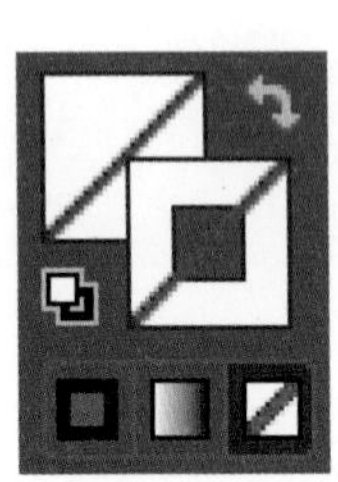

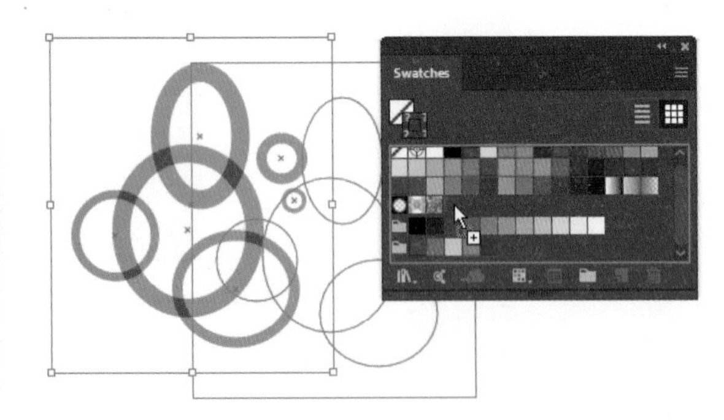

3 패턴을 오브젝트에 적용시켜봅시다. 지금까지 만든 것은 배경이 투명한 패턴으로, 적용할 오브젝트의 밑 색을 유지하면서 그 위에 패턴을 넣어보겠습니다.

4 패턴이 들어갈 오브젝트를 선택하고, 단축키 Ctrl + C, 그리고 Ctrl + F를 눌러서 오브젝트를 바로 위에 복사합니다. 선택한 상태에서 스와치 패널의 패턴을 클릭하면 선택하면 옷에 패턴이 적용됩니다.

TIP

① 패턴 수정은 스와치 패널의 패턴을 더블 클릭하여 편집 모드로 들어가서 하면 됩니다.
② 툴 바의 스케일 툴과 회전 툴에서 패턴의 사이즈와 방향 등을 수정할 수 있습니다. 투명도 패널의 모드를 활용하면 더욱 다양한 효과를 줄 수 있습니다.

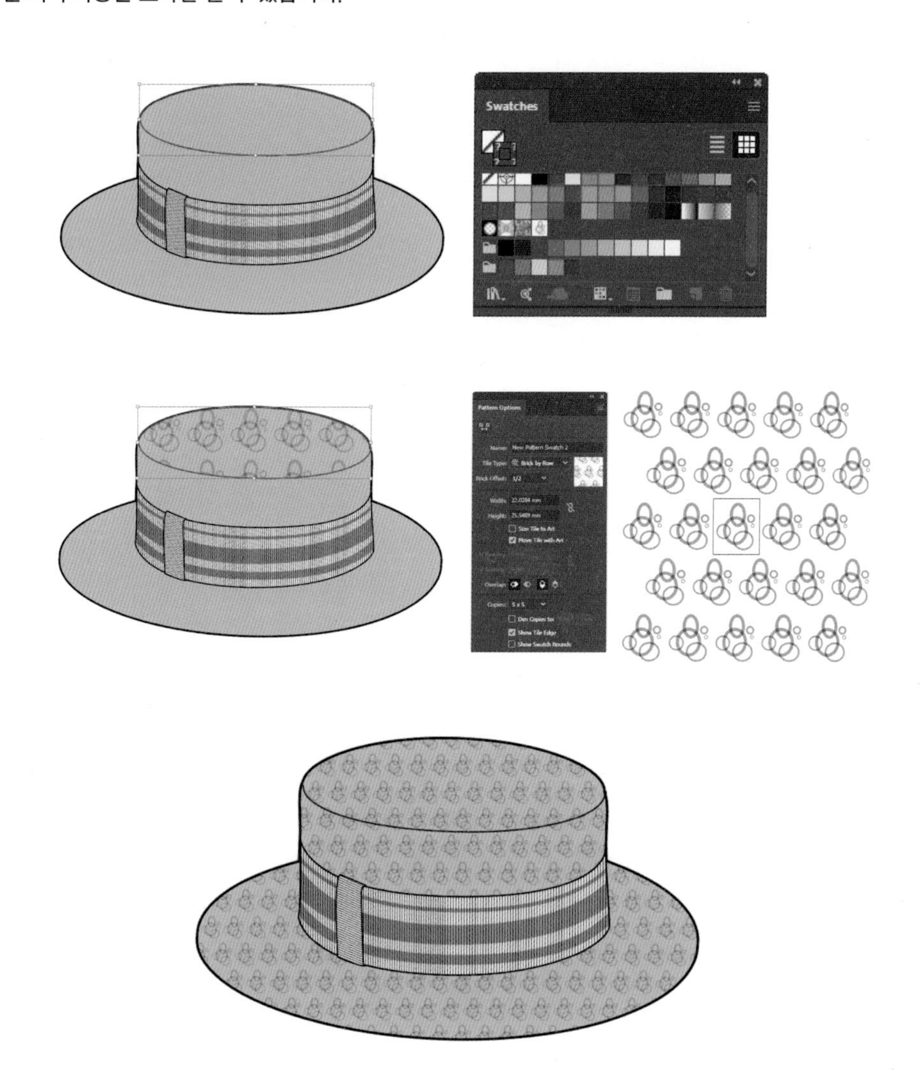

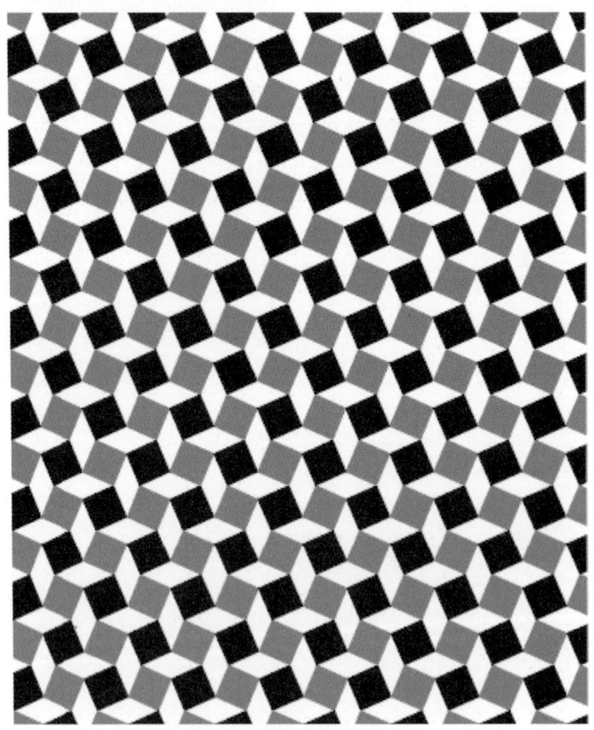

패턴의 수정과 적용

패턴 라이브러리에서는 기본적으로 다양한 패턴을 제공합니다. 패턴을 이용하면 그림을 하나하나 그리는 수고 없이 작업에 어울리는 것을 골라 쉽게 적용할 수 있습니다. 일러스트레이터 CS6부터는 편집 모드에서 패턴을 수정할 수 있어 편리합니다.

패턴 컬러 수정하기

1 메뉴 바의 [Windows]-[Swatch Libraries]-[pattern]-[Decorative Legacy]를 선택하면 라이브러리 패널이 열립니다. 그중 [Hexagon Tile Color] 패턴을 선택 클릭하면 스와치 패널에 자동으로 저장됩니다.

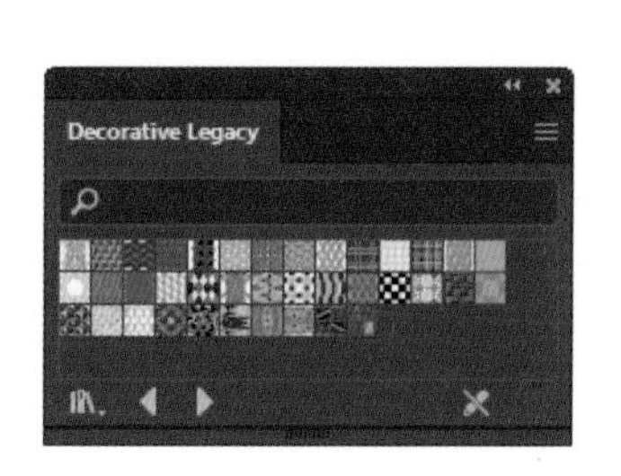

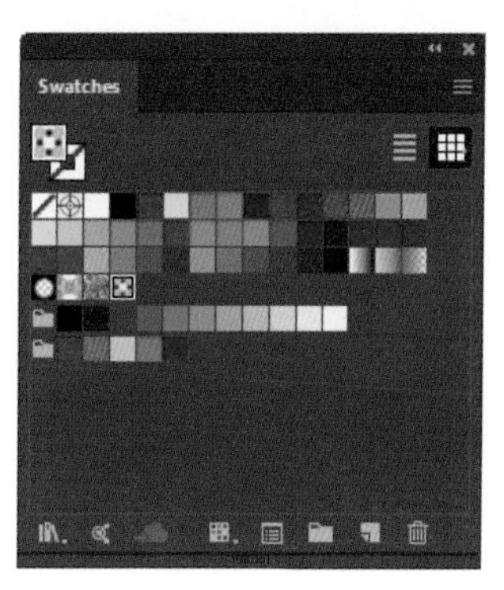

2 스와치 패널의 패턴을 더블 클릭하면 편집 모드로 바뀌면서 패턴 옵션창이 열립니다.

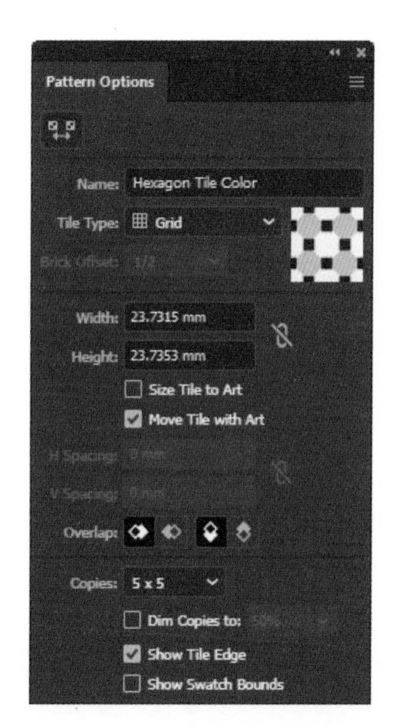

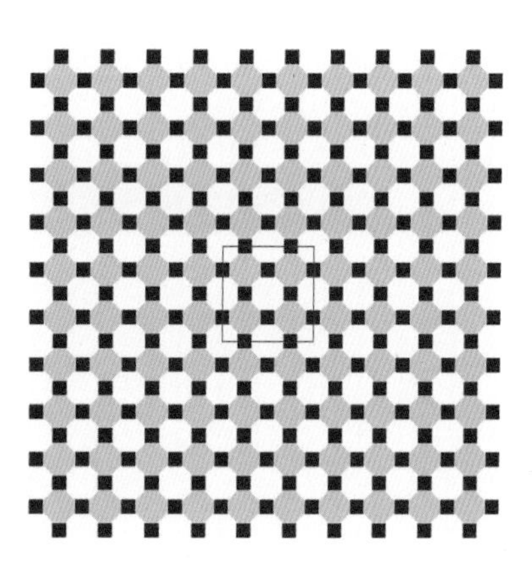

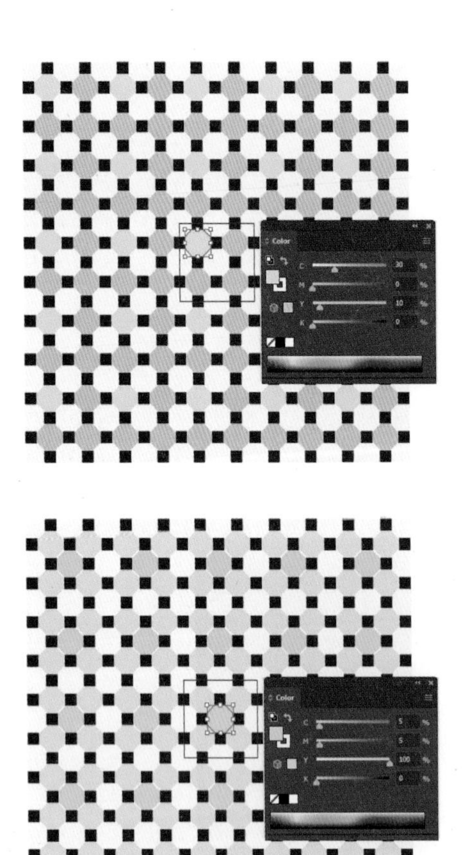

3 선택 툴로 패스를 선택하고 컬러 패널을 열어서 하늘색(C30, Y10)으로 변경합니다. 패턴 중에서 원하는 패스를 선택하여 색상을 바꿔봅시다.
내부의 흰색 부분은 노란색(Y100)으로 변경해봅니다. 여기서는 컬러가 적용되는 것을 바로바로 확인하면서 작업할 수 있습니다.

4 작업창 위쪽의 [Done] 버튼을 누르면 패턴이 수정되며 원래 화면으로 돌아옵니다. [Save a Copy]를 누르면 패턴이 복사되고, [Cancle]을 누르면 작업이 취소됩니다.

패턴 적용하기

1 적용할 오브젝트를 선택한 상태에서 스와치 패널의 패턴을 선택하여 클릭하면 패턴이 적용됩니다.

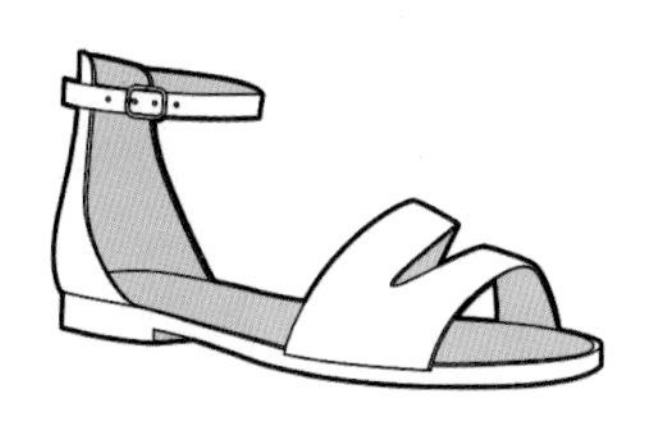
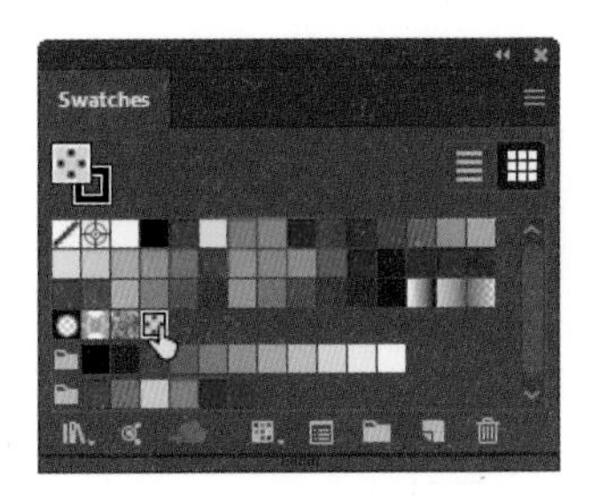

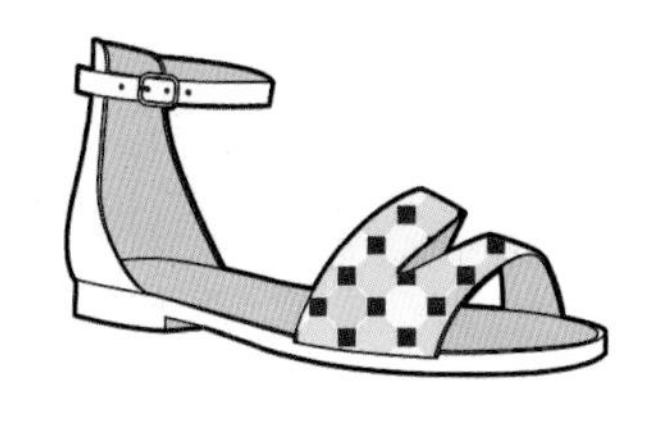

2 오브젝트에 적용한 패턴의 크기가 작거나 큰 경우, 도구상자의 스케일 툴로 수정할 수 있습니다. 패턴이 적용된 오브젝트를 선택하고 스케일 툴을 더블 클릭해서 대화창을 오픈합니다. 원하는 패턴 사이즈에 맞는 비율을 입력하고, Transform Patterns를 체크한 후 [OK] 버튼을 누르면 패턴이 수정됩니다. 이때 Preview를 체크해두면 수정되는 사항을 미리 확인할 수 있습니다. 이렇게 하면 패턴이 원하는 비율로 축소됩니다.

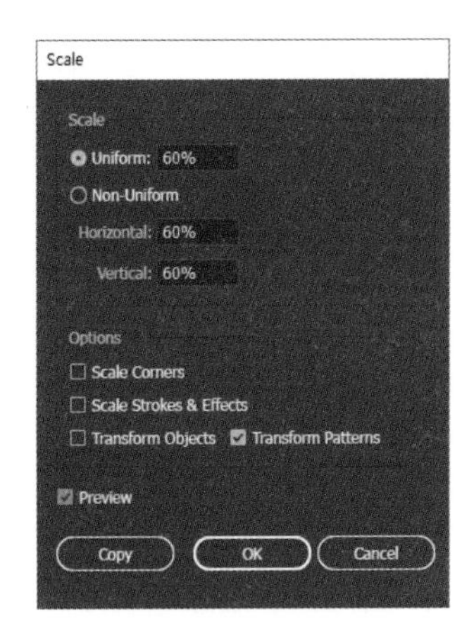

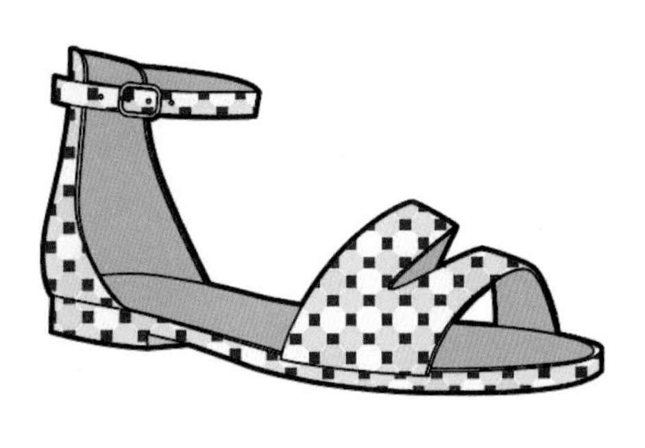

패션을 위한 소재

블렌드 툴을 활용하여 립(Rib) 조직 적용하기

1 모자 밴드 부분에 립 조직의 골지를 표현할 선을 넣어봅시다. 곡률이 있는 밴드에 블렌드를 자연스럽게 적용시키고자, 밴드를 직선에 가까운 면으로 구분해보겠습니다. 밴드에 기준이 될 세로선을 시작 지점과 끝 부분, 그 외에 중간에도 더 그려줍니다.

2 도구상자에서 블렌드 툴을 선택하고 왼쪽부터 차례로 선을 클릭하여 블렌드를 적용합니다.

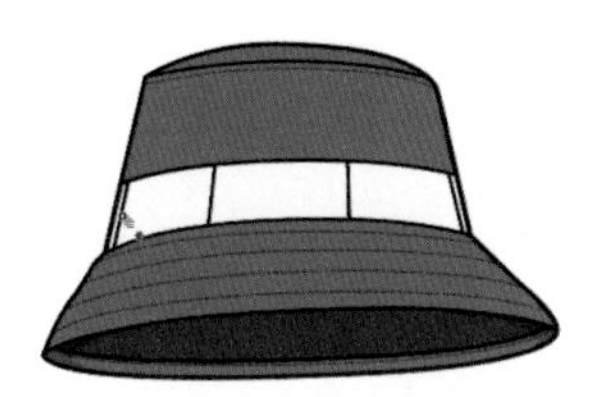

3 적용된 블렌드는 블렌드 옵션창을 열어서 Specified Distance(간격 블렌드)로 선택하고 알맞은 간격을 기입합니다. 이때 Preview를 체크하면 적용된 모양을 미리 확인할 수 있습니다.

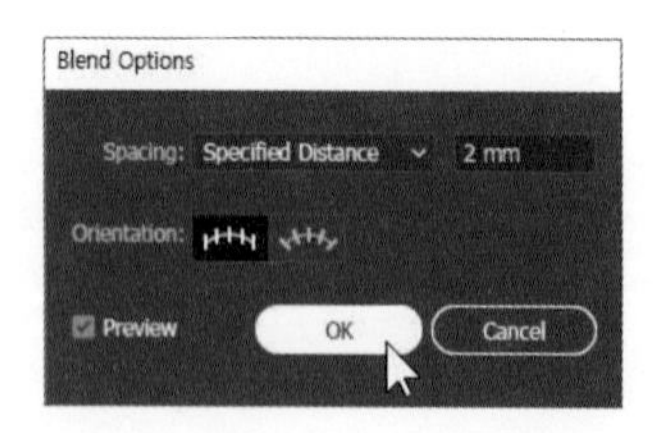

니트 패턴(Knit Pattern) 만들기

1 먼저 원형 툴을 선택하고 원을 그린 후 그라데이션 색상을 적용합니다.

2 오브젝트를 선택하고 살짝 기울여 경사를 만든 후, 반사 툴을 클릭하여 반사된 오브젝트를 복사합니다. 두 개의 겹쳐진 원을 원하는 니트 패턴의 디자인에 따라 복사하고 배치합니다.

3 니트 패턴 구성을 위한 하나의 리피트가 완성되면 오브젝트를 선택하여 패턴을 적용할 오브젝트를 선택하고 스와치 패널로 드래그하면 패턴이 등록됩니다.

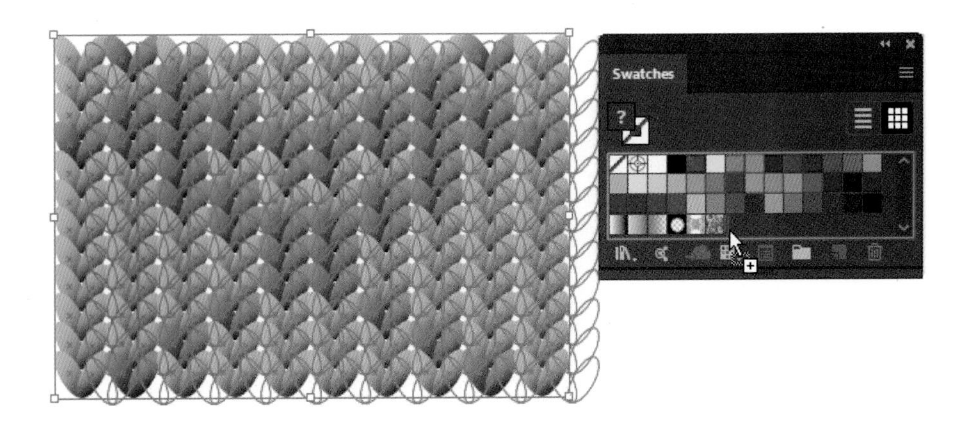

4 등록된 스와치 패널의 패턴을 더블 클릭하면 패턴 옵션창이 뜹니다. 패턴 옵션창에서 전체 패턴을 반복을 확인할 수 있습니다.

5 니트 패턴 간의 여백을 조정하기 위해 패턴 옵션창에서 패턴 타일 툴(Pattern Tile Tool)을 클릭합니다. 패턴 타일 툴을 클릭하고 파란색 바운딩 박스를 이동시켜, 먼저 패턴의 상하좌우 간격이 자연스럽게 연결되도록 조정하면 니트 패턴이 완성됩니다.

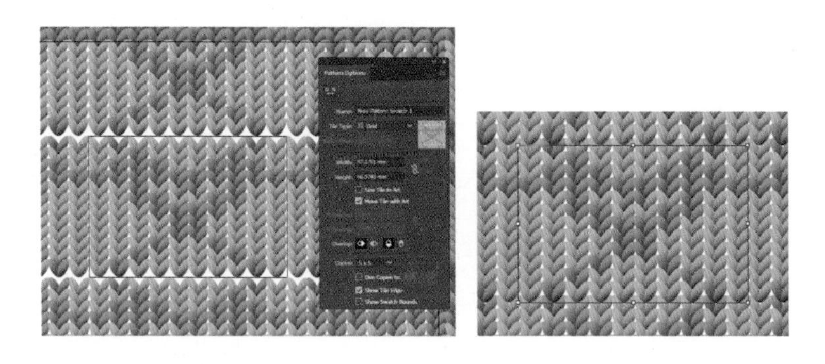

6 오브젝트에 니트 패턴을 적용한 후 툴 바의 스케일 툴과 회전 툴에서 패턴의 사이즈와 방향을 알맞게 수정합니다.

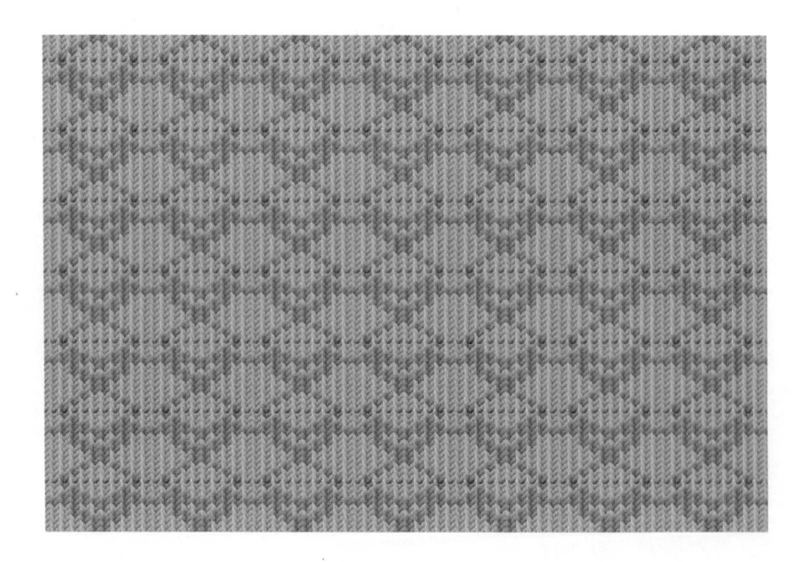

멜란지(Melange) 원단 표현하기

1 펜 툴과 원형 도형 툴로 직선과 점을 조합하여 멜란지 원단을 표현할 텍스처를 그려봅시다. 패턴 오브젝트를 선택하고 스와치 패널에 드래그하면 패턴으로 등록됩니다.

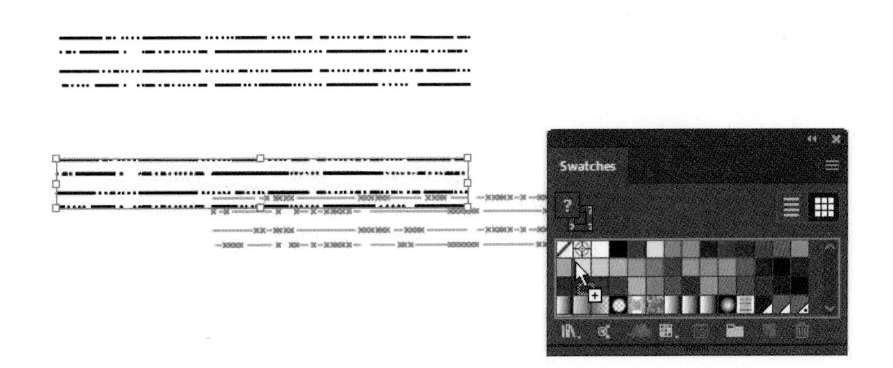

2 텍스처를 적용할 오브젝트를 선택합니다. 예제 티셔츠의 경우 몸판과 슬리브를 선택하고 단축키 Ctrl + C, 그리고 Ctrl + F를 눌러 오브젝트를 바로 위에 복사합니다. 선택한 상태에서 스와치 패널의 패턴을 클릭하면 선택하면 패턴이 옷에 적용됩니다.

3 옷의 컬러에 따라 투명도 패널의 모드를 활용합니다. 자연스러운 멜란지 표현을 위해 패턴의 위치를 적절하게 수정합니다. 패턴을 수정할 때는 스와치 패널의 패턴을 더블 클릭하여 편집 모드로 들어가면 됩니다.

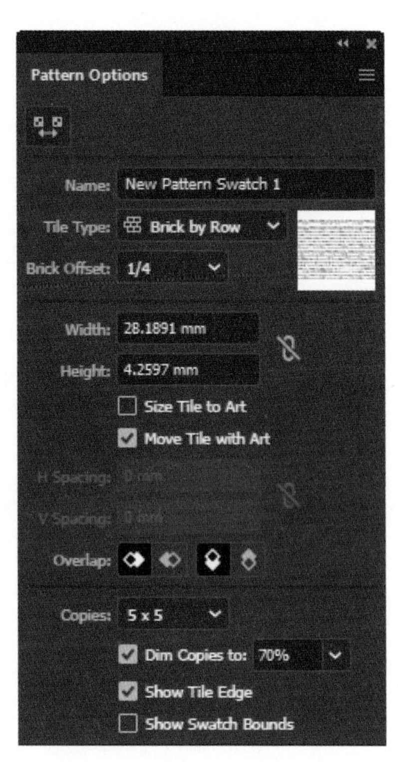

이펙트 갤러리(Effect Gallery)를 활용한 패브릭 표현: 조직감 추가하기

1 조직감을 표현할 팬츠 도식화를 준비합니다.

2 조직감을 넣을 오브젝트를 선택한 후 [Effect]-[Effect Gallery]를 클릭하면 오브젝트에 다양한 효과를 적용할 수 있습니다. 우측 화면에서 효과를 선택하면, 좌측 화면에서 오브젝트에 효과가 적용된 모습을 미리 확인할 수 있습니다.

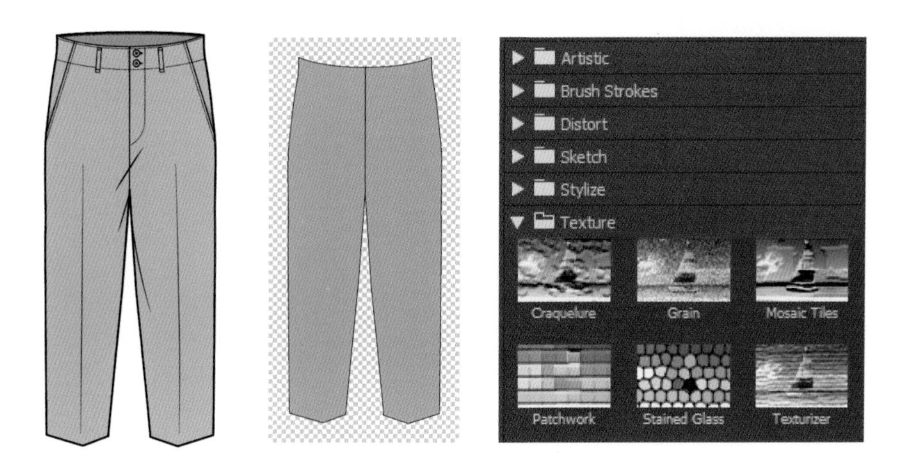

3 도식화에 조직감을 추가하기 위해 [Texture] 폴더를 클릭하고 [Craquelure] 효과를 클릭하여, 트위드나 모직 등의 조직감을 오브젝트에 추가해봅니다.

4 슬라이드의 바나 수치를 조절하여 적절한 효과를 적용합니다. 표현하려는 원단에 따라 [Texturizer]를 선택하고 모드를 [Canvas]로 설정하면 리넨이나 캔버스의 조직감을 표현할 수도 있습니다.

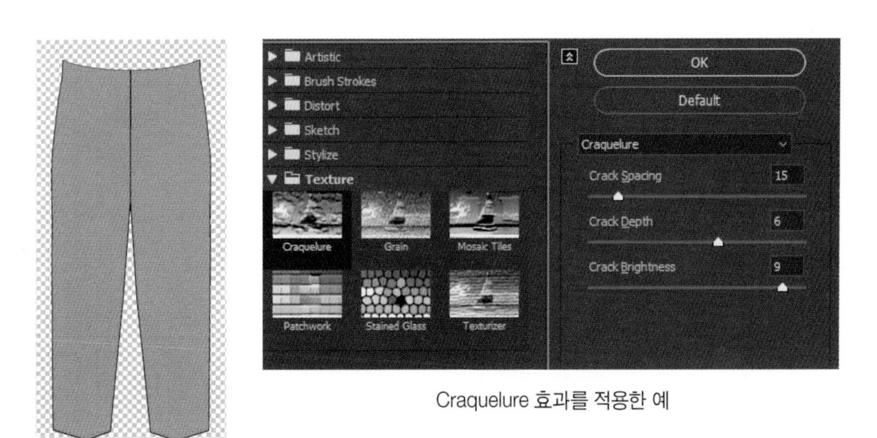

Craquelure 효과를 적용한 예

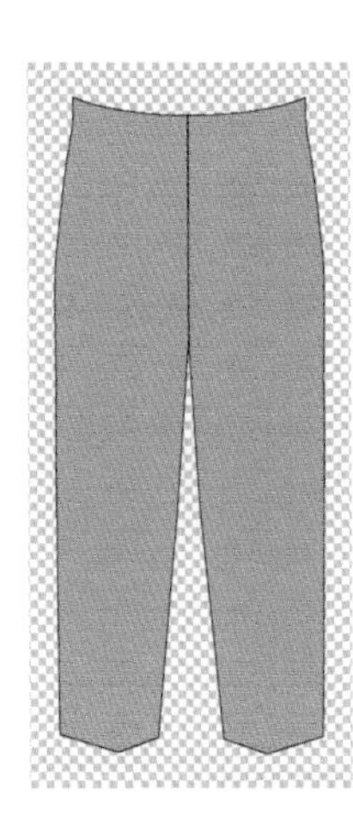

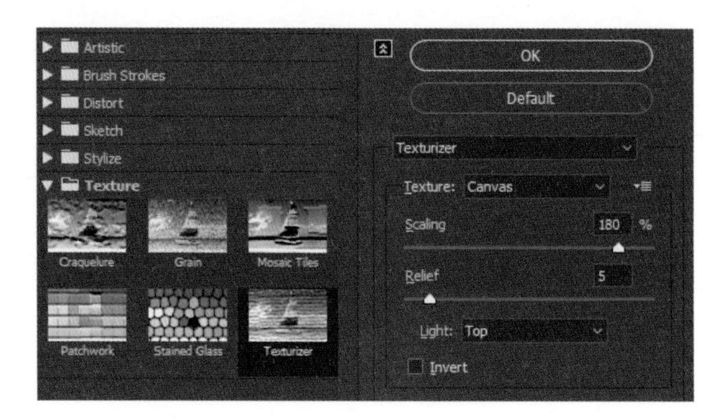

Texturizer-Canvas 효과를 적용한 예

5 [OK] 버튼을 누르면 선택한 오브젝트에 효과가 적용됩니다.

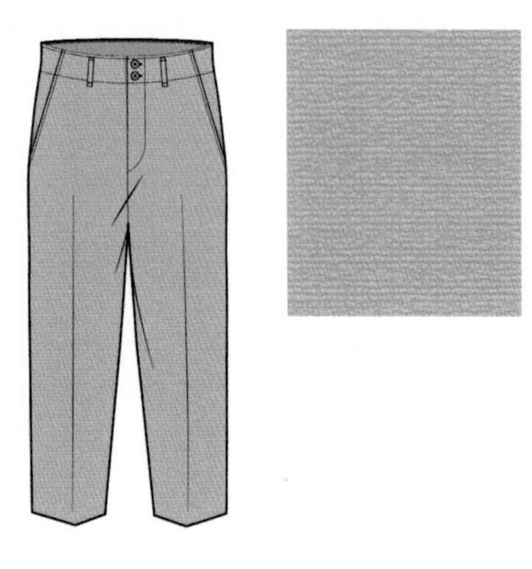

Craquelure 효과를 적용한 예

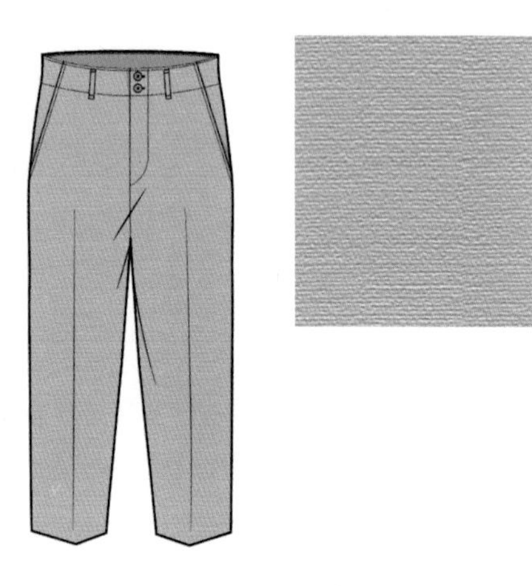

Texturizer-Canvas 효과를 적용한 예

모피(Fur) 표현하기

여기서는 아우터의 후드에 달린 퍼 장식을 표현해보도록 합시다.

1 모피로 표현할 오브젝트를 선택합니다. 모피 효과를 줄 오브젝트를 선택한 후 [Effect]-[Distort & Transform]-[Roughen]을 선택합니다. 설정창이 뜨면 Preview를 눌러 적절한 옵션값을 설정합니다. 여기서는 Size를 10%, Detail을 95로 입력하고 Points는 Smooth로 설정했습니다.

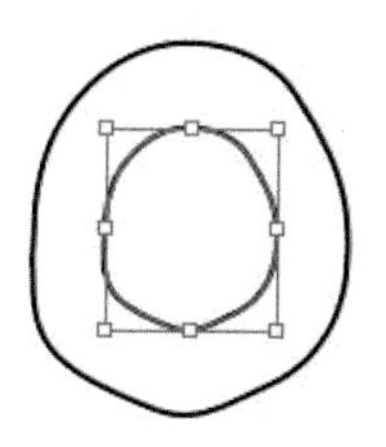
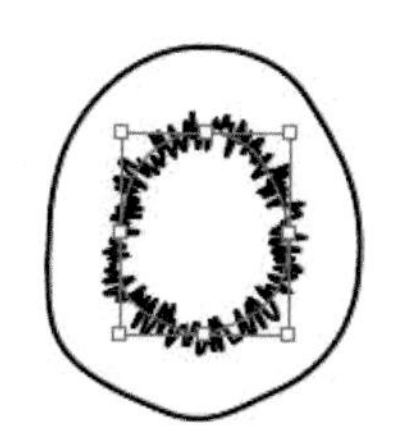
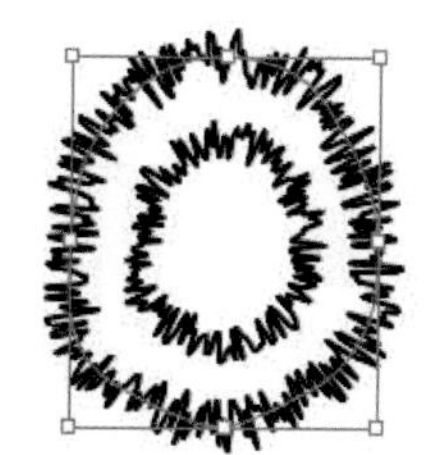

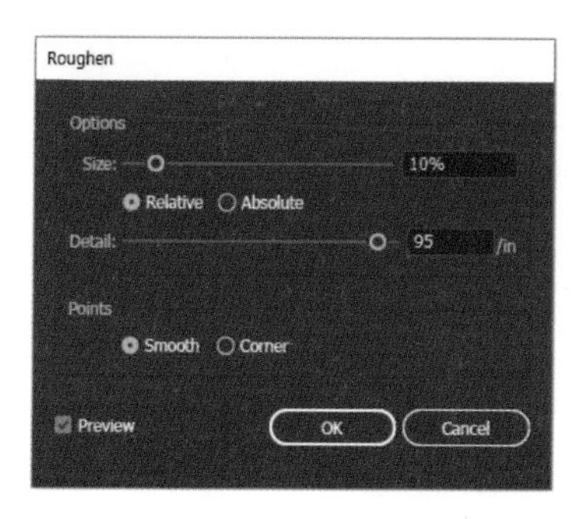

2 위의 효과를 1차로 적용한 후 다시 한 번 Roughen 효과를 줍니다. 이때는 옵션값을 Size 3%, Detail 25로 설정하고 Points는 Smooth로 설정합니다. 이 같은 작업은, 원하는 모피 형태가 나올 때까지 반복하거나 필요한 경우 선을 더하여 보다 풍성한 텍스처를 추가하도록 합니다. 디자인에 따라 원하는 컬러로 변형할 수도 있습니다. 선의 두께에 따라 보다 섬세한 털의 표현이 가능합니다.

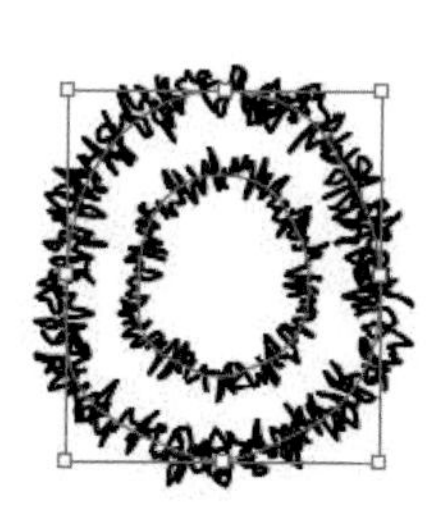

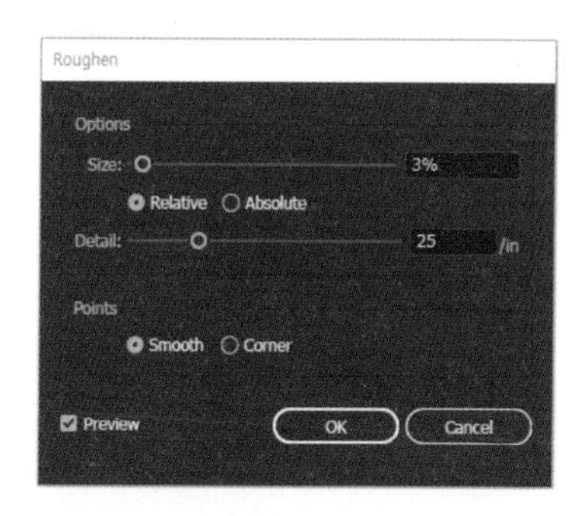

3 선을 더하여 보다 풍성한 텍스처를 추가합니다. 디자인에 따라 원하는 컬러로 변형해볼 수도 있습니다. 선의 두께에 따라 보다 섬세한 털의 표현이 가능합니다.

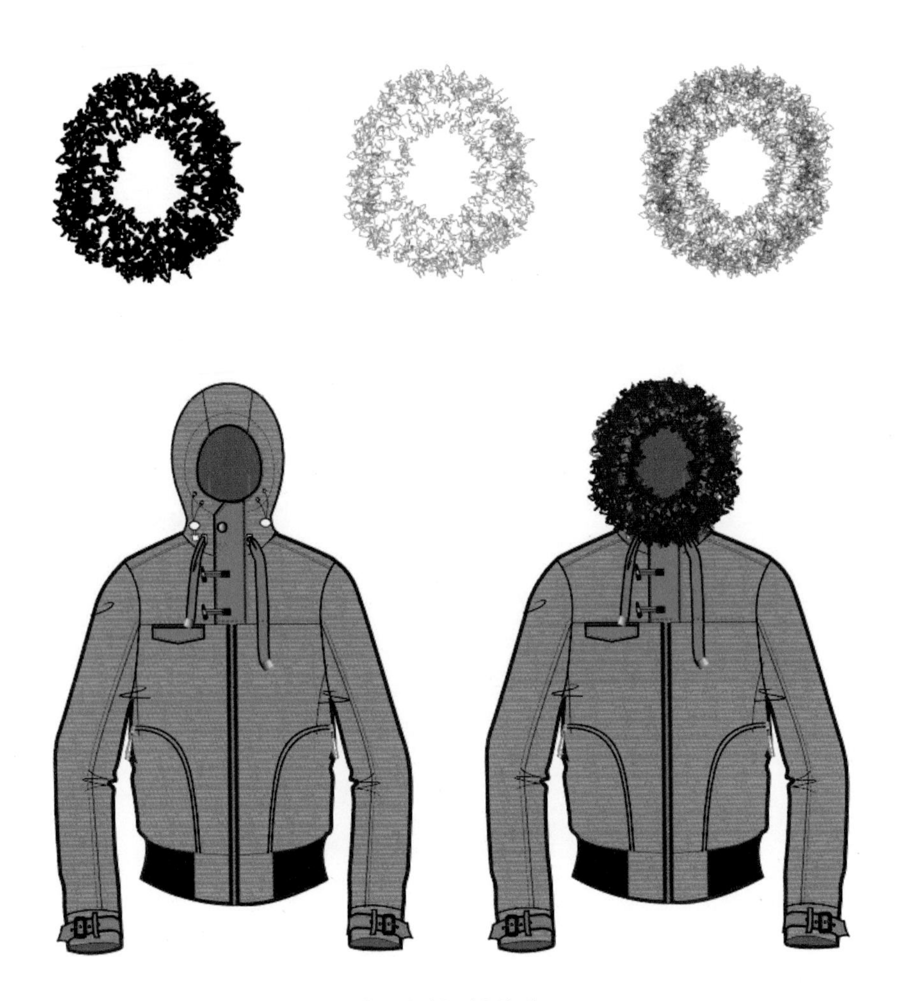

후드에 털을 적용한 예

패션을 위한 부자재

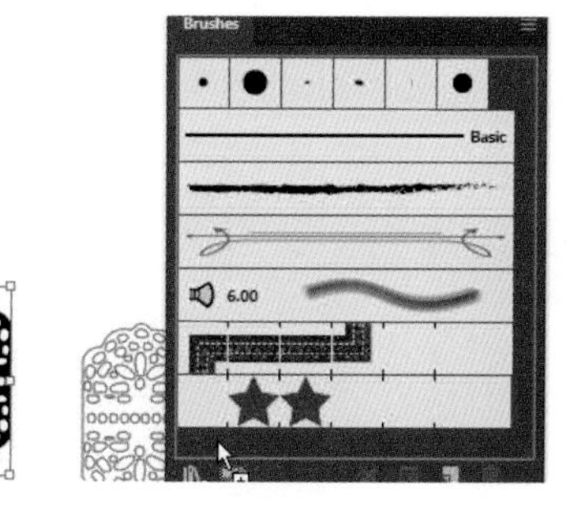

패턴 브러시 활용하기: 레이스 모티프로 리본 만들기

1 툴 박스의 선택 툴로 레이스 오브젝트를 선택하고 Brushes 패널로 드래그하여 넣습니다.

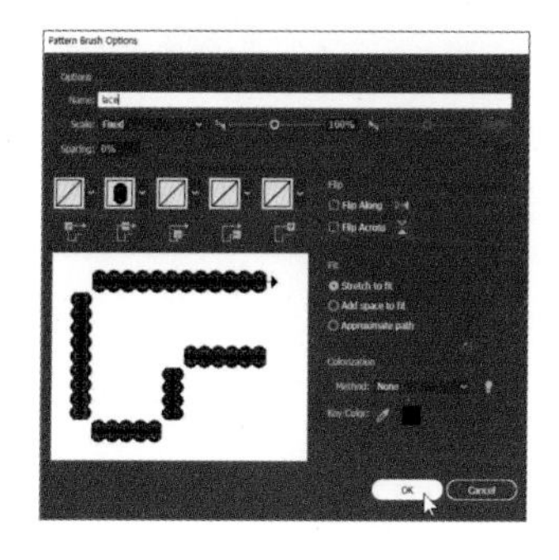

2 New Brush라는 대화상자가 표시되면 'Pattern Brush'를 선택한 다음 [OK] 버튼을 클릭합니다. Pattern Brush Options 대화상자가 표시되면 Name을 'lace'로 지정하고 [OK] 버튼을 눌러 새로운 브러시를 저장합니다.

3 우측 하단부의 Fit과 Colorization의 Method 설정을 통해 브러시 간격과 컬러의 변화 여부를 지정할 수 있습니다. Colorization 하단에 위치한 Key Color를 선택하여 브러시 컬러를 입력해봅니다.

4 등록된 레이스 모양의 패턴 브러시로 원하는 모양을 자유롭게 그려봅시다. 기본 모티프를 변형하면 또 다른 모양의 다양한 브러시를 만들 수 있습니다.

금속 섕크 버튼(Shank Button) 만들기

1 도형 툴로 원형 버튼을 그립니다. 그라디언트를 적용하고자 선택 툴로 원형 오브젝트를 클릭합니다. 그라디언트 패널을 열고 그라디언트 버튼을 클릭하면 흑백 그라디언트가 만들어집니다. 그라디언트의 방향은 일방향으로 선택합니다.

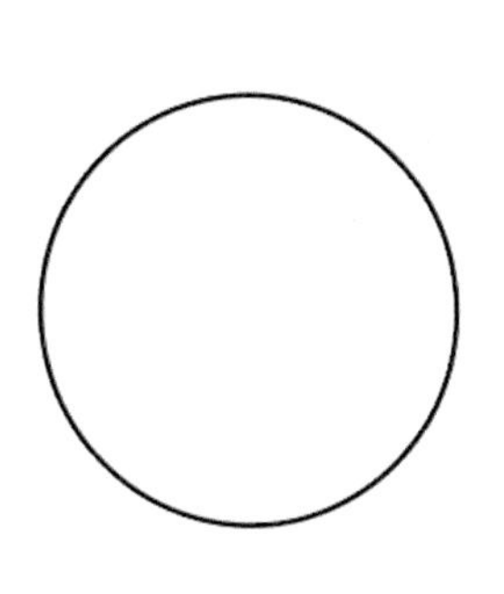

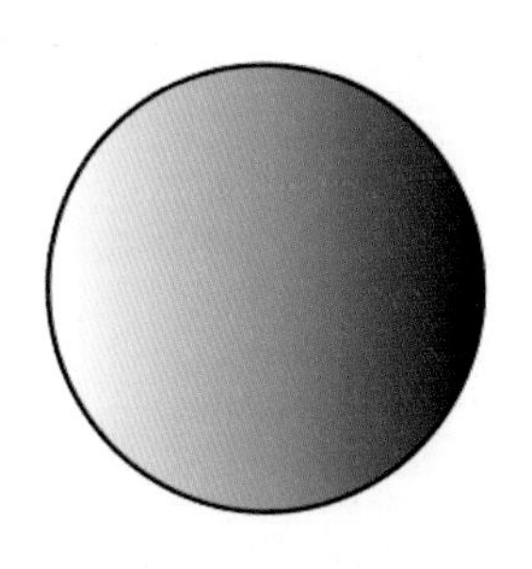

2 슬라이더 바의 빈 공간을 클릭하면 새로운 슬라이더를 추가할 수 있습니다. 슬라이더를 클릭하여 원하는 컬러로 바꾸어봅니다. 여기서는 새로 추가한 슬라이더에 검은색(K100)을 적용했습니다. 슬라이더와 슬라이더 바의 조절점을 이동하여 금속의 음영을 표현해줍니다.

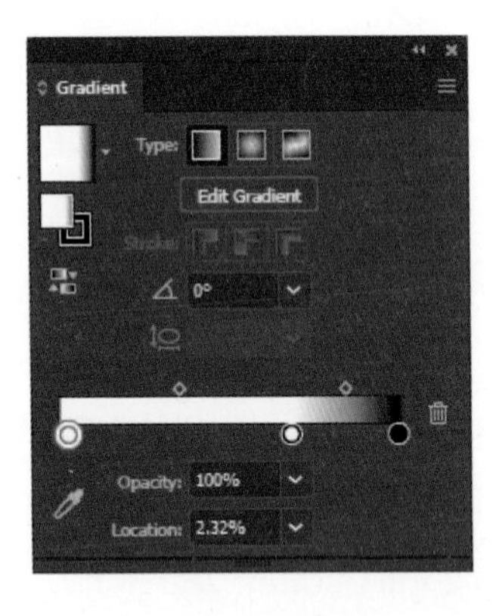

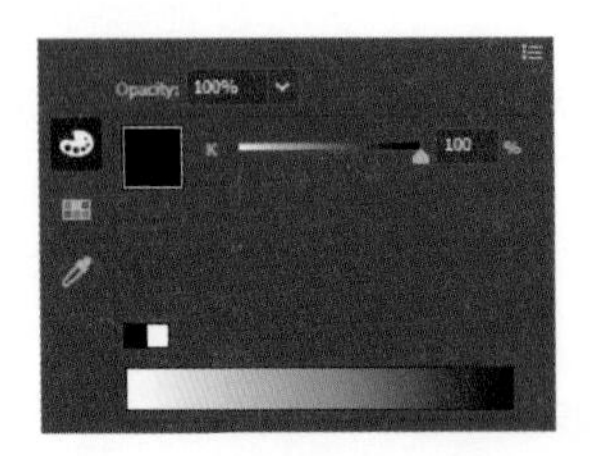

3 그라디언트 방향이나 위치 및 간격을 바꾸고 싶다면 도구상자에서 그라디언트 툴을 선택합니다. 그렇게 하면 오브젝트에 컬러 슬라이드 바가 생기는데, 이를 사선 방향으로 드래그하면 그라디언트의 방향이 바뀝니다. 그라디언트의 간격과 위치는 컬러 슬라이드 바로 조절합니다.

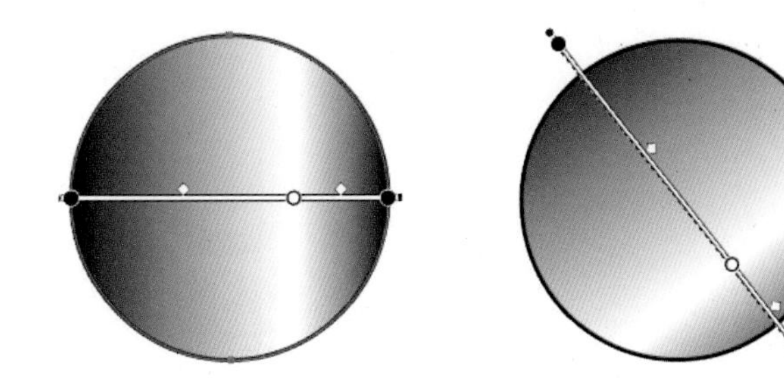

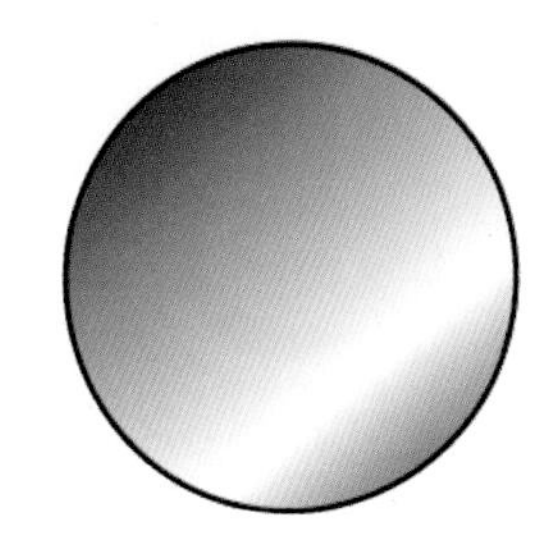

4 8pt 두께의 원으로 버튼 안쪽의 음영을 표현합니다. 원 바깥쪽에는 원형의 음각 로고가 될 원을 그립니다. 이때 원은 닫힌 패스이므로, 이 선을 따라 글자를 넣으려면 글자 툴을 꾹 눌러 패스 글자 툴을 선택해야 합니다. 커서의 모양이 물결무늬로 바뀌면 클릭합니다.

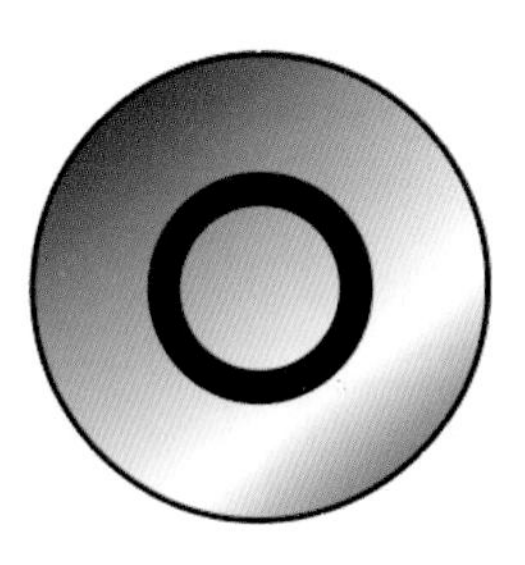

5 버튼에 들어갈 브랜드명이나 로고 등을 입력하고 폰트, 사이즈, 위치, 높이, 자간 등을 알맞게 조정합니다. 글자에도 금속성의 그라데이션을 넣기 위해 글자 속성을 없애고 면 패스로 변경합니다. 입력한 글자를 선택 툴로 클릭하고 단축키 Shift + Ctrl + O 를 누르거나 메뉴 바에서 [Type]-[Create Outlines]를 선택하여 글자 속성을 오브젝트로 바꿉니다.

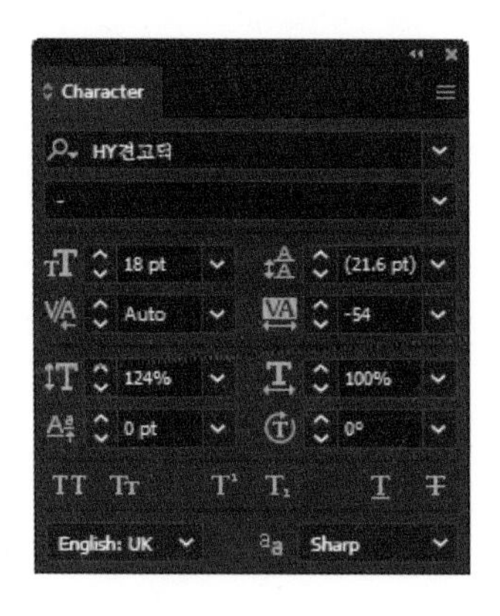

6 면 패스로 바뀐 글자에 그라디언트를 적용합니다. 선은 검은색(K100)으로 합니다. 여기서는 글자 사이에 음각 장식을 더해보도록 하겠습니다. 도형 툴을 이용해 작은 원을 그리고 그라디언트를 적용한 후, Type에서 'Radial Gradient'를 적용하면 원형의 그라디언트로 바뀌게 됩니다. 이것을 글자 사이에 위치시키면 완성입니다.

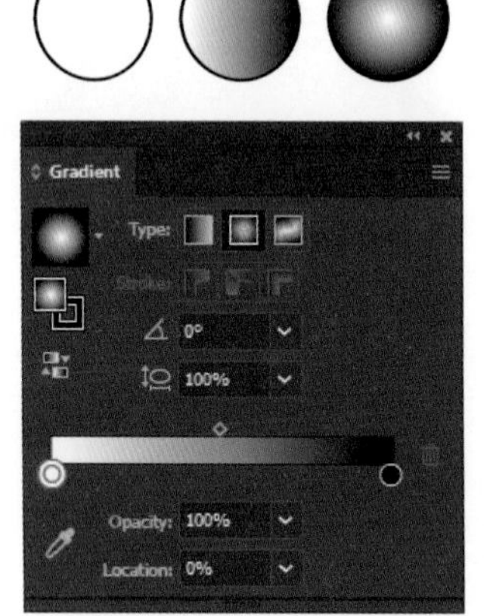

완성된 금속 생크 버튼

둥글게 말리는 글자로 와펜 만들기

일러스트레이터에서는 패스 모양에 따라 글자를 입력할 수 있습니다. 이 기능을 통해 여러 가지 재미있는 모양의 글자를 만들어볼 수 있습니다. 여기서는 와펜 안에 둥글게 말려 있는 글자를 표현해보겠습니다.

1 와펜이 될 원 안에 원하는 디자인의 그래픽을 넣습니다. 글자가 들어갈 부분에는 둥근 선의 패스를 그립니다.

2 글자 툴을 선택하고 위쪽의 둥근 선 패스 위에 마우스 포인터를 가져다대었을 때, 모양이 물결무늬 모양으로 변하면 클릭합니다. 글자를 입력합니다. 서체의 종류와 크기는 HY견고딕, 20pt로 지정했습니다.

TIP 이때 닫힌 패스에서는 글자 툴을 꾹 눌러 '패스 글자 툴'을 선택해야 합니다.

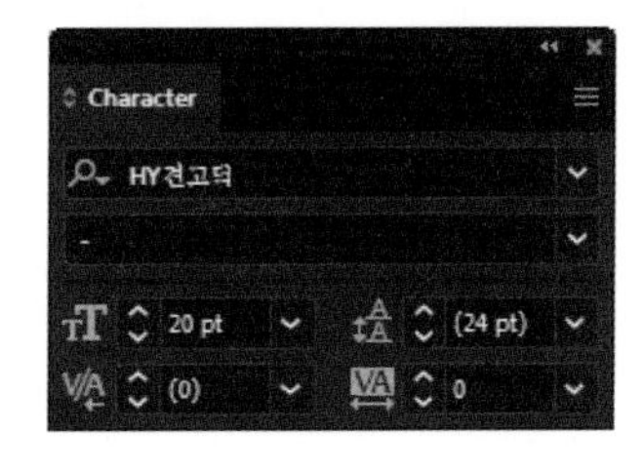

3 선택 툴로 글자를 선택하면 글자의 시작, 이동 막대, 끝부분에서 선이 나옵니다. 시작 부분에 마우스 포인터를 가져가서 커서의 모양이 바뀔 때 옆으로 드래그하면 패스 위 글자를 옮길 수 있습니다. 예제 속 와펜에서는 글자를 정가운데로 옮겼습니다. 아래쪽 선 패스에도 글자 툴을 가져가서 클릭합니다.

4 원하는 내용을 씁니다. 서체의 종류와 크기는 Gill Sans Ultra Bold, Rwgular, 13pt로 합니다. 원하는 디자인이 나오도록 글자 위치와 높이, 자간 등을 조절해봅시요. 이때 패스를 그린 방향에 따라 글자가 써지므로 패스 방향에 유의하세요.

TIP 선을 중심으로 글자의 위아래 방향을 바꾸고 싶을 때는 메뉴 바에서 [Type]-[Type on a Path]-[Type on a Path Options]를 선택해서 옵션창이 뜨면 Flip을 체크하고 [OK] 버튼을 누릅니다. 이렇게 하면 글자 방향이 패스 안쪽으로 바뀝니다.

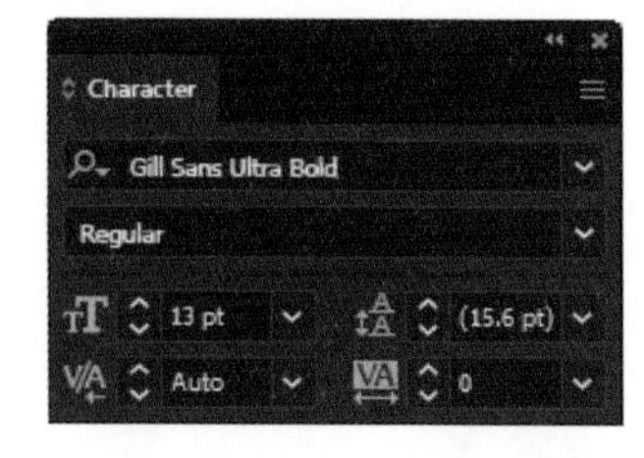

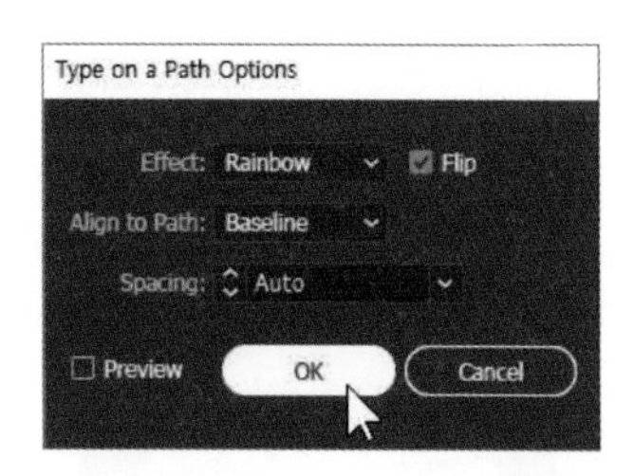

5 시작 부분에 마우스 포인터를 가져가서 커서 모양이 바뀔 때 옆으로 드래그하여 패스 위의 글자를 정가운데로 옮깁니다. 각 글자를 선택해서 원하는 컬러를 적용하면 완성입니다.

완성된 와펜

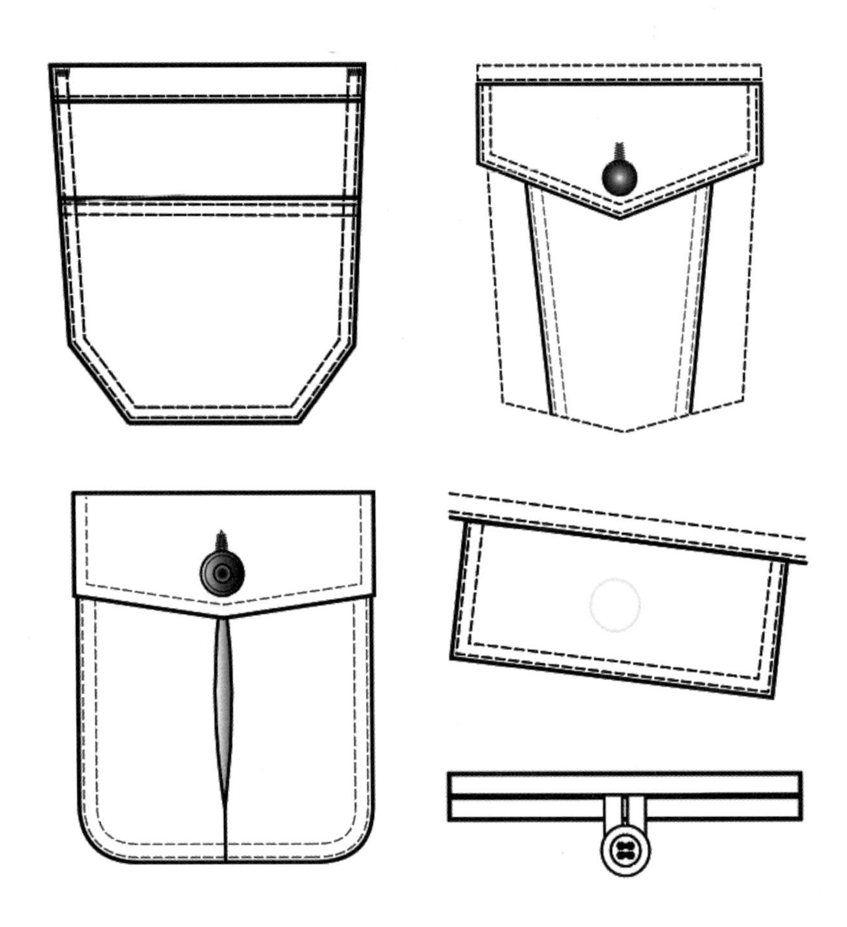

주요 디테일 및 부자재 예제 1

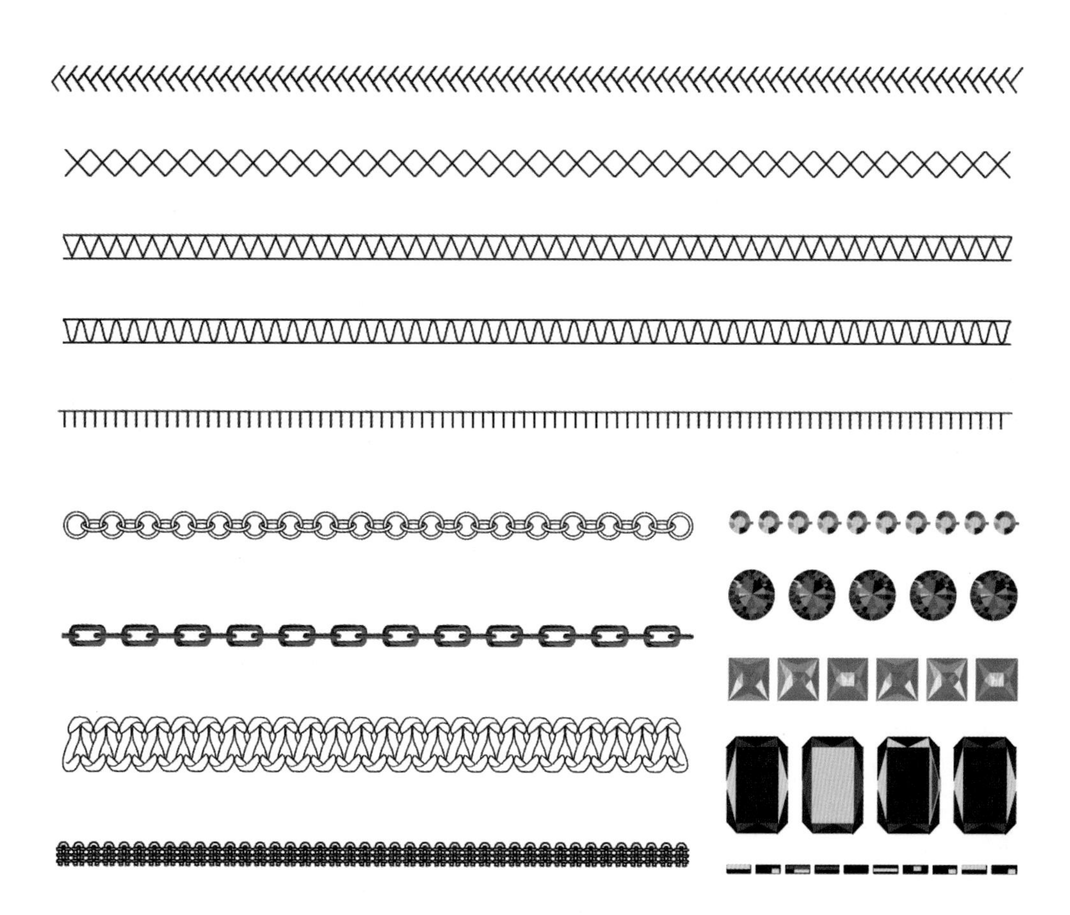

주요 디테일 및 부자재 예제 2

PART 3 ■
패션 일러스트레이션 & 포트폴리오

CHAPTER 5 패션 일러스트레이션
CHAPTER 6 패션 포트폴리오

여기서는 패션 일러스트레이션을 실행하는 과정과
포트폴리오를 만드는 방법에 대해
상세히 살펴보도록 하겠습니다.

CHAPTER 5

패션 일러스트레이션

1 오브젝트에 명암 표현하기: 면 나누기 활용
2 메시를 사용한 패션 일러스트레이션
3 드로잉 마스크 모드로 오브젝트에 드로잉하기
4 비트맵 이미지를 벡터 이미지로 전환하기: 이미지 트레이스
5 손으로 그린 이미지를 활용한 일러스트레이션
6 일러스트레이터를 활용한 패션 일러스트레이션 예제

1 오브젝트에 명암 표현하기: 면 나누기 활용

오브젝트에 어두운 명암을 넣는 방법을 살펴보도록 합니다.

1 선택 툴로 오브젝트를 선택한 후, 단축키 Ctrl + C 를 누르고 Ctrl + V 를 적용하여 맨 위에 복사합니다.

2 도구상자에서 지우개 툴을 꾹 눌러 나이프 툴을 선택하고 오브젝트 위를 드래그하여 면을 잘라줍니다.

3 필요 없는 영역은 선택 툴로 선택하고, Delete 를 눌러 삭제합니다. 그림자를 넣을 우측 오브젝트에 회색(K40)을 적용합니다. 외곽선이 있다면 없애줍니다. 외곽선은 명암을 통해 보여주고자 하는 입체적인 느낌을 반감시킵니다.

4 명암을 넣은 오브젝트를 선택한 상태에서 투명도 패널을 열어 Multiply로 설정하고, Opacity를 50% 정도로 설정합니다. Opacity의 값은 적용하고자 하는 부분이나 오브젝트의 특성에 따라 다르게 하는 것이 효과적입니다. 이렇게 해서 어두운 명암을 간단하게 만들었습니다. 다른 부분에도 같은 방법으로 명암을 넣어줍니다.

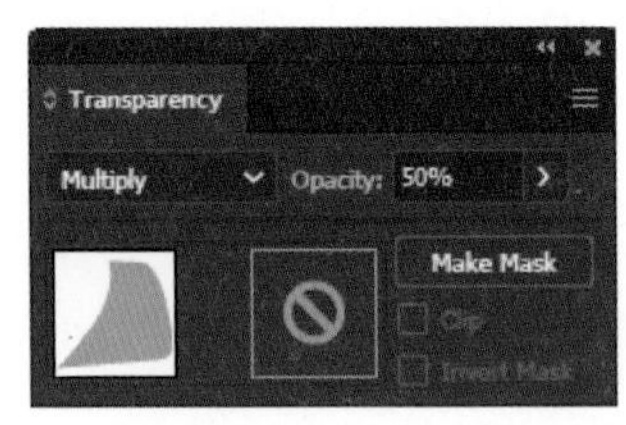

5 가방의 다른 부분에도 같은 방법으로 명암을 넣어줍니다. 투명도와 회색의 명도를 이용해서 그림자의 명암을 다양하게 표현할 수 있습니다.

TIP 패션 일러스트레이션을 표현할 때도, 면 나누기를 활용하여 신체 혹은 의복의 명암이나 색상을 효과적으로 표현할 수 있습니다.

면 나누기를 활용하여 오브젝트의 컬러와 명암을 표현한 일러스트레이션 예제 1, 2

면 나누기를 활용하여 오브젝트의 컬러와 명암을 표현한 일러스트레이션 예제 3, 4

메시를 사용한 패션 일러스트레이션

1 먼저 오브젝트에 피부 컬러를 적용합니다. 피부는 원하는 톤보다 조금 낮거나 진하게 만드는 편이 입체감을 표현하기에 용이합니다. 메시 툴(Mesh Tool)로 빛이 들어가는 부분에 망을 만들어서 밝은 피부톤의 컬러를 넣어줍니다.

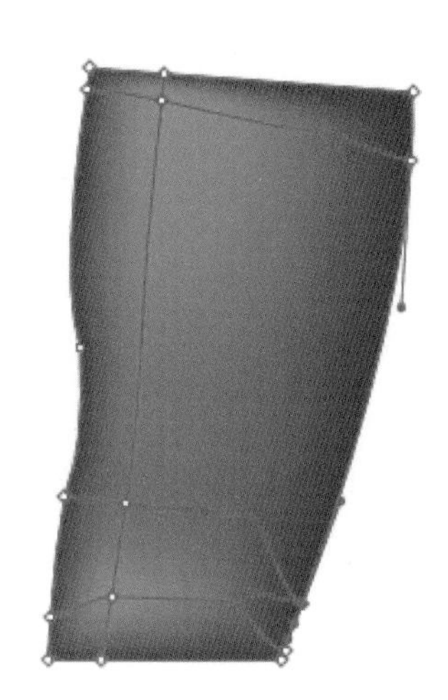
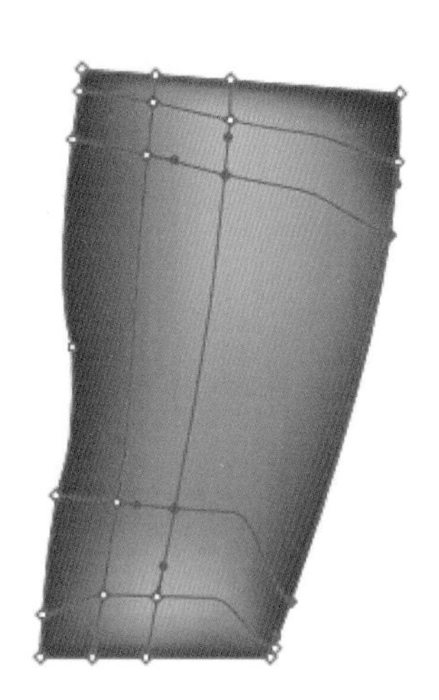

2 오브젝트에 메시를 추가하면 보다 사실적인 피부와 음영 표현이 가능합니다. 직접 선택 툴을 이용하여 메시의 위치를 이동시키면서 정교하게 표현해봅시다.

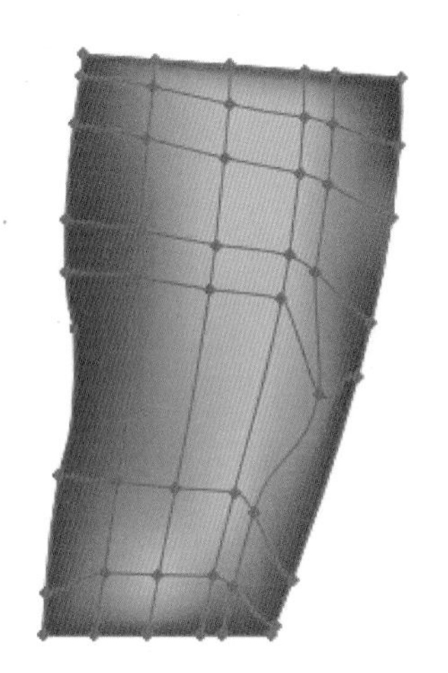
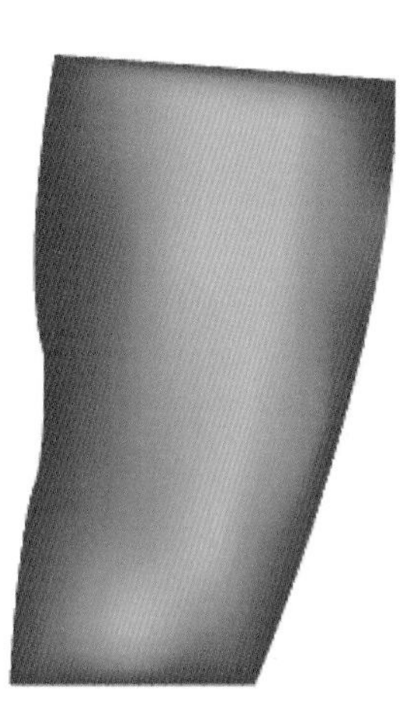

3 일러스트레이션으로 그린 인물의 얼굴이나 목, 팔 부분에도 같은 작업을 반복하여 사실적인 신체와 피부 표현을 해봅니다.

메시를 활용하여 신체의 명암을 표현한 일러스트레이션 예제

일러스트레이션을 표현할 때는 다음 예제와 같이 메시와 면 나누기를 적절히 혼합하여 사용하면 효과적입니다.

메시를 활용하여 신체의 명암을 표현한 일러스트레이션 1, 2

메시를 활용하여 신체의 명암을 표현한 일러스트레이션 3

드로잉 마스크 모드로 오브젝트에 드로잉하기

드로잉 마스크 모드는 클리핑 마스크와 같은 기능을 가지고 있습니다. 이 마스크를 사용하면 작업 도중 작업물을 바로 확인할 수 있어 편리합니다.

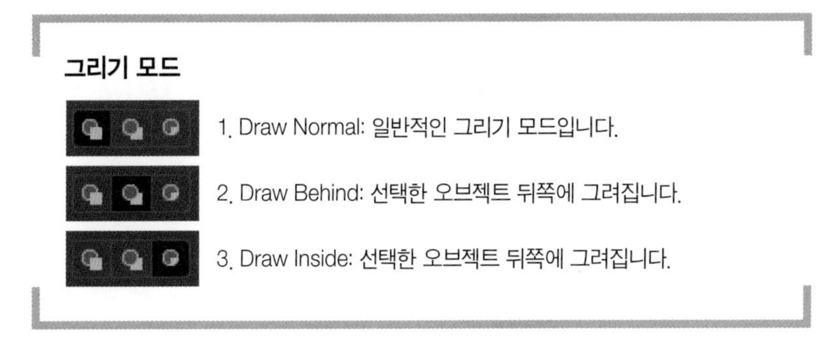

그리기 모드

1. Draw Normal: 일반적인 그리기 모드입니다.
2. Draw Behind: 선택한 오브젝트 뒤쪽에 그려집니다.
3. Draw Inside: 선택한 오브젝트 뒤쪽에 그려집니다.

Draw Inside 활용하기

1 스타일화의 상의 부분에 Draw Inside로 스트라이프 패턴을 넣어보겠습니다. 먼저 선택 툴로 오브젝트를 선택하고 도구상자 하단의 Draw Inside 버튼을 클릭합니다. 이렇게 하면 드로잉 마스크 모드가 되면서 선택 영역이 사각형 점선으로 표시됩니다.

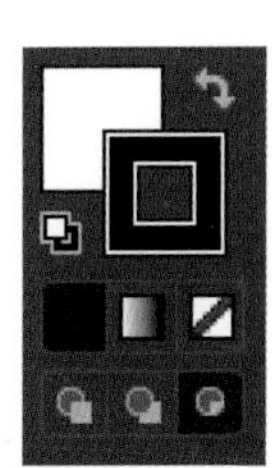

2 빈 바닥을 클릭해서 선택을 해제하고, 브러시 툴로 스트라이프를 그립니다. 선택한 상의의 내부 영역에만 그림이 나타납니다.

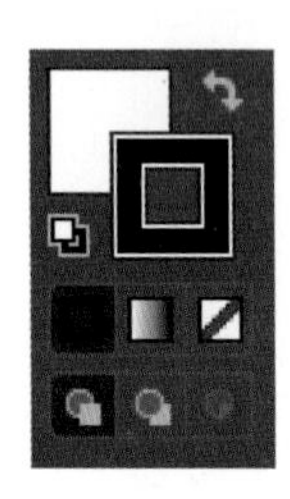

3 드로잉을 끝낸 후 다시 Draw Normal 버튼을 누르면 일반 모드로 돌아옵니다.
Draw Inside를 사용하면 명암이나 패턴을 쉽게 그려넣을 수 있습니다. 오브젝트를 수정할 때는 클리핑 마스크와 같은 방법으로 하면 됩니다.

비트맵 이미지를 벡터 이미지로 전환하기: 이미지 트레이스

일러스트레이터 CS6부터는 이미지 트레이스(Image Trace) 기능이 강화되어, 다양한 방법으로 비트맵 이미지를 벡터 이미지로 전환할 수 있습니다.

컨트롤 패널로 적용하기

1 사진을 선택하고 컨트롤 패널에서 화살표 버튼을 누릅니다. 원하는 이미지 트레이스 스타일을 선택합니다.

2 Expand 버튼을 누르면 그림이 벡터 이미지로 전환되며 일반 오브젝트와 같이 패스가 생깁니다.

[Default] 1
High Fidelity Photo
Low Fidelity Photo 2
3 Colors
6 Colors 3
16 Colors
Shades of Gray 4
Black and White Logo 5
Sketched Art 6
Silhouettes 7
Line Art 8
Technical Drawing 9

컨트롤 패널 소개

1 Default: 어두운 명암을 검은색으로 표현합니다.
2 High, Low Fidelity Photo: 고품질, 저품질의 이미지로 표현합니다.
3 3, 6, 16 Colors: 컬러를 3, 6, 16단계로 표현합니다.
4 Shades of Gray: 이미지를 흑백으로 표현합니다.
5 Black and White Logo: 흑백 로고 스타일로 표현합니다.
6 Sketched Art: 스케치한 효과를 냅니다. 어두운 명암 부분을 검은색으로 표현합니다.
7 Silhouettes: 실루엣을 검은색으로 표현합니다.
8 Line Art: 선으로 표현합니다.
9 Technical Drawing: 명암의 경계선을 검은색 선으로 표현합니다.

이미지 트레이스 패널로 적용하기

일러스트레이터 CS6부터는 이미지 트레이스 기능이 강화되어 이미지를 벡터로 만드는 작업이 편해졌습니다. 메뉴 바의 [Windows]-[Image Trace]를 선택해서 이미지 트레이스 패널을 열어봅시다.

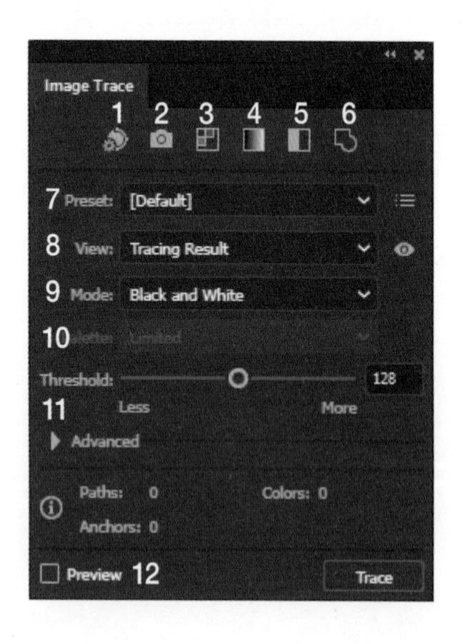

이미지 트레이스 패널 소개

1 [Auto-Color]: 자동으로 컬러를 조절해 표현합니다.
2 [High-Color]: 고품질 이미지로 표현합니다.
3 [Low-Color]: 저품질 이미지로 표현합니다.
4 [Grayscale]: 흑백으로 이미지를 표현합니다.
5 [Black and White]: 이미지를 흑백 로고 스타일로 표현합니다.
6 [Outline]: 이미지를 선으로 표현합니다.
7 Preset: 원하는 트레이스 스타일을 선택할 수 있습니다.

8 View: 이미지를 백터로 만들었을 때 패스의 모양을 미리 확인할 수 있습니다.

9 Mode: 컬러 모드를 선택할 수 있습니다.

10 Palette: 컬러의 단계를 자동 컬러, 제한 컬러, 풀 컬러로 선택할 수 있습니다.

11 Threshold: 컬러의 단계를 수치로 조절할 수 있습니다.

12 Preview: 버튼을 누르면 Preview가 활성화됩니다.

[Auto-Color] 버튼을 눌렀을 때

[High-Color] 버튼을 눌렀을 때

[Low-Color] 버튼을 눌렀을 때

[Grayscale] 버튼을 눌렀을 때

[Black and White] 버튼을 눌렀을 때

[Outline] 버튼을 눌렀을 때

5 손으로 그린 이미지를 활용한 일러스트레이션

디지털 프로그램이 아닌 손으로 직접 그린 이미지를 불러와 패스로 변환하는 방법을 따라 해봅시다. 라이브 페인트 버킷 툴을 사용하여 만들어진 패스에 컬러를 적용하는 방법도 알아보겠습니다.

1 손으로 직접 그린 이미지를 스캔해서 일러스트레이터로 불러옵니다. 이미지를 선택한 상태로 이미지 트레이스 패널을 열고 [Black and White] 버튼을 누릅니다. 선이 얇게 보이면 Threshold 값을 조절해서 원하는 굵기로 만듭니다. 작업의 성격에 따라 이미지 트레이스 패널의 설정을 각각 다르게 할 수 있습니다.

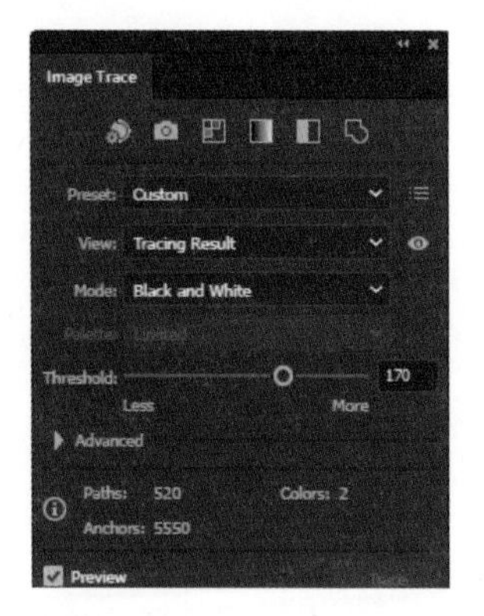

2 이미지를 선택한 상태로 컨트롤 패널의 Expand 버튼을 누르면 일반 오브젝트와 같이 패스가 생깁니다. 도구상자의 마술봉 툴을 선택하고 흰 영역을 모두 선택해서 Delete 로 모두 삭제하면 검은색 패스만 남습니다.

3 라이브 페인트 버킷 툴로 컬러를 넣어봅니다. 오브젝트를 모두 선택한 상태로 단축키 Alt + Ctrl + X 를 눌러 라이브 페인트 환경을 만듭니다. 도구상자에서 도형 구성 툴을 꾹 눌러 라이브 페인트 버킷 툴을 선택하고 원하는 컬러를 적용하면 색을 쉽게 칠할 수 있습니다.

6 일러스트레이터를 활용한 패션 일러스트레이션 예제

일러스트레이터를 활용한 패션 일러스트레이션 1, 2

일러스트레이터를 활용한 패션 일러스트레이션 3, 4

일러스트레이터를 활용한 패션 일러스트레이션 5

일러스트레이터를 활용한 패션 일러스트레이션 6

CHAPTER 6

패션 포트폴리오

1 편리한 작업을 위해 View 메뉴 활용하기

패션 포트폴리오

패션 포트폴리오(Fashion Portfolio)는 취업, 편입, 대학원 진학, 유학 준비의 필수과정으로 디자인 기획, 디자인 전개, 패션 일러스트레이션, 패션 아트 등 본인의 능력을 최대로 표현한 소개물입니다. 이는 개성과 창의성을 반영하여 제작되며 다양한 형태와 내용을 담게 됩니다.

View 메뉴는 현재 작업 중인 오브젝트를 보여주는 방식에 대한 기능과 함께 편리하면서도 정교한 작업을 가능하게 하는 기능으로 구성되어있습니다. 여기서는 작업에 유용하게 쓰이는 기능들을 살펴보겠습니다.

Outline

프로그램 상단의 메뉴 바(menu bar) 중 [View]-[Outline]을 클릭한 상태에서는 오브젝트의 외곽선만 나타납니다. 이 기능은 주로 오브젝트가 많이 겹쳐 있거나, 정확한 앵커나 패스를 확인하고 싶은 경우에 사용합니다. 메시 작업이나 복잡하고 용량이 큰 작업을 할 경우, 좀 더 빠른 작업을 위해 사용할 수 있습니다.

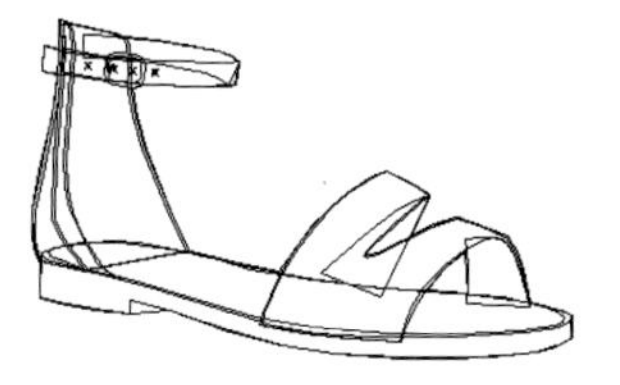

Ruler

[View]-[Rulers]-[Show Rulers]를 클릭하면 정교한 작업을 위해 작업창에 눈금자를 표시할 수 있습니다. [Edit]- [Preferences]- [Units]- [General] 경로를 실행하면 눈금자의 단위를 원하는 대로 수정할 수 있습니다.

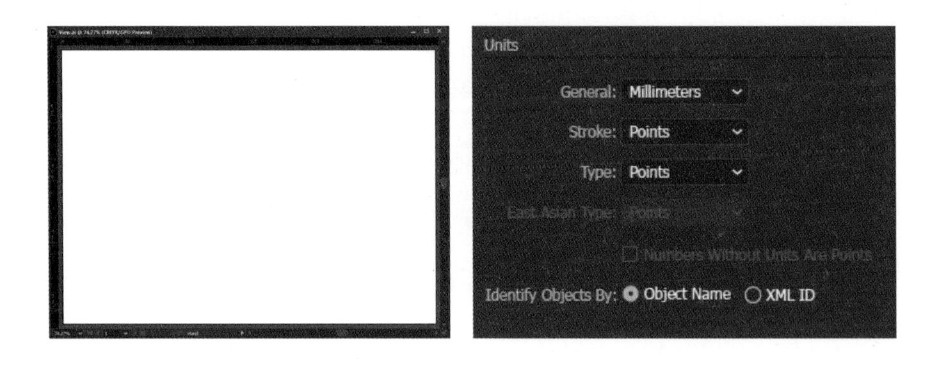

Guides

가이드 선을 이용하면 보다 정교하고 편리하게 작업할 수 있습니다. 가이드 선은 상단 눈금자(Ruler)의 가로 바와 세로 자에서 클릭 및 드래그하면 쉽게 만들 수 있습니다. 이 선은 선택 툴로 이동 및 수정·삭제가 가능하며, Lock을 이용하여 잠그거나 [Guides]-[Lock]을 이용하여 움직이지 않게 설정할 수 있습니다. 가이드 선이 보이지 않게 하고 싶다면 [Guides]-[Hide Guides]를 실행하면 됩니다.

2 인쇄물 재단선 만들기

작업물을 인쇄하기 전에 작업선과 재단선을 표기합니다. 재단선은 인쇄 후 잘라내야 할 곳을 미리 표시하여 실제 인쇄 후에 외곽을 쉽게 잘라낼 수 있도록 도와줍니다. 재단 시의 밀림 현상을 고려해서 작업선은 재단선보다 2~4mm 정도 여분을 두도록 합니다.

1 명함의 재단선을 만들어보겠습니다. 사각형 툴을 선택하고 화면을 클릭해서 대화창이 열리면 그림과 같이 값을 입력하고 [OK] 버튼을 누릅니다. 화면에 사각형이 나타납니다.

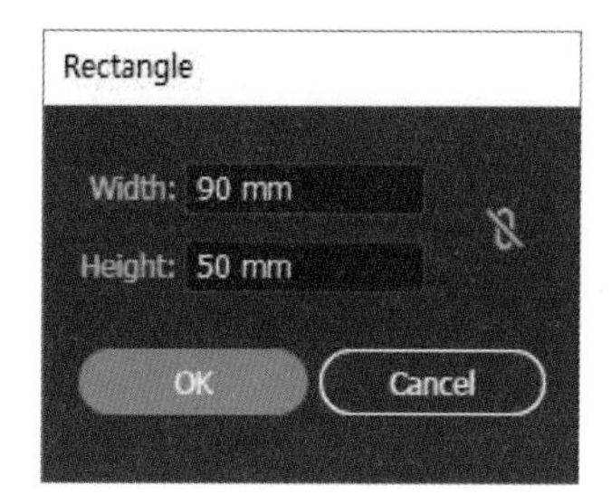

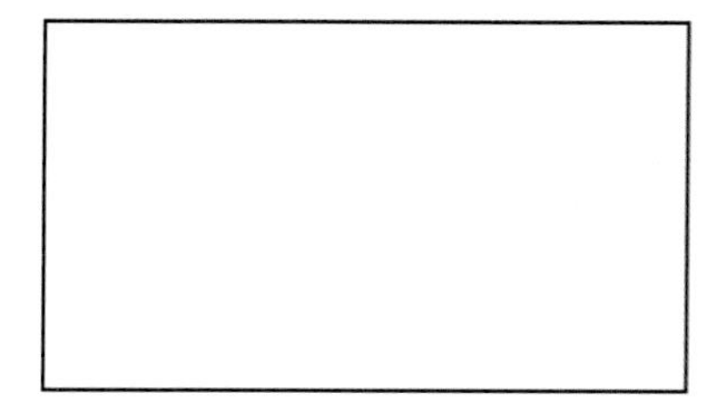

2 선택한 상태에서 메뉴 바의 [Object]-[Path]-[Offset Path]를 선택하고 대화창에서 2mm를 입력한 후 [OK] 버튼을 누릅니다. 2mm의 큰 사각형이 만들어졌습니다.

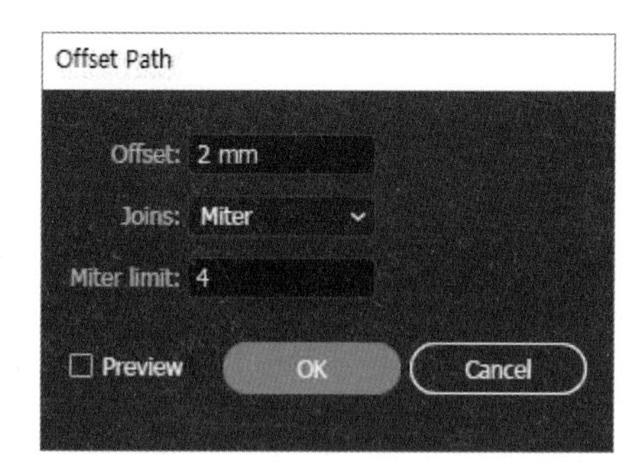

3 안쪽 사각형을 선택하고 메뉴 바의 [Object]-[Create Trim Marks]를 선택합니다. 재단선이 만들어졌습니다.

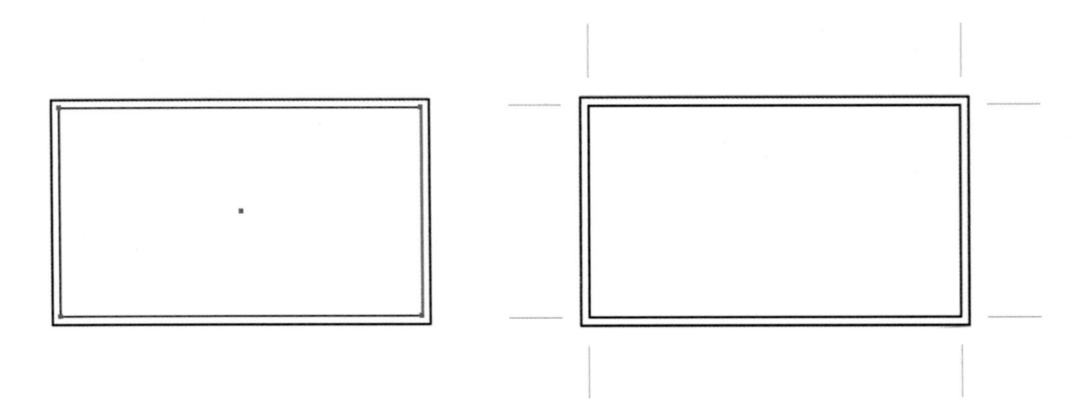

4 바깥쪽 사각형을 선택하고 메뉴 바의 [View]-[Guides]-[Make Guides]를 선택하여 가이드 선으로 만듭니다. 가이드 선은 인쇄되지 않기 때문에 작업선은 가이드 선으로 만들어놓는 것이 편리합니다. 이처럼 작업선과 재단선을 고려하여 여러 가지 인쇄 작업을 진행하도록 합시다.

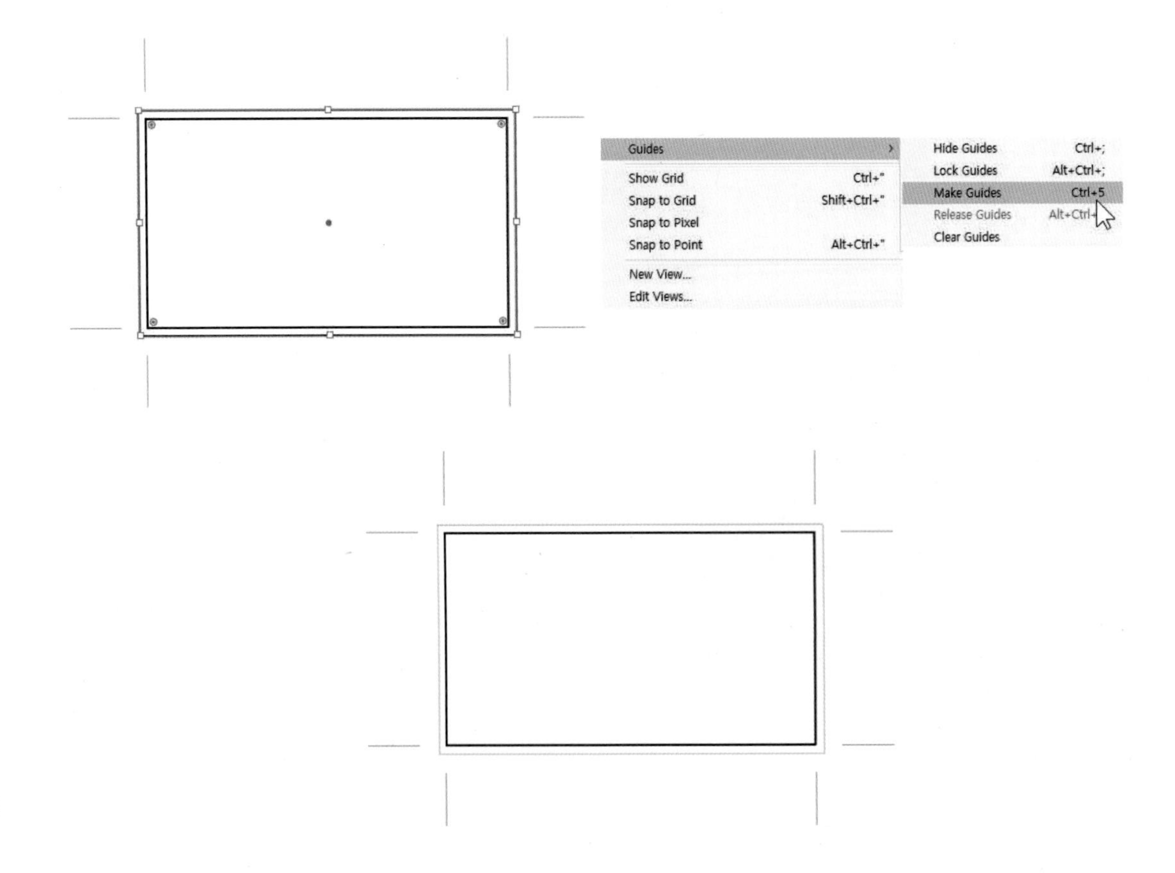

패션 포트폴리오 예제

패션 포트폴리오: 캐주얼웨어 1

IMAGE MAP

IDEA SKETCHES

IMAGE MAP

IDEA SKETCHES

design

****** GOLF DS

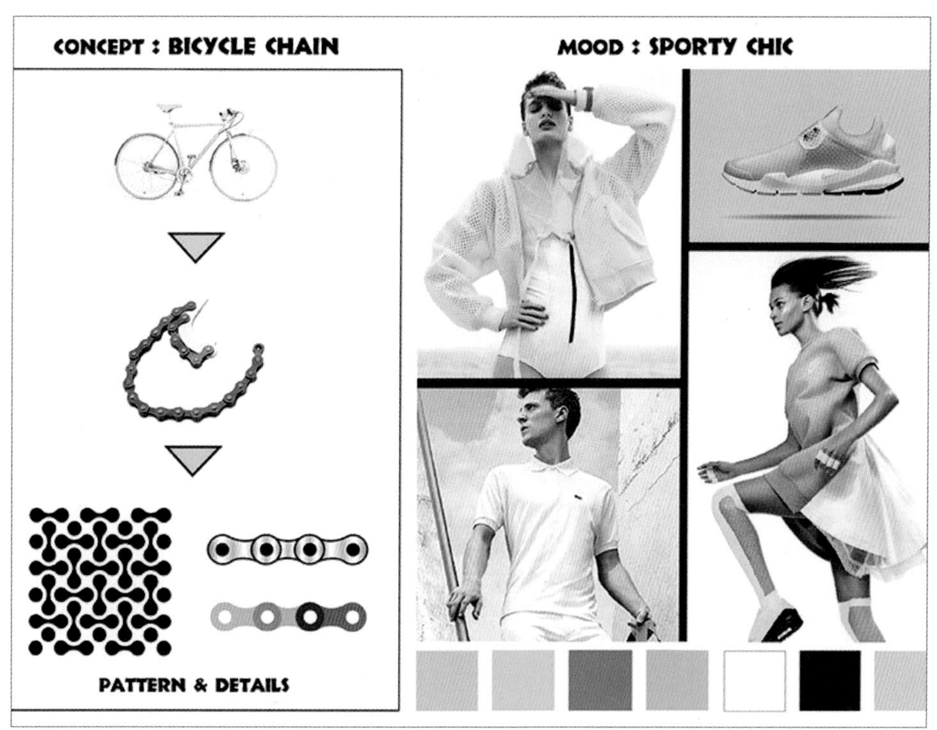
CONCEPT : BICYCLE CHAIN
MOOD : SPORTY CHIC
PATTERN & DETAILS

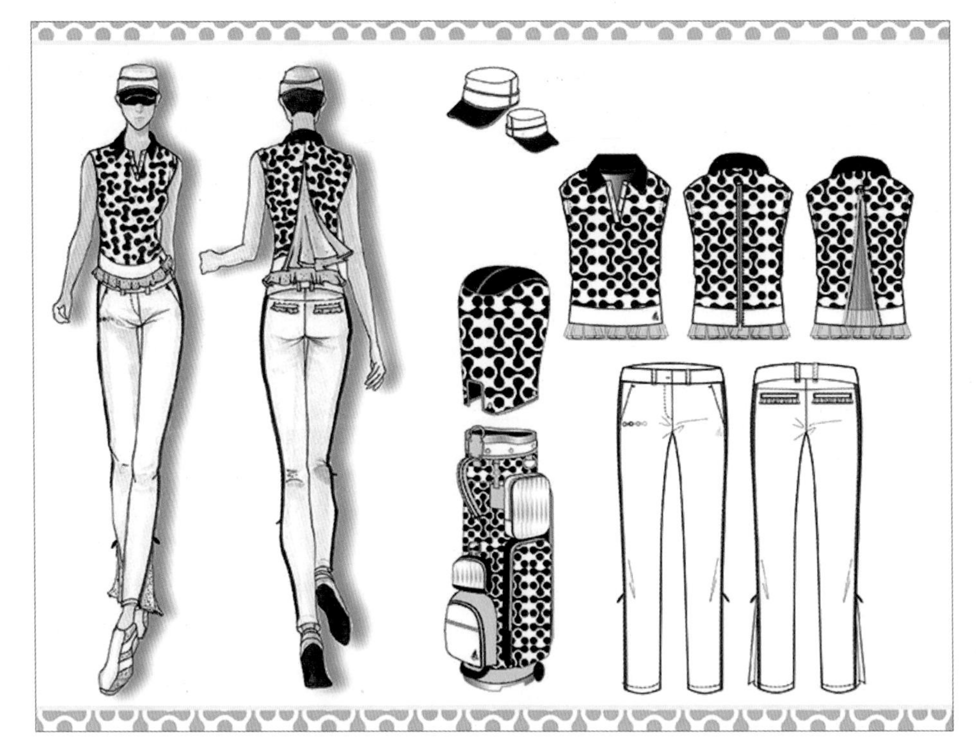

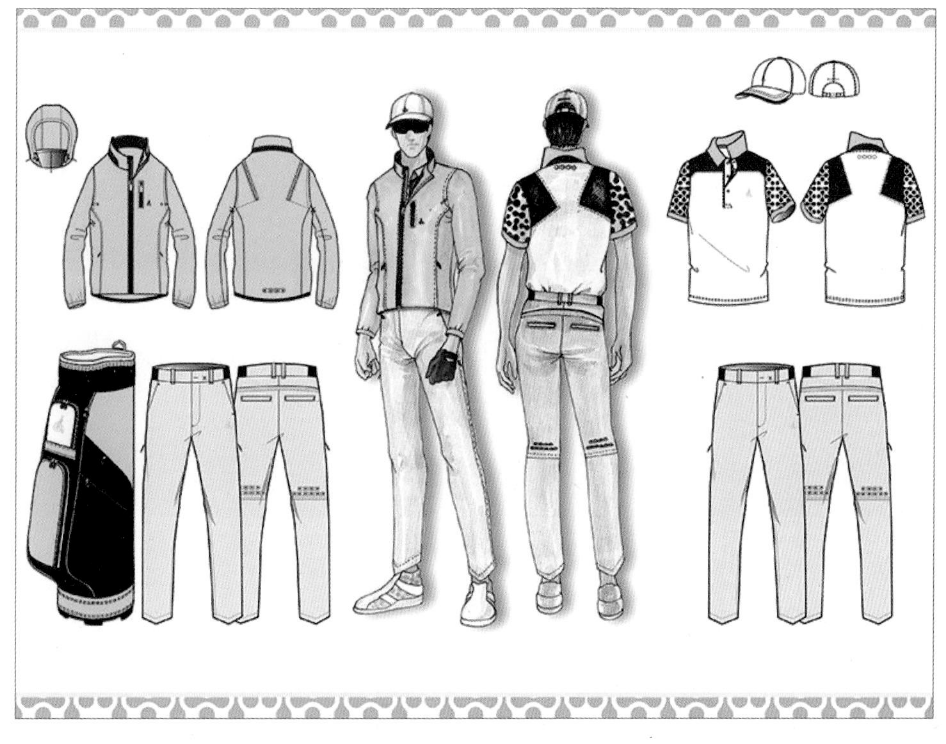

▽21℃ △30℃
DATE : 2017.07.22
LOCATION : JEJU ELYSIAN CC
TIME : 7AM ~ 1PM

SAILS THE GOLF

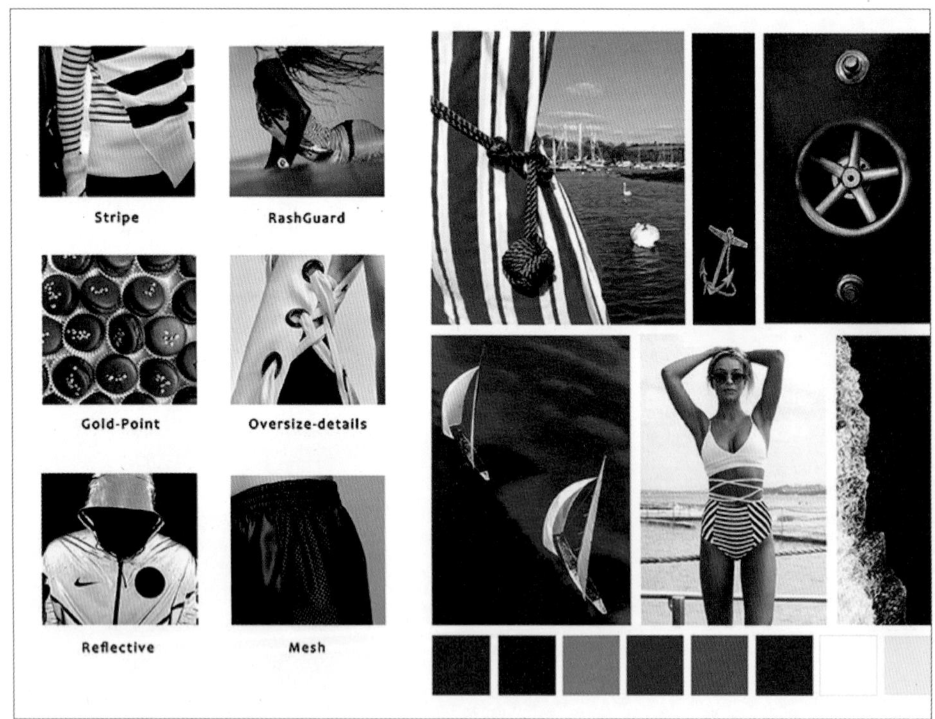
Stripe
RashGuard
Gold-Point
Oversize-details
Reflective
Mesh

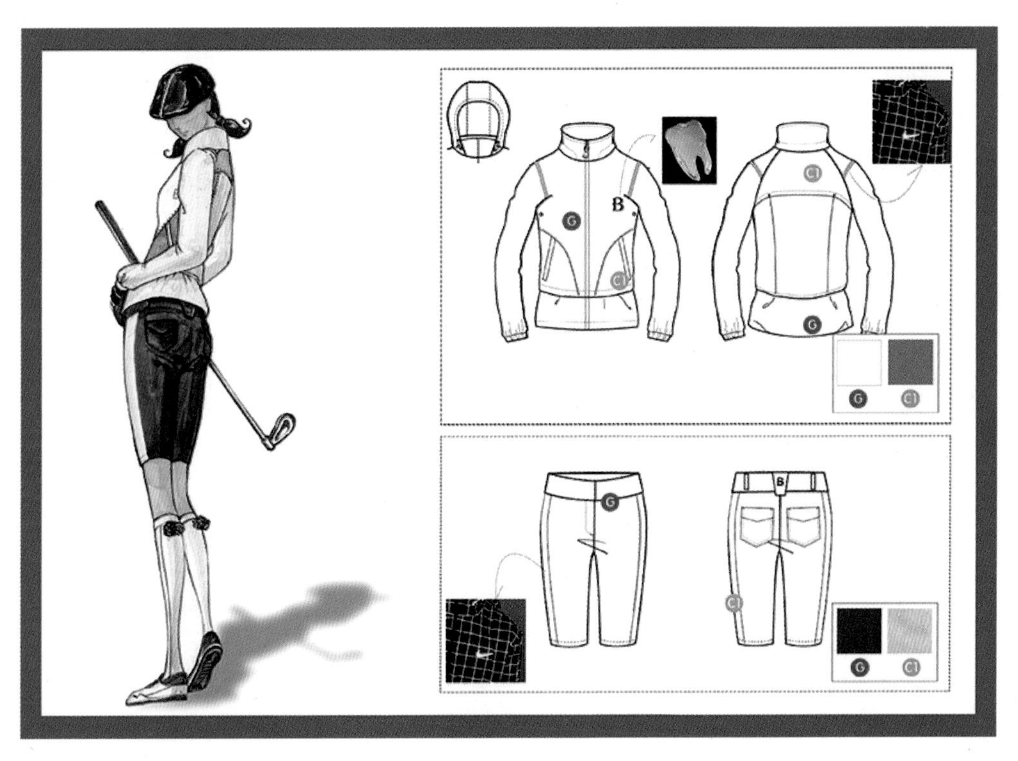
B
G
C1
G
C1
G
C1
B
G
C1
G
C1

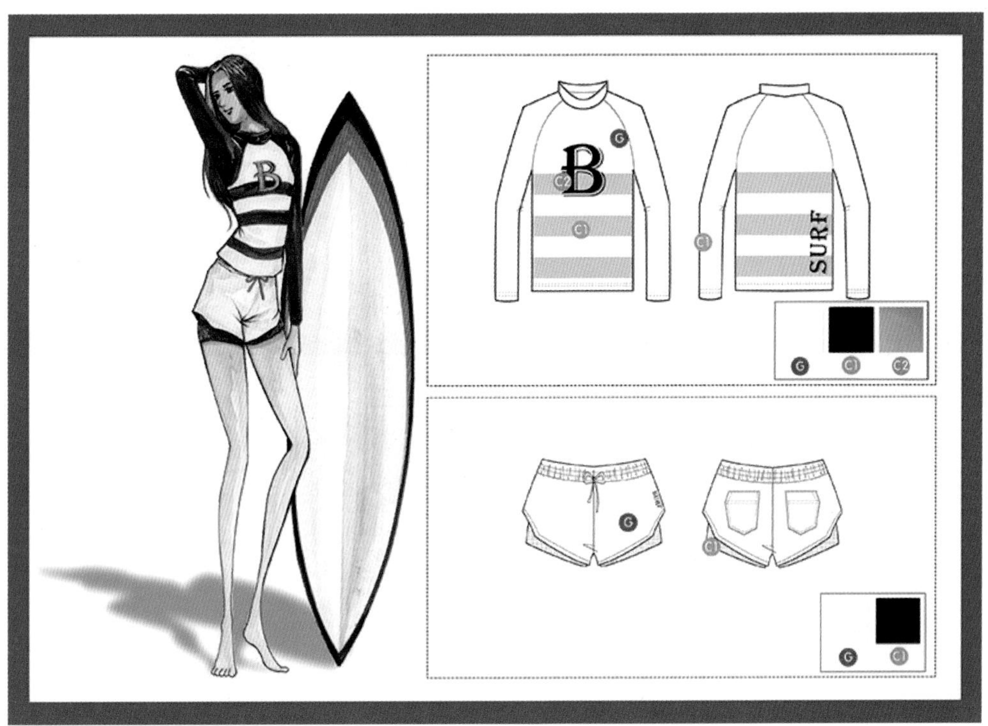
B
G
C2
C1
C1
SURF
G
C1
C2
G
C1
G
C1

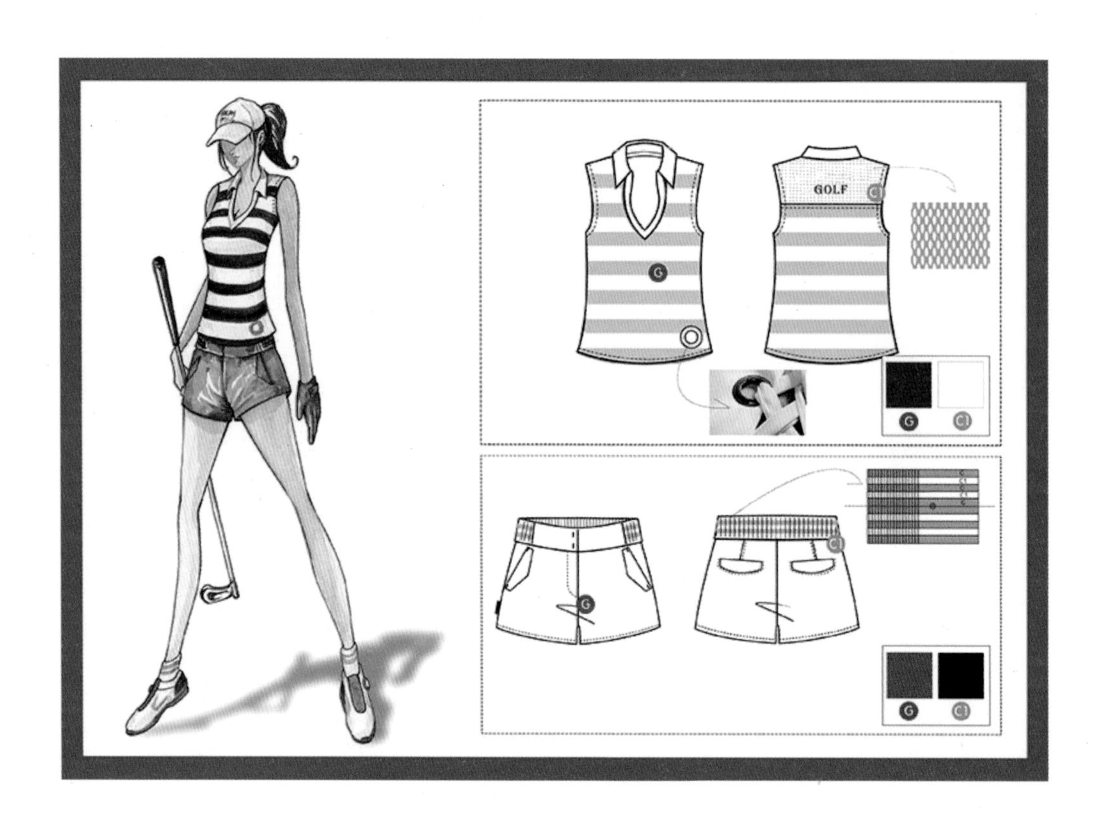

패션 포트폴리오: 골프웨어 B

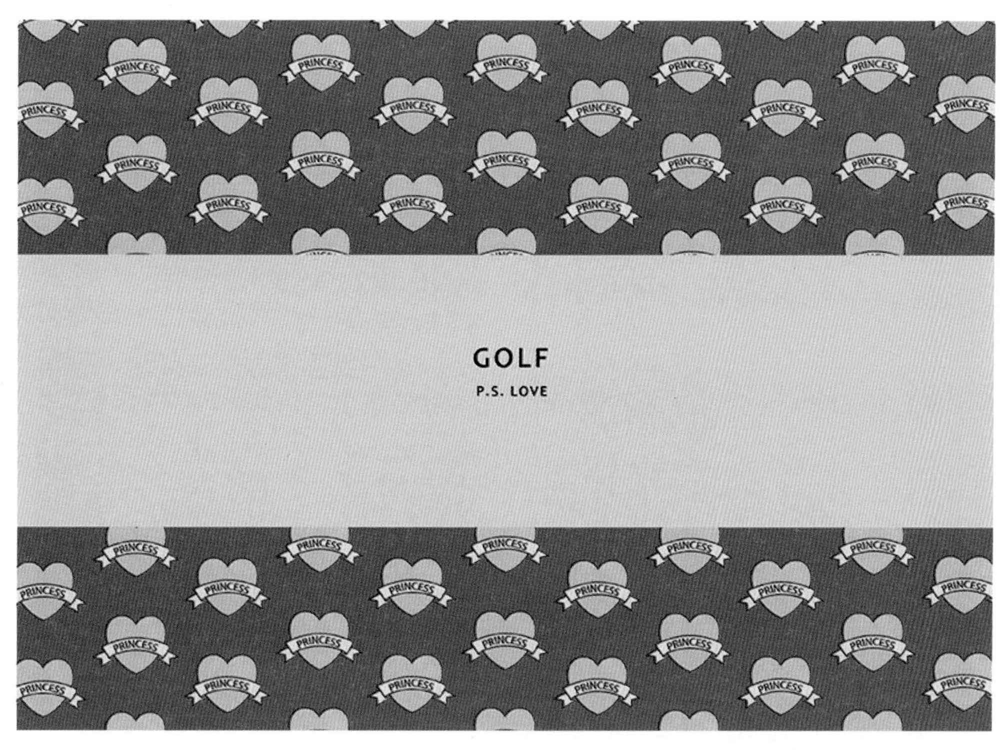
GOLF
P.S. LOVE
PRINCESS

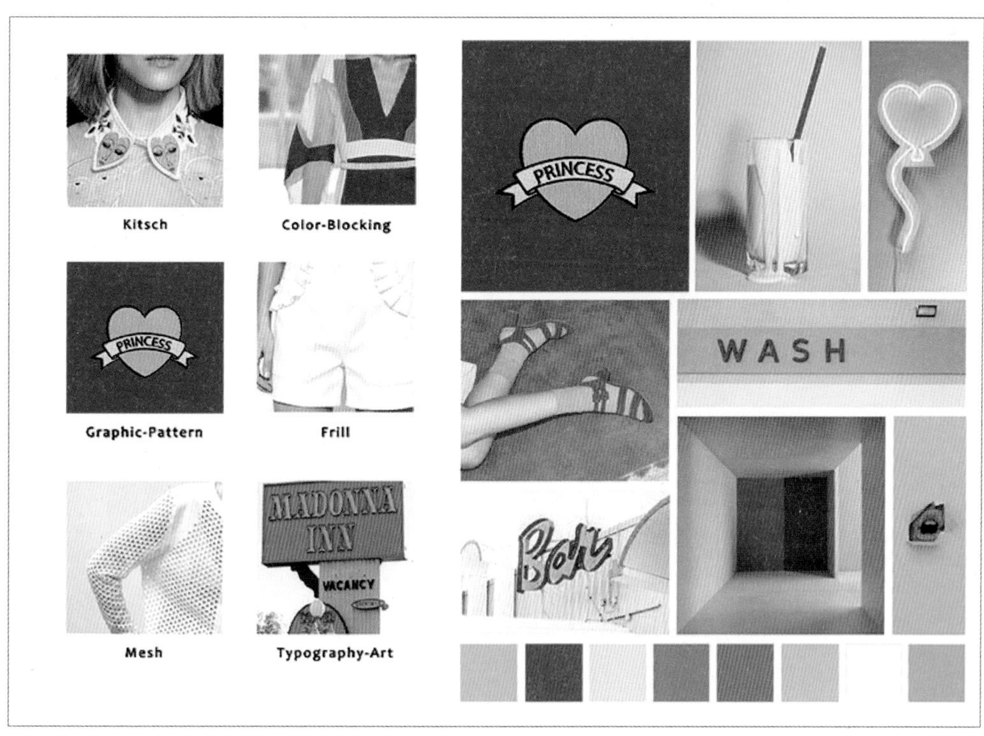
Kitsch
Color-Blocking
Graphic-Pattern
Frill
Mesh
Typography-Art
PRINCESS
WASH
MADONNA INN
VACANCY

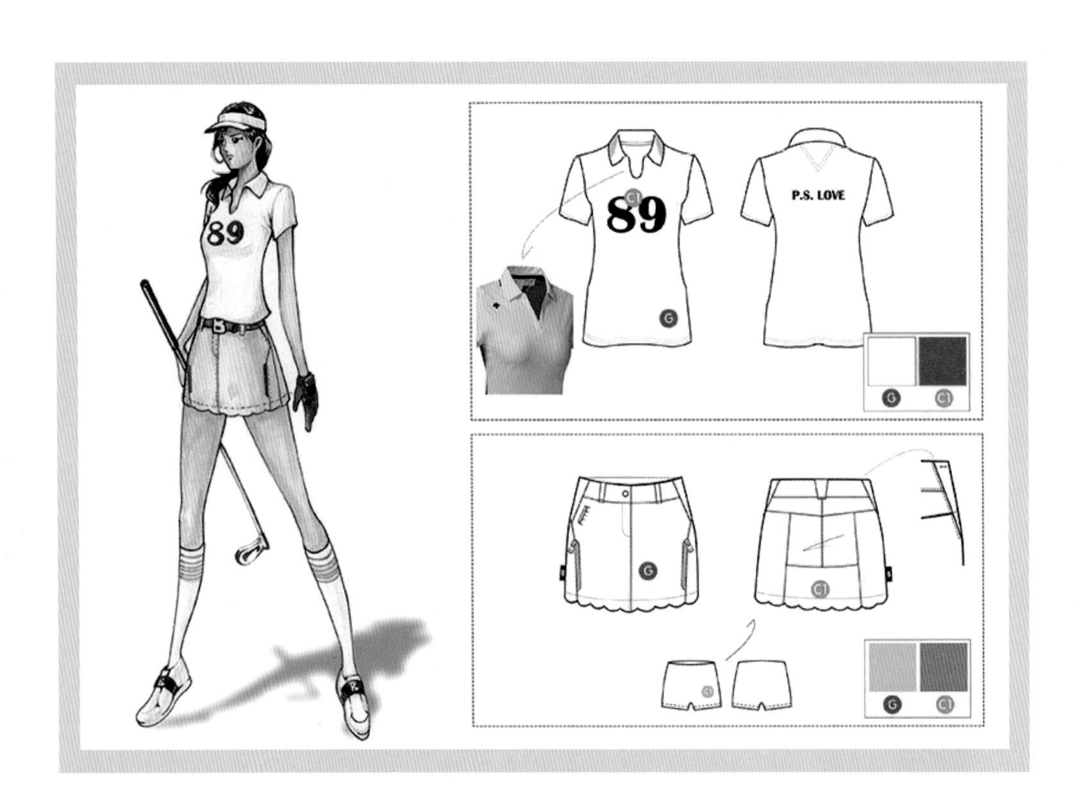

패션 포트폴리오: 골프웨어 C

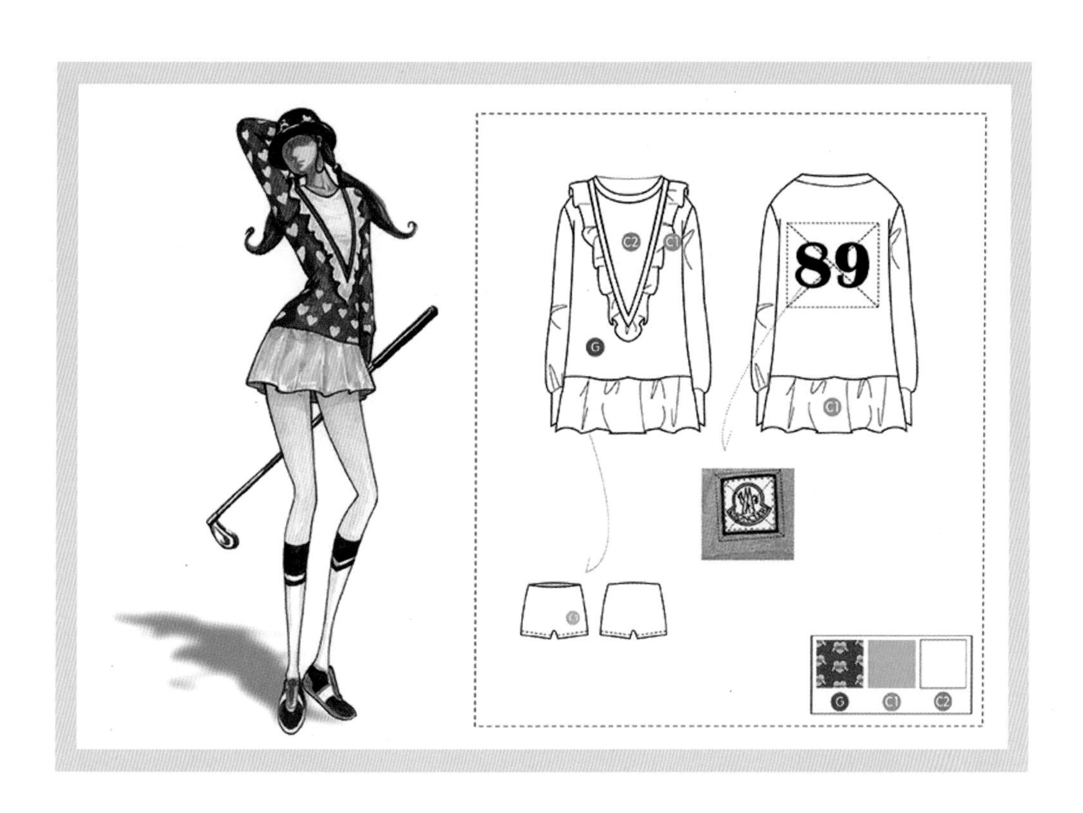

패션 포트폴리오: 골프웨어 C

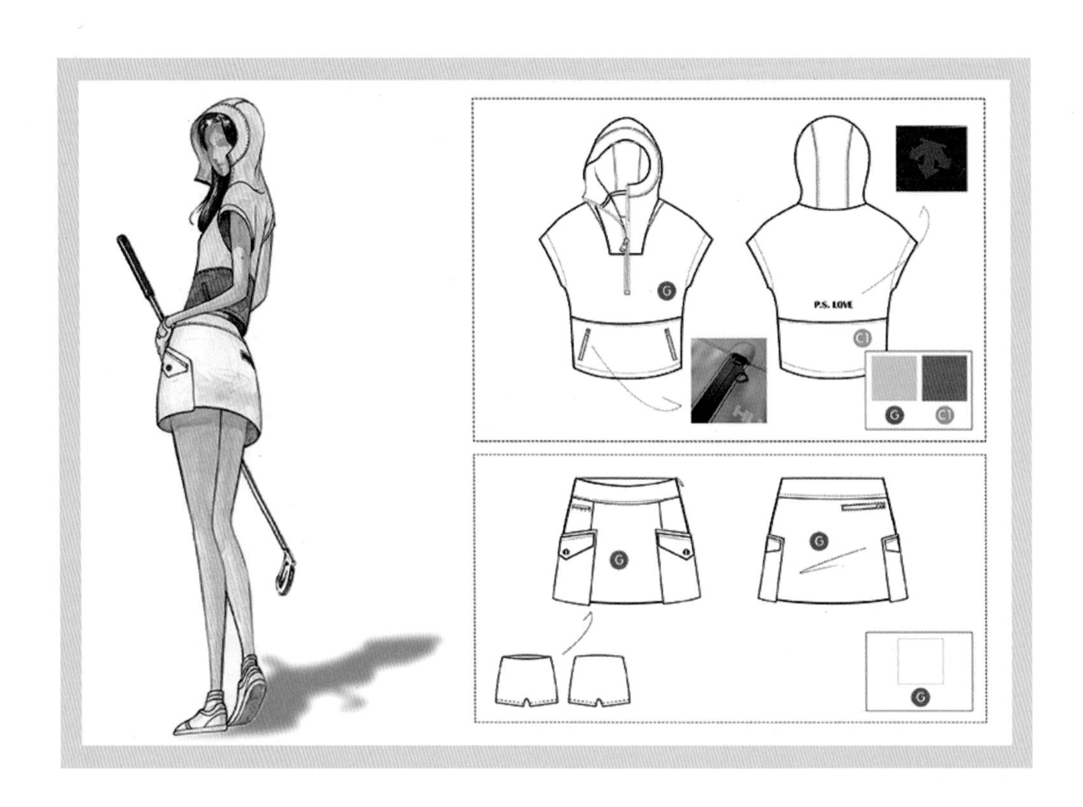

패션 포트폴리오: 골프웨어 C

MoMA

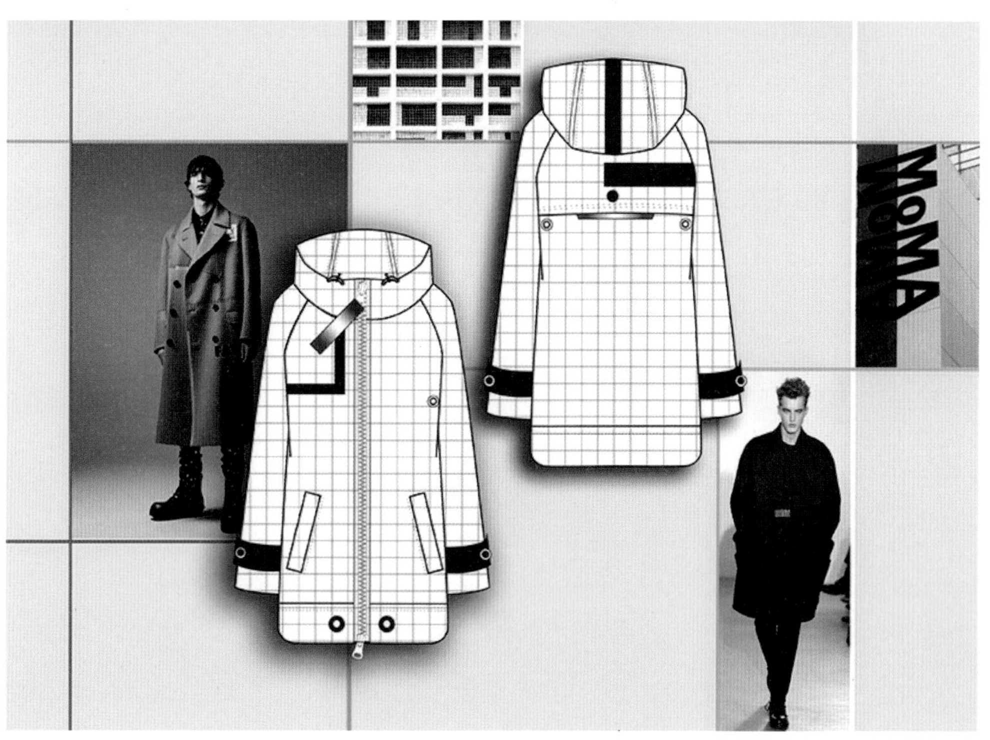
MoMA

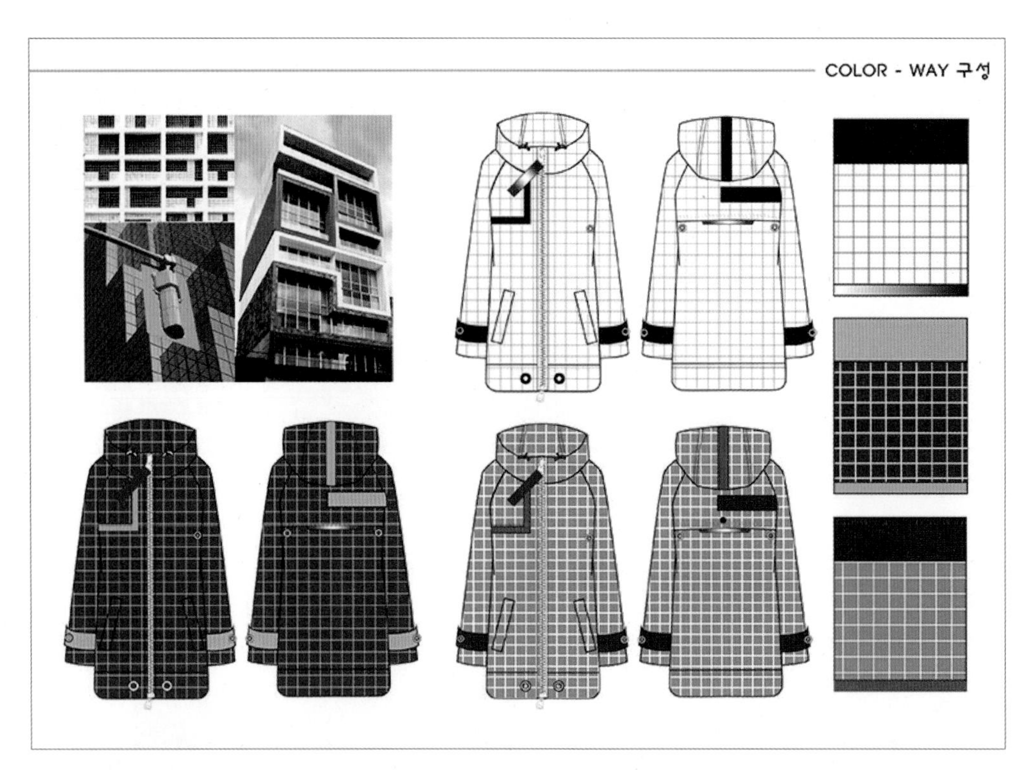
COLOR - WAY 구성

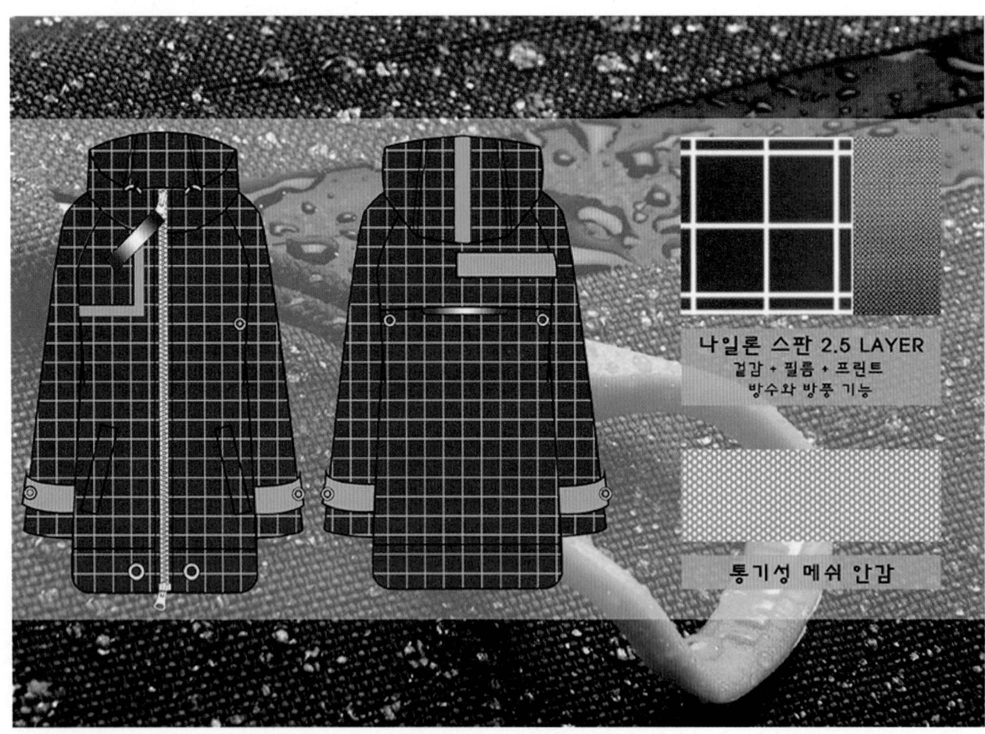
나일론 스판 2.5 LAYER
겉감 + 필름 + 프린트
방수와 방풍 기능
통기성 메쉬 안감

9.20 날씨
기온 26º
습도 55º
장소 : 신사동 가로수길
스케줄 : 오랜 친구들과의 약속

10.07 날씨
기온 22º
습도 30º
장소 : 남서울 CC
시간 : 오전 8시-오후1시
스케줄 : 동료들과 필드 활동

11.18 날씨
ONE WAY
장소 : 한강공원
시간 : 오후 3시-오후5시
스케줄 : 남자친구와 데이트

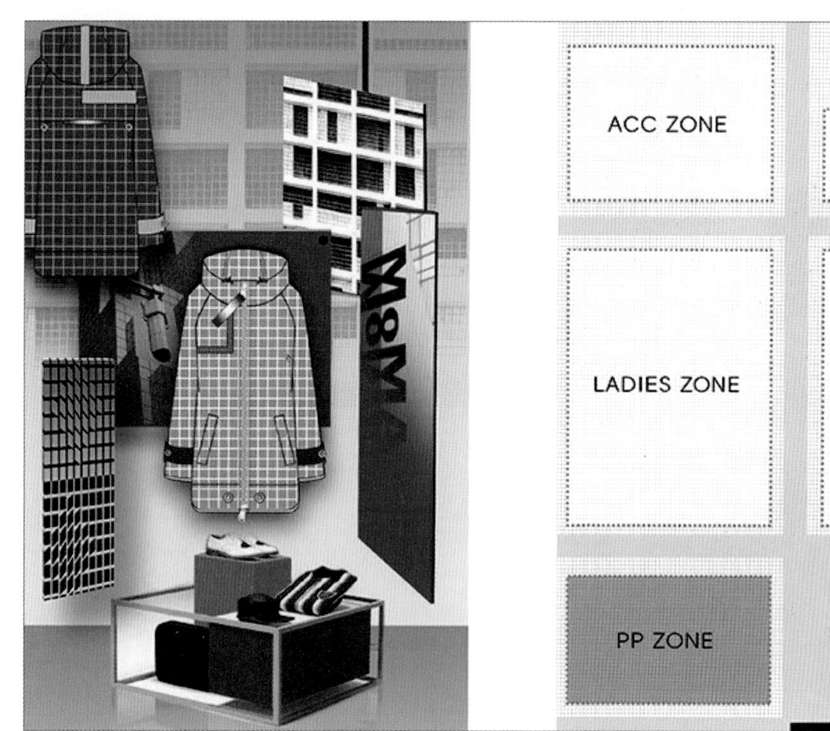
ACC ZONE
CASHER
LADIES ZONE
MENS ZONE
PP ZONE
ENTRANCE

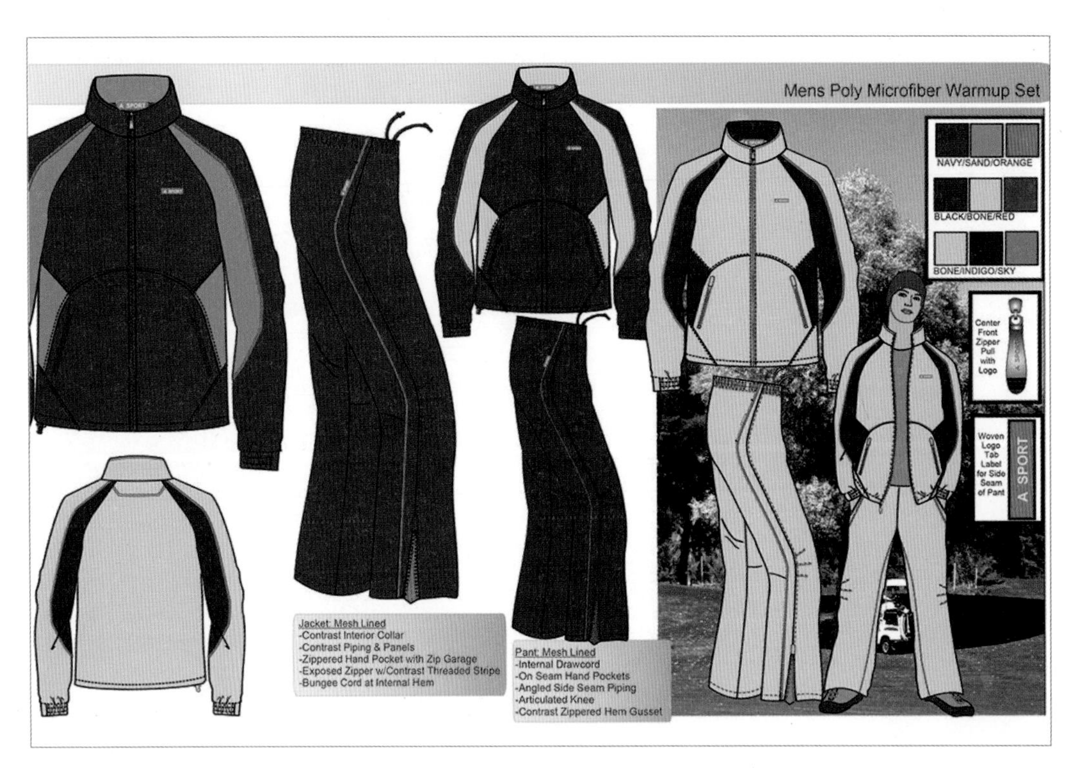

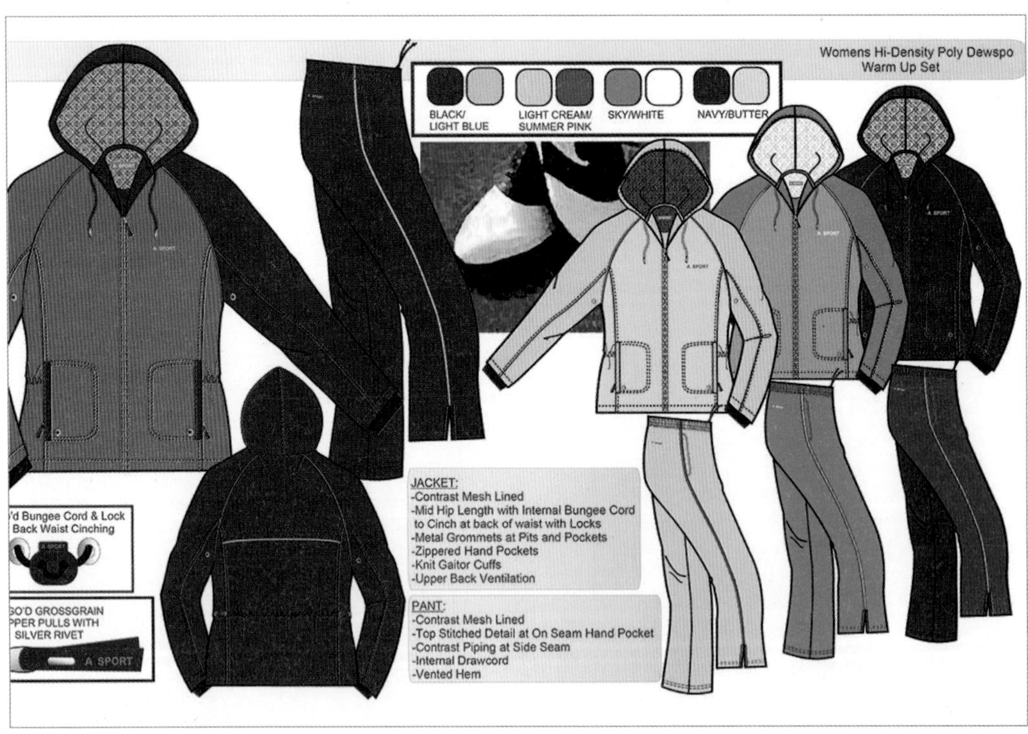

패션 포트폴리오의 일부: 트랙수트 스타일 제안

Illustration

Illustration

Flat Sketch
F
B
Flat Sketch
F
B

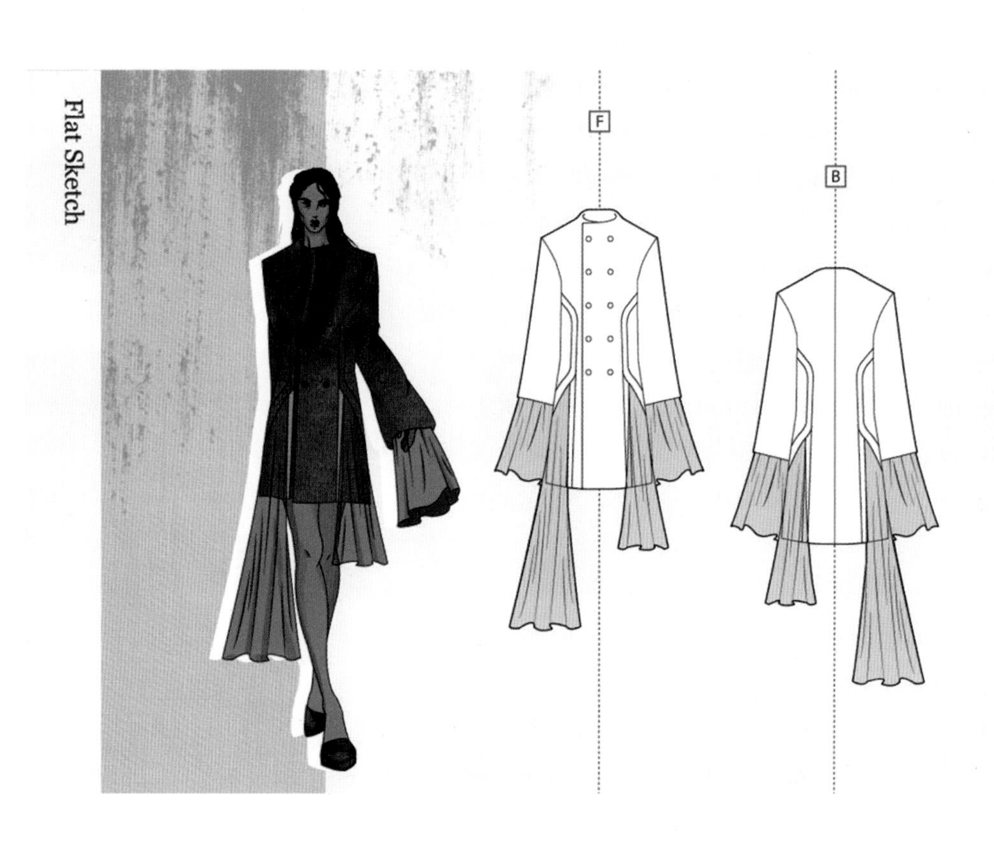

패션 포트폴리오: 여성복 A

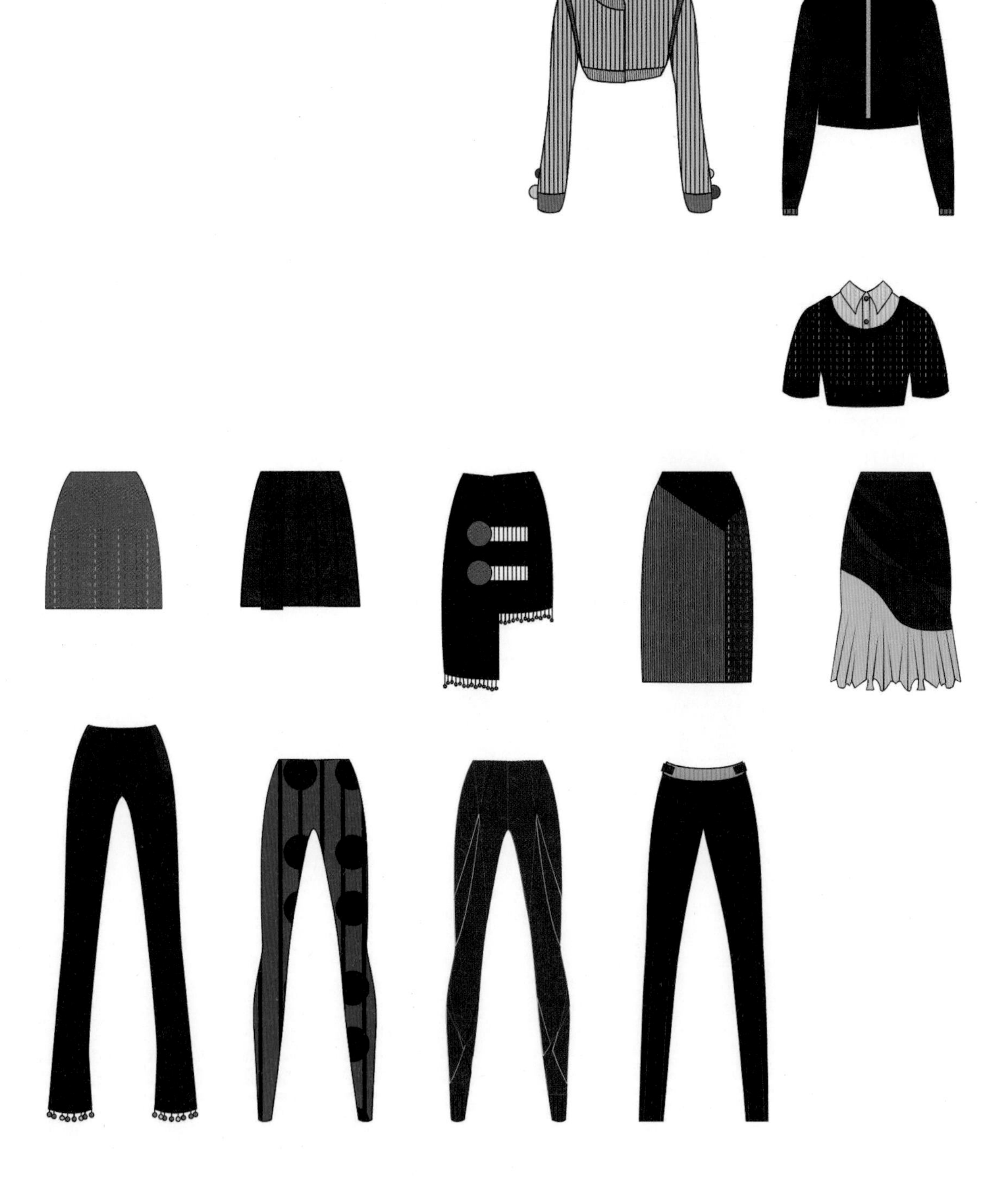

패션 포트폴리오: 여성복 Season Item Suggestion

패션 포트폴리오: 남성복 Style Suggestion

패션 포트폴리오: 남성복 Style Suggestion

패션 포트폴리오: 패션 이미지맵 1, 2

PART 4 ■
작업지시서